Einführung in Maple V

Springer
Berlin
Heidelberg
New York
Barcelona
Budapest
Hongkong
London
Mailand
Paris
Santa Clara
Singapur
Tokio

K. M. Heal M. L. Hansen
K. M. Rickard

Einführung in Maple V

Mit Unterstützung von J. S. Devitt
Teilweise auf der Grundlage der Arbeiten
von B. W. Char
Mit 160 Abbildungen, davon 8 in Farbe

Springer

Waterloo Maple Inc.
450 Phillip St.
Waterloo, ON N2L 5J2, Kanada

Übersetzer:

Karsten Homann · Anita Lulay · Werner M. Seiler
Institut für Algorithmen und Kognitive Systeme
Universität Karlsruhe
Am Fasanengarten 5, D-76131 Karlsruhe
e-mail: (homann|lulay|wms)@ira.uka.de

Titel der englischen Originalausgabe 1996: *Maple V – Learning Guide*
ISBN 0-387-94536-9 Springer-Verlag New York Berlin Heidelberg
ISBN 0-387-94575-X Springer-Verlag New York Berlin Heidelberg
(Maple V software boxed version)

Die Deutsche Bibliothek – CIP-Einheitsaufnahme
Heal, K. M.:
Einführung in Maple V : [release 4] / K. M. Heal; M. L. Hansen; K. M. Rickard. Mit Unterstützung von J. S. Devitt. Teilw. auf der Grundlage der Arbeiten von B. W. Char. [Waterloo Maple Inc. Übers.: Karsten Homann...]. – Berlin; Heidelberg; New York; Barcelona; Budapest; Hongkong; London; Mailand; Paris; Santa Clara; Singapur; Tokio: Springer, 1996
ISBN 3-540-60545-2
NE: Hansen, M. L.:; Rickard, K. M.:

Mathematics Subject Classification (1991):
68Q40, 05-XX, 11Yxx, 12Y05, 13Pxx, 14Qxx, 20-04, 28-04, 30-04, 33-XX, 62-XX, 65-XX, 92Bxx, 94A60, 94Bxx

ISBN 3-540-60545-2 Springer-Verlag Berlin Heidelberg New York

ISBN 3-540-14561-3 Springer-Verlag Berlin Heidelberg New York
(mit DOS/Windows-Disketten)
ISBN 3-540-14560-5 Springer-Verlag Berlin Heidelberg New York
(mit Macintosh-Disketten)
ISBN 3-540-14562-1 Springer-Verlag Berlin Heidelberg New York
(mit CD-ROM: DOS+Mac)

Satz: Springer-TEX-Haussystem; Druck und Bindearbeiten: Konrad Triltsch, Würzburg
SPIN 10507949 44/3143 - 5 4 3 2 1 0 – Gedruckt auf säurefreiem Papier

Inhalt

KAPITEL

Der interaktive Einsatz von Maple

Maple V ist ein *System zum Symbolischen Rechnen* oder ein *Computeralgebrasystem.* Beide Ausdrücke beziehen sich auf die Fähigkeit von Maple V, Informationen symbolisch oder algebraisch zu manipulieren. Herkömmliche mathematische Programme verlangen numerische Werte für alle Variablen. Im Gegensatz dazu erhält und verarbeitet Maple V die zugrundeliegenden Symbole und Ausdrücke. Sie können diese symbolischen Fähigkeiten benutzen, um exakte analytische Lösungen für viele mathematische Probleme wie Integrale, Gleichungssysteme, Systeme von Differentialgleichungen oder Probleme aus der Linearen Algebra zu erhalten. Diese symbolischen Operationen werden ergänzt durch eine große Anzahl von Graphikroutinen zur Visualisierung komplizierter mathematischer Informationen, durch numerische Lösungsalgorithmen beliebiger Genauigkeit, die Abschätzungen liefern oder Probleme lösen, bei denen keine exakte Lösung existiert, sowie durch eine vollständige und umfassende Programmiersprache zur Entwicklung maßgeschneiderter Funktionen und Anwendungen.

Die weitreichenden mathematischen Fähigkeiten von Maple V können am einfachsten über die moderne, auf Arbeitsblättern basierende, graphische Benutzeroberfläche angesprochen werden. Ein Arbeitsblatt stellt ein flexibles Dokument dar zur Erforschung mathematischer Ideen und zum Erzeugen anspruchsvoller technischer Berichte. Benutzer von Maple haben eine Unzahl von Wegen gefunden, die Sprache und die Arbeitsblätter von Maple auszunutzen.

Ingenieure und Spezialisten in so unterschiedlichen Bereichen wie Landwirtschaft oder Raumfahrt benutzen Maple V als ein Produktionsmittel, das viele herkömmliche Hilfsmittel wie Nachschlagewerke, Taschenrechner, Tabellenkalkulationen oder Programmiersprachen wie FORTRAN ersetzt. Diese Benutzer gewinnen schnelle Antworten für viele alltägliche mathematische Probleme, erzeugen Folien für Projektionen und fassen ihre Berechnungen in professionellen technischen Berichten zusammen.

Forscher auf vielen Gebieten entdeckten, daß Maple V ein wesentliches Hilfsmittel für ihre Arbeit ist. Maple ist ideal zum Formulieren, Lösen und Erforschen mathematischer Modelle. Seine Möglichkeiten zur symbolischen Manipulation vergrößern außerordentlich die Bandbreite der Probleme, die Sie bearbeiten können.

Ausbilder benutzen es zur Präsentation von Vorlesungen. Lehrer in Schulen und Universitäten haben traditionelle Lehrpläne neu belebt durch die Einführung von Problemen und Aufgaben, die die interaktive Mathematik von Maple V ausnutzen. Studenten können sich so auf wichtige Konzepte konzentrieren anstatt auf umständliche algebraische Umformungen.

Die Art und Weise, in der Sie Maple einsetzen, ist in einigen Punkten individuell und hängt von Ihren Bedürfnissen ab, aber zwei Vorgehensweisen sind besonders oft anzutreffen.

Die erste ist als interaktive Umgebung zum Problemlösen. Wenn Sie ein Problem auf herkömmliche Art bearbeiten und einen bestimmten Lösungsansatz probieren, kann dies Stunden dauern und viele Seiten Papier benötigen. Maple erlaubt Ihnen die Behandlung viel größerer Probleme und befreit Sie von mechanischen Fehlern. Die Oberfläche liefert eine Dokumentation der Schritte, die nötig waren, um Ihr Resultat zu finden. Sie erlaubt Ihnen, einen einzelnen Schritt einfach abzuändern oder einen neuen in Ihr Lösungsverfahren einzufügen. Maple kann dann mühelos das neue Resultat berechnen. Ob Sie ein neues mathematisches Modell entwickeln oder eine Anlagestrategie analysieren, Sie können in sehr kurzer Zeit und mit sehr geringem Aufwand eine Menge lernen über das Problem, das Sie bearbeiten.

Die zweite Art, auf die Sie Maple benutzen können, ist als ein System zur Entwicklung technischer Dokumente. Sie können interaktive strukturierte Dokumente erzeugen, die lebendige Mathematik enthalten, bei der Sie eine Gleichung ändern können und die Lösung automatisch angepaßt wird. Die natürliche mathematische Sprache von Maple ermöglicht die einfache Eingabe von Gleichungen. Sie können auch nach Belieben Zeichnungen erstellen und ausgeben. Zusätzlich können Sie Ihre Dokumente mittels moderner Hilfsmittel wie Stile, zusammenklappbare Abschnitte oder Hyperlinks strukturieren. So werden Dokumente erzeugt, die nicht nur klar und einfach zu benutzen sind, sondern auch leicht gewartet werden können. Da die Komponenten des Arbeitsblatts direkt mit der Struktur des Dokuments zusammenhängen, können Sie Ihre Arbeit leicht in andere Textsysteme wie LaTeX übersetzen.

Viele verschiedene Arten von Dokumenten können von den Eigenschaften der Arbeitsblätter von Maple profitieren. Diese Möglichkeiten ersparen Ihnen viel Arbeit, wenn Sie einen Bericht oder ein mathematisches Buch schreiben, und sie sind auch geeignet zum Erstellen und Vorführen von Präsentationen und Vorträgen. Zusammenklappen gestattet Ihnen zum Beispiel, Abschnitte, die störende Details enthalten, in versteckte Bereiche umzuwandeln. Stile erkennen Schlüsselworte und Überschriften. Hyperlinks ermöglichen Ihnen, Querverweise zu erzeugen, die den Leser sofort zu anderen Seiten mit verwandten Informationen bringen. Vor allem aber erlaubt Ihnen die interaktive Natur von Maple die Berechnung von Resultaten und die Beantwortung von Fragen während einer Präsentation. Sie können klar und effizient zeigen, warum ein scheinbar vielversprechender Lösungsansatz ungeeignet ist oder warum eine bestimmte Änderung eines Herstellungsprozesses zu Gewinnen oder Verlusten führen würde.

Dieses Buch ist Ihre Einführung in Maple V. Es bespricht systematisch wichtige Konzepte und gibt Ihnen das Wissen, das Sie brauchen zur Benutzung der Oberfläche und der Sprache von Maple. Dieses Buch führt die wichtigsten Befehle ein und bringt Ihnen bei, wie Sie am besten das Onlinehilfesystem benutzen. Wichtiger noch, es zeigt Ihnen die Philosophie und Benutzungsweisen, die die Entwickler des Systems sich vorstellten. Diese einfachen Konzepte erlauben Ihnen den effizienten Einsatz aller Möglichkeiten von Maple.

Während dieses Buch einen Führer darstellt, ist das Onlinehilfesystem Ihr Nachschlagewerk. Das Hilfesystem von Maple ist praktischer als jeder herkömmliche Text, da Sie auf viele Arten nach Informationen suchen können, und Sie haben es immer zur Hand.

Dieses erste Kapitel liefert die wesentlichen Informationen, die Sie benötigen, um anzufangen, mit Maple V Probleme zu lösen und die Möglichkeiten zum Strukturieren von Dokumenten effektiv zu benutzen. Betont werden dabei die vielfältigen Möglichkeiten der graphischen Benutzeroberfläche. Ein sorgfältiges Durcharbeiten der vier Übungseinheiten in diesem Kapitel wird Ihnen helfen, zu lernen, wie Sie interaktiv mathematische Probleme erfassen und lösen können, wie Sie Ihr Arbeitsblatt verbessern können zur Erzeugung eines ausgefeilten technischen Dokuments und wie Sie das Onlinehilfesystem benutzen. Der Rest des Buchs bespricht andere wichtige Gebiete. Das beginnt in Kapitel 2 mit einer formaleren Einführung der Sprache von Maple.

1.1 Arbeitsblätter

Die graphische Benutzeroberfläche verfügt über die meisten Fähigkeiten, die Sie von modernen Anwendungsprogrammen erwarten. Zum Beispiel

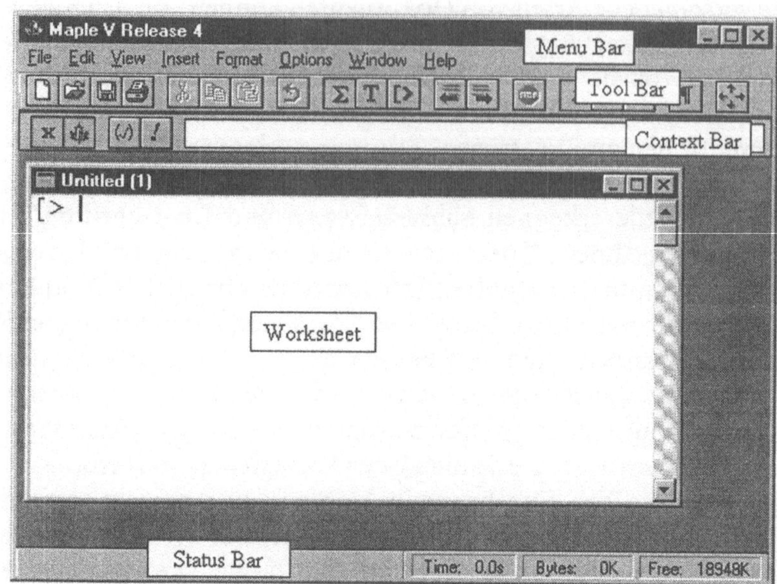

ABBILDUNG 1.1 EINE NEUE MAPLE-SITZUNG

unterstützt sie die üblichen Mausoperationen inklusive Ausschneiden und Einfügen. Wenn Sie mit herkömmlichen Programmen wie Textverarbeitung vertraut sind, verfügen Sie bereits über den größten Teil des Wissens, das Sie brauchen, um mit der Oberfläche von Maple V umzugehen. Sie können dann Standardoperationen wie das Öffnen, Sichern oder Drucken von Dateien in der Ihnen vertrauten Art und Weise durchführen.

Auf den meisten Rechnern rufen Sie Maple durch einen Doppelklick auf die Maple-Ikone auf. Auf anderen geben Sie nach dem Eingabezeichen den Befehl *xmaple* oder *maple* ein. Maple sollte dann starten und Ihnen ein neues Arbeitsblatt präsentieren. Ihr Fenster mit Maple wird so ähnlich aussehen wie das in Abbildung 1.1.

Am oberen Ende des Fensters liegt die *Menüleiste* mit Menüs wie `File` und `Edit`. Direkt unterhalb der Menüleiste kommt die *Werkzeugleiste*, die Schaltflächen zum schnelleren Aufruf häufiger Operationen wie Öffnen, Sichern oder Drucken enthält. Direkt unterhalb der Werkzeugleiste folgt die *Kontextleiste* mit Schaltflächen, die speziell auf die Aufgabe, die Sie gerade ausführen, zugeschnitten sind. Die folgende Fläche ist groß und zeigt Ihr Arbeitsblatt an, der Bereich, in dem Sie arbeiten. Am unteren Ende des Fensters liegt die *Statusleiste*, die Systeminformationen anzeigt.

Das *Arbeitsblatt* stellt eine integrierte Umgebung dar, in der Sie interaktiv Probleme lösen und Ihre Arbeit dokumentieren. Arbeitsblätter enthalten nicht nur Text und die üblichen Textverarbeitungsinformationen sondern auch lebendige mathematische Befehle und ihre automatisch erzeugten Ergebnisse.

Geben Sie nach dem Eingabezeichen (>) in der oberen linken Ecke die Maple-Anweisung `taylor(cos(x), x=0);` ein und klicken Sie danach mit der Maus auf die Schaltfläche **!**. Maple führt nun Ihren Befehl aus und zeigt das Ergebnis an.

```
> taylor(cos(x), x=0);
```

$$1 - \frac{1}{2}x^2 + \frac{1}{24}x^4 + O(x^6)$$

Anstatt auf die Schaltfläche **!** zu klicken, können Sie auch die return- oder die enter-Taste drücken. Das hängt von Ihrem Rechner ab.

Interaktives Problemlösen ist einfach eine Frage der Eingabe der entsprechenden Maple-Anweisungen und des Abwartens der Antworten. Mittels Arbeitsblätter können Sie leicht die Reihenfolge Ihrer Befehle ändern und sie dann erneut ausführen. Sie stellen Ihnen auch viele Optionen zur Kontrolle der Anzeige von Befehlen und Ergebnissen zur Verfügung. Mathematische Notation in Druckqualität wie in diesem Buch kann benutzt werden und Zeichnungen erscheinen automatisch in Ihrem Dokument.

Geben Sie bei dem neuen Eingabezeichen `plot(sin);` ein und klicken Sie wieder auf **!**.

```
> plot(sin);
```

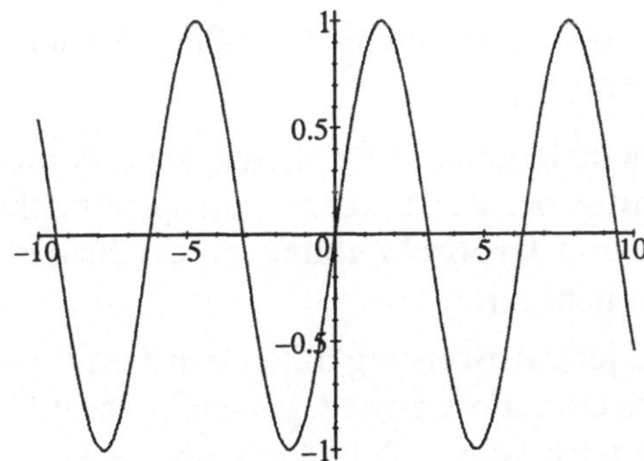

Neben Maple-Anweisungen und ihren Ergebnissen können Sie viele andere Arten von Informationen in Ihr Dokument einfügen:

- Sie können Absätze mit Text einfügen. Durch den Einsatz von Stilen besitzen Sie volle Kontrolle über das Erscheinungsbild jedes Absatzes, sogar Buchstabe für Buchstabe.
- Sie können mathematische Ausdrücke und Maple-Anweisungen auch innerhalb eines Absatzes einfügen.

- Sie können *Hyperlinks* einfügen, spezielle Textbereiche, die auf einen Mausklick mit einen Sprung zu einer anderen Stelle in einem beliebigen Arbeitsblatt oder in einer Hilfeseite reagieren.
- Sie können Ihr Dokument strukturieren durch den Einsatz von Stilen, Hyperlinks und zusammenklappbaren Abschnitten und Unterabschnitten.
- Auf einigen Rechnern können Sie lebendige Objekte wie Abbildungen oder Tabellen aus anderen Anwendungsprogrammen einbinden mittels OLE 2, dem Object Linking and Embedding Standard der Microsoft Windows Familie von Betriebssystemen.

Einfaches Problemlösen verlangt jedoch praktisch keine besonderen Kenntnisse der Oberfläche und selbst zum Erstellen ausgefeilter Dokumente müssen Sie nur einige Konzepte verstehen.

1.2 Übungseinheit 1: Lösen von Problemen

Diese Übungseinheit führt Sie durch eine typische Sitzung zum Lösen eines Problems. Sie verdeutlicht die folgenden Schlüsselkonzepte der Oberfläche:

- Eingeben und Ausführen von Maple-Befehlen
- Editieren von vorhandenen Maple-Anweisungen
- Arbeiten mit Graphiken

Wenn Sie anfangen, bedenken Sie bitte die folgenden beiden einfachen aber wichtigen Regeln:

1. Geben Sie die Befehle genau so ein, wie sie aus diesen Seiten stehen. Seien Sie vorsichtig bei der Eingabe von Großbuchstaben, da Maple zwischen Klein- und Großschreibung unterscheidet und in der Regel Kleinbuchstaben benutzt.
2. Beenden Sie stets jede Anweisung mit einem Semikolon. Seien Sie unbesorgt, wenn Sie es einmal vergessen; geben Sie es einfach in der nächsten Zeile ein. Maple wird keinen Befehl ausführen, bevor es dieses Endzeichen erhalten hat.

Sie wissen nun genug, um ein echtes Problem mit Maple V zu lösen. Diese Übungseinheit führt Sie durch die typischen Schritte für die Berechnung des Integrals

$$\int x^2 \sin(x) dx$$

und die Untersuchung des Ergebnisses.

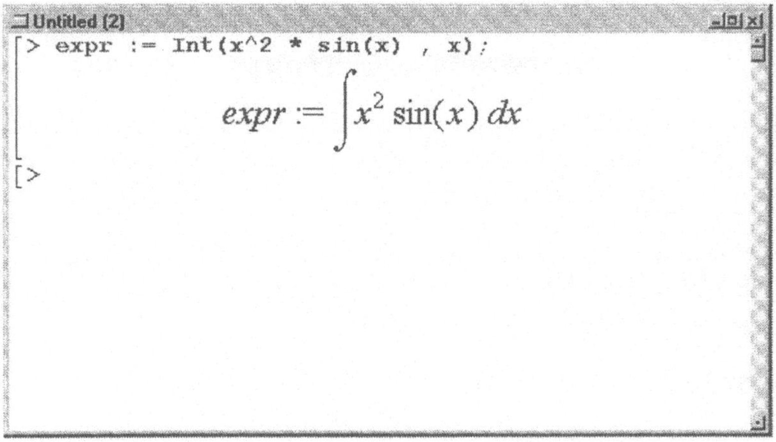

Untitled (2)

```
> expr := Int(x^2 * sin(x) , x);
```

$$expr := \int x^2 \sin(x)\,dx$$

```
>
```

ABBILDUNG 1.2 KLAMMERUNG EINER ANWEISUNGSGRUPPE

1. Starten Sie Maple. Bei den meisten Rechnern machen Sie das durch einen Doppelklick auf die Maple-Ikone. Bei anderen geben Sie nach einem Eingabezeichen den Befehl *xmaple* oder *maple* ein. Wenn Maple bereits läuft, erzeugen Sie durch einen Klick auf die Schaltfläche ein neues Arbeitsblatt.

2. Suchen Sie nach dem Maple-Eingabezeichen, (>), das in der Nähe der oberen linken Ecke der großen freien Arbeitsblattfläche ist. Nach diesem Eingabezeichen geben Sie die folgende Anweisung ein und drücken die enter-Taste. (Vergessen Sie nicht das Semikolon!) In der Standardeinstellung zeigt Maple Ihre Eingaben in rot an.

   ```
   > expr := Int(x^2 * sin(x), x);
   ```

   Sobald Sie return drücken, zeigt Maple das Ergebnis. In diesem Fall bestätigt es, daß Sie Ihrem Integral den Namen expr gegeben haben.

   $$expr := \int x^2 \sin(x)\,dx$$

   Achten Sie auf die große eckige Klammer links neben dem Eingabezeichen auf Ihrem Bildschirm. Diese Klammer faßt jede Maple-Anweisung mit der entsprechenden Ausgabe zu einer Gruppe zusammen. Siehe Abbildung 1.2.

3. Weisen Sie Maple mit dem folgenden Befehl an, den Wert des Integrals auszurechnen. Geben Sie ihn bei dem neuen Eingabezeichen ein, das nach der Ausführung der Anweisung erscheint.

```
> answer := value(expr);
```

$$answer := -x^2 \cos(x) + 2 \cos(x) + 2\,x \sin(x)$$

Maple wertet das Integral symbolisch aus. Das Ergebnis zeigt den Wert und daß Sie ihm den Namen answer gegeben haben, damit Sie später leichter darauf Bezug nehmen können.

4. Die Antwort ist ein Ausdruck in der unbekannten Variable x, aber Sie können Maple anweisen, den Wert für ein bestimmtes x zu finden, indem Sie in answer x durch ihn ersetzen.

```
> subs( x=Pi/3, answer );
```

$$-\frac{1}{9}\pi^2 \cos\left(\frac{1}{3}\pi\right) + 2 \cos\left(\frac{1}{3}\pi\right) + \frac{2}{3}\pi \sin\left(\frac{1}{3}\pi\right)$$

Der Befehl subs führt einfache Ersetzungen durch, indem er eine Kopie von answer erzeugt und dann in der Kopie $\pi/3$ für x einsetzt.

5. Das Ergebnis der Ersetzung hat nicht die einfachste mögliche Form. Um es zu vereinfachen, benutzen Sie den Befehl simplify. Die vorherige subs-Anweisung änderte nicht answer, sondern gab ein verändertes Resultat zurück. Das in dem folgenden Befehl auftretende Anführungszeichen (") weist Maple an, ihn auf das vorherige Ergebnis anzuwenden.

```
> simplify( " );
```

$$-\frac{1}{18}\pi^2 + 1 + \frac{1}{3}\pi\sqrt{3}$$

Normalerweise ist es besser, Namen für Ausdrücke zu verwenden, aber manchmal ist es bequemer, das Anführungszeichen zu benutzen, genau so wie Sie es eventuell nehmen, wenn Sie zwei ähnliche Sätze schreiben.

6. Um den Wert des bestimmten Integrals

$$\int_{\pi/4}^{\pi/3} x^2 \sin(x)\,dx = -x^2\cos(x) + 2\cos(x) + 2x\sin(x)\Big|_{x=\pi/4}^{x=\pi/3},$$

zu berechnen, können Sie $x = \pi/3$ und $x = \pi/4$ ersetzen und die beiden Ergebnisse von einander abziehen. Plazieren Sie den Cursor unmittelbar links von dem Semikolon des Ersetzungsbefehls. Dann geben Sie `- subs(x=Pi/4, answer)` ein und drücken enter, um die Anweisung auszuführen.

```
> subs(x=Pi/3, answer) - subs(x=Pi/4, answer);
```

$$-\frac{1}{9}\pi^2\cos\left(\frac{1}{3}\pi\right)+2\cos\left(\frac{1}{3}\pi\right)+\frac{2}{3}\pi\sin\left(\frac{1}{3}\pi\right)$$
$$+\frac{1}{16}\pi^2\cos\left(\frac{1}{4}\pi\right)--2\cos\left(\frac{1}{4}\pi\right)-\frac{1}{2}\pi\sin\left(\frac{1}{4}\pi\right)$$

Das Ergebnis dieser Rechnung überschreibt das Ergebnis, das dieser Bereich vorher anzeigte, und Maple setzt den Cursor anschließend in den nächsten Eingabebereich.

7. Wieder können Sie die `simplify`-Anweisung benutzen, um das Ergebnis zu vereinfachen. Der aktuelle Eingabebereich enthält bereits `simplify(")`, so daß Sie lediglich enter drücken müssen, um die Anweisung erneut auszuführen.

```
> simplify( " );
```

$$-\frac{1}{18}\pi^2+1+\frac{1}{3}\pi\sqrt{3}+\frac{1}{32}\pi^2\sqrt{2}-\sqrt{2}-\frac{1}{4}\pi\sqrt{2}$$

8. Nun können Sie im Integranden einen symbolischen Parameter, a, einführen. Editieren Sie die Anweisung, die expr definiert, so daß sie wie folgt aussieht. Dann drücken Sie enter.

```
> expr := Int(x^2 * sin(x-a), x);
```

$$expr := \int x^2\sin(x-a)\,dx$$

9. Der Cursor steht jetzt am Ende der `value`-Anweisung. Um den Wert des neuen Integrals zu erhalten, drücken Sie einfach enter.

```
> answer := value(expr);
```

$$answer := -(x-a)^2\cos(x-a)+2\cos(x-a)$$
$$+2(x-a)\sin(x-a)$$
$$+2a(\sin(x-a)-(x-a)\cos(x-a))-a^2\cos(x-a)$$

10. Um die Antwort weiter untersuchen zu können, müssen Sie zuerst ein neues Eingabezeichen einfügen. Bewegen Sie den Cursor entweder zu dem Eingabebereich mit `answer:=value(expr)` oder zu dem entsprechenden Ausgabebereich. Dann klicken Sie auf die Schaltfläche [>].

11. Ein wichtiger Aspekt der Erforschung eines mathematischen Problems ist seine Visualisierung. Die Variable, answer, hängt von zwei Variablen, x und a, ab, so daß Sie sie als eine Fläche im dreidimensionalen

Raum darstellen können. Geben Sie die nachfolgende Anweisung bei dem neuen Eingabezeichen ein und drücken Sie enter. Ihr Cursor wird sich unter Umständen für einige Sekunden in eine Uhr verwandeln, während Maple die Zeichnung erzeugt.

```
> plot3d(answer, x=-Pi..Pi, a=0..1);
```

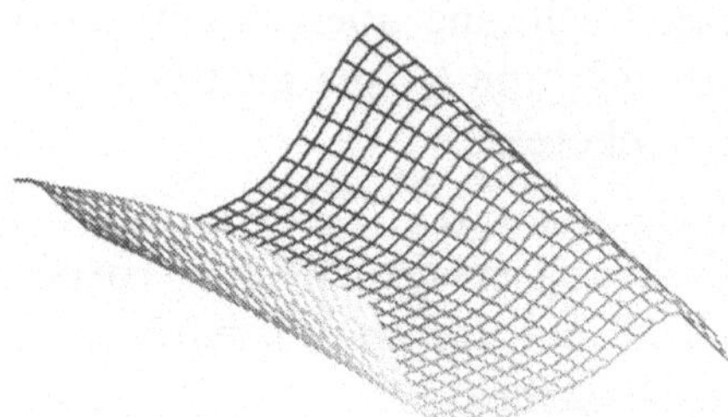

Die gezeichnete Fläche liefert eine klare Darstellung des Effekts von Änderungen des Parameters a auf den Wert des Integrals.

12. Sie können viele der Details, wie Maple eine Zeichnung anzeigt, ändern. Zum Beispiel wollen Sie vielleicht Achsen in obige Zeichnung der Fläche einfügen. Dazu klicken Sie zuerst auf die Zeichnung, damit die Menü- und die Kontextleiste ihre spezielle Form für Graphiken annehmen. Siehe Abbildung 1.3. Wählen Sie dann `Boxed` aus dem Menü `Axes`. Klicken Sie auf die Schaltfläche **R** um die Fläche neu zu zeichnen.

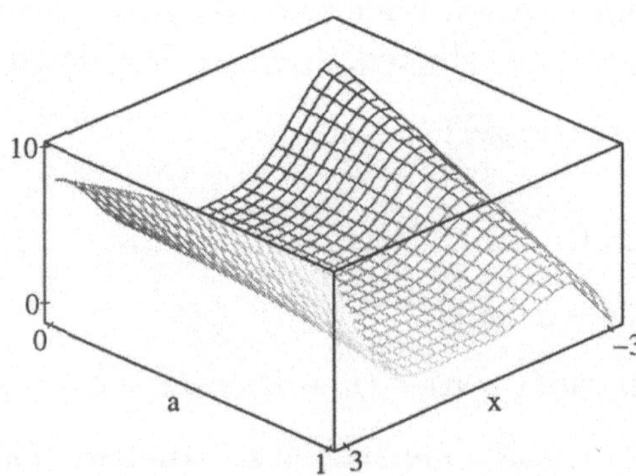

13. Maple kann die Fläche auf verschiedene Arten darstellen. Versuchen Sie einmal, `Patch and Contour` aus dem Menü `Style` zu wählen. Bevor Sie Maple anweisen, die Graphik neu zu erstellen, wollen Sie vielleicht den Blickwinkel verändern. Die Kontextleiste zeigt den Blickwinkel als zwei Parameter, θ und ϕ, an. Sie können den Blickwinkel

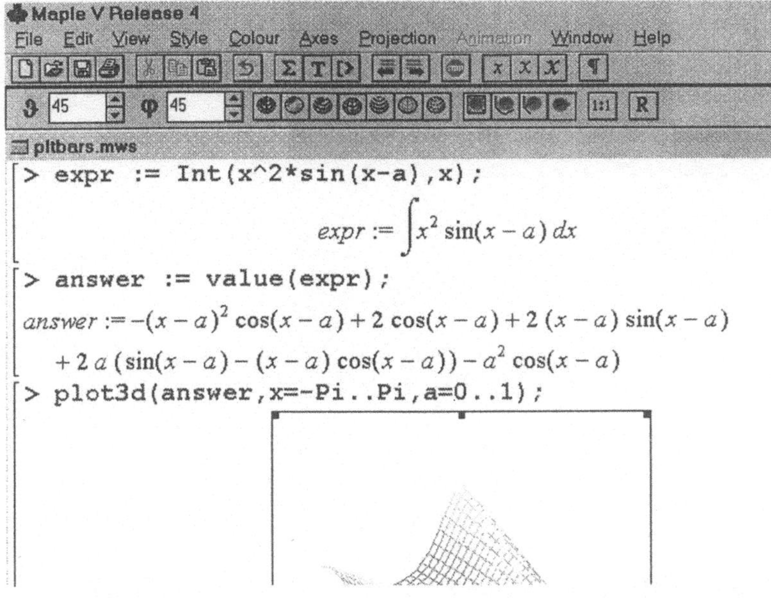

ABBILDUNG 1.3 DIE MENÜ- UND DIE KONTEXTLEISTE BEI GRAPHIKEN

entweder direkt verändern durch Editieren der Werte dieser zwei Parameter oder Sie rotieren interaktiv den umfassenden Rahmen: ziehen Sie den Rahmen mit der Maus. Versuchen Sie, die Box zu drehen bis $\theta = 120$ und $\phi = 45$. Danach klicken Sie auf die Schaltfläche R.

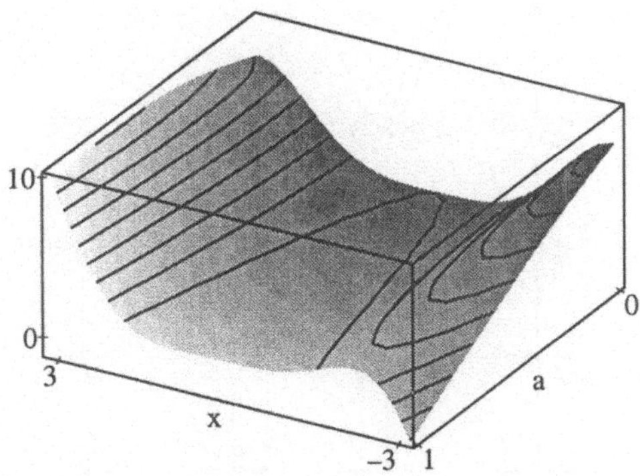

14. Sie können sich die Antwort aber auch animiert anzeigen lassen. Benutzen Sie die Schaltfläche [>, um unterhalb des Bildes ein Eingabezeichen einzufügen. Der Befehl `animate` ist Teil des `plots`-Pakets, daher müssen Sie erst dieses Paket laden, bevor Sie `animate` benutzen können. Sie können Befehle mit einem Doppelpunkt abschließen, wenn Sie die Ausgabe nicht sehen wollen.

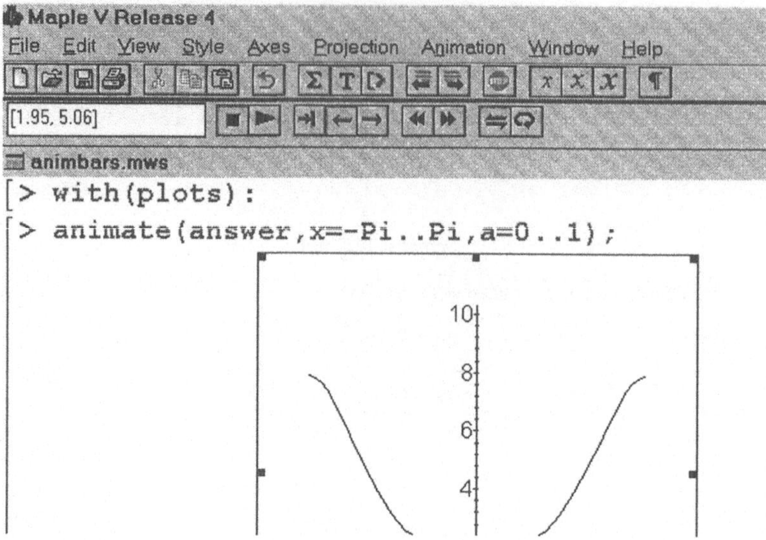

ABBILDUNG 1.4 DIE MENÜ- UND DIE KONTEXTLEISTE BEI ANIMATIONEN

```
> with(plots):

> animate(answer, x=-Pi..Pi, a=0..1);
```

Um die Animation zu starten, klicken Sie auf das neue Bild, so daß die Menü- und die Kontextleiste ihre speziellen Formen für Animationen annehmen (siehe Abb. 1.4). Dann klicken Sie auf die Schaltfläche .

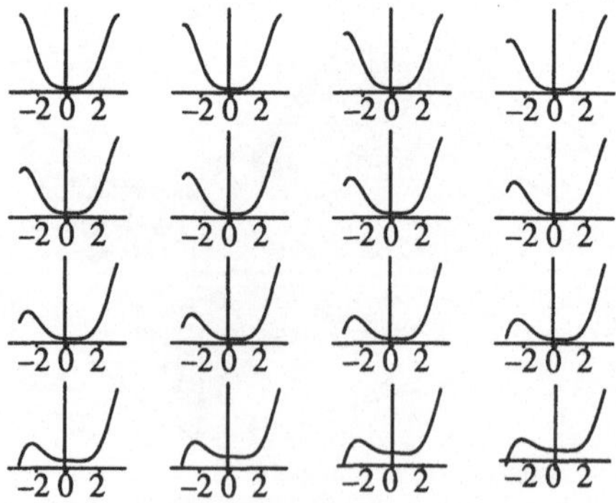

15. Maple kann Animationen auf verschiedene Arten anzeigen. Wenn Sie auf die Schaltfläche klicken und die Animation neu starten durch einen Klick auf die Schaltfläche , läuft sie, bis Sie auf die Schaltfläche klicken. Sie können die Geschwindigkeit mit den Schaltflächen und steuern.

16. Die Ersetzungs- und Vereinfachungsanweisungen unterhalb des Bilds sind nicht mehr wichtig für Ihr Arbeitsblatt, so daß Sie sie vielleicht entfernen wollen. Dies tun Sie, indem Sie den Cursor in einem der Bereiche, die Sie löschen wollen, positionieren und dann Ctrl-Delete drücken. Wiederholen Sie diesen Vorgang, bis alle überflüssigen Bereiche entfernt sind.

1.3 Übungseinheit 2: Dokumentation Ihrer Arbeit

Die erste Übungseinheit konzentrierte sich auf die Handhabung von Maple-Anweisungen innerhalb eines Arbeitsblatts zum Lösen von Problemen. In dieser Einheit geht es darum, das Arbeitsblatt aus der letzten Einheit in einen kleinen Bericht umzuformen. Sie können dabei entweder das Arbeitsblatt, das Sie in der ersten Übungseinheit erzeugten, als Ausgangspunkt nehmen oder das Arbeitsblatt `wksht1.mws` aus dem Maple-Verzeichnis `examples` benutzen.

Diese Übungseinheit verdeutlicht die folgenden Schlüsselkonzepte der Benutzeroberfläche.

- Wie fügen Sie Text in Ihr Dokument ein.
- Wie formatieren Sie mit Stilen.
- Wie fügen Sie Mathematik innerhalb einer Textzeile ein.

Einfügen eines Titels

1. Beginnen Sie damit, daß Sie Ihrem Arbeitsblatt einen Titel geben. Der erste Schritt besteht aus dem Einfügen eines neuen Abschnitts ganz am Anfang Ihres Arbeitsblattes. Klicken Sie auf die Klammer, die die Anweisung enthält, die `expr` definiert.
2. Wählen Sie `Paragraph` aus dem Menü `Insert` und `Before` aus dem erscheinenden Untermenü.
3. Nun sind Sie in der Lage, den Titel einzugeben. Geben Sie „An Indefinite Integral“ ein. Die Worte werden in dem Textbereich erscheinen. An dieser Stelle werden sie noch mehr nach normalem Text als nach einem richtigen Titel aussehen.
4. Um die Art und Weise, wie Maple den Titel setzt, zu ändern, müssen Sie seinen *Stil* ändern. Ein Stil zeigt an, daß ein bestimmter Teil des Textes von einem besonderen Typ ist. Zusätzlich gibt er an, wie dieser Teil in dem Dokument erscheinen soll. Maple verfügt über einige vordefinierte Stile; dazu gehört auch einer für Titel. Im Moment ist Ihr Text noch im normalen Textstil gesetzt. Das Untermenü „style“ auf der linken

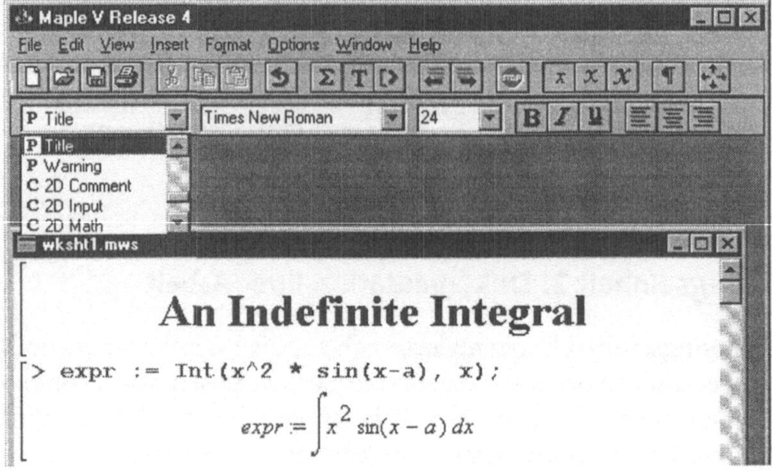

ABBILDUNG 1.5 VERWENDUNG DES TITELSTILS

Seite der Kontextleiste bestätigt das. Es enthält das Wort *normal.* Um den Stil zu wechseln, wählen Sie *title* aus dem Untermenü „style". Die Worte „An Indefinite Integral" werden ihr Erscheinungsbild ändern. Siehe Abbildung 1.5.

5. Geben Sie Ihren Namen als den Autor dieses Dokuments an. Positionieren Sie den Cursor am Ende des Titels und drücken Sie dann enter. Geben Sie einen Namen ein; zum Beispiel „by Jane Maplefan".
6. Wechseln Sie den *Stil* der Autorenzeile genau so, wie Sie den Stil des Titels änderten. Wählen Sie den Stil *author*. Die Worte werden dann zentriert und wechseln ihr Erscheinungsbild. Siehe Abbildung 1.6.

Einfügen von Überschriften

Der nächste Schritt bei der Erstellung Ihres Dokuments ist die Unterteilung der Anweisungen in Ihrem Arbeitsblatt in einige Abschnitte.

1. Der erste Abschnitt soll die beiden Anweisungen enthalten, die die analytische Antwort berechnen: Leuchten Sie mit der Maus die beiden Eingabebereiche, die `expr` und `answer` definieren, zusammen mit den zugehörigen Ausgabebereichen an. Wählen Sie dann `Indent` aus dem Menü `Format`. Eine große Klammer mit einem kleinen Quadrat darüber sollte links der beiden von Ihnen angeleuchteten Befehle erscheinen.
2. Setzen Sie den Cursor in den Textbereich unmittelbar über der Anweisung die `expr` definiert. Geben Sie die Überschrift „Berechnung" ein. Dann drücken Sie enter. Wenn Sie das machen, springt der Cursor in den Textbereich darunter. Da in der Regel normaler Text der Überschrift

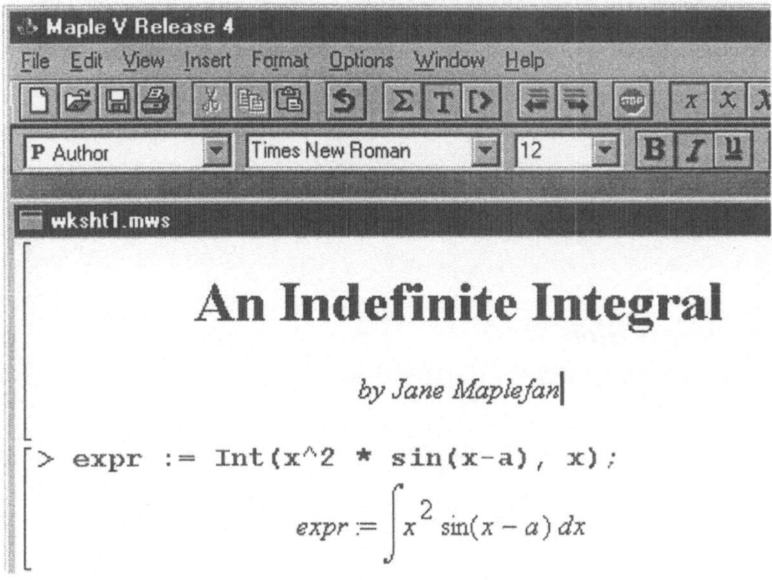

ABBILDUNG 1.6 DER AUTORENSTIL

eines Abschnitts folgt, weist Maple diesem Textbereich automatisch den Stil *normal* zu.

3. Geben Sie die folgende kurze Einführung zu der ersten Anweisung ein:

   Geben Sie dem Integral einen Namen, so daß Sie sich später darauf beziehen können.

   Nun sollte Ihr Bildschirm so aussehen wie in Abbildung 1.7.

4. Jetzt sollten Sie etwas Text zwischen den beiden Anweisungen eingeben. Plazieren Sie den Cursor in den Ausgabebereich des ersten Befehls. Klicken Sie auf die Schaltfläche [>, um einen neuen Bereich zu schaffen, und dann auf die Schaltfläche T, um ihn in einen Textbereich umzuwandeln.

5. Plazieren Sie den Cursor in den neuen Textbereich und geben Sie das folgende ein:

   Der Wert des Integrals ist eine Stammfunktion des Integranden.

6. Schreiben Sie eine Zusammenfassung des ersten Abschnitts. Plazieren Sie den Cursor in den Ausgabebereich des zweiten (und letzten) Befehls des Abschnitts, klicken Sie wie oben auf die Schaltflächen [> und T und geben Sie ein

   Wie Sie sehen, hängt die Antwort von dem Parameter ab.

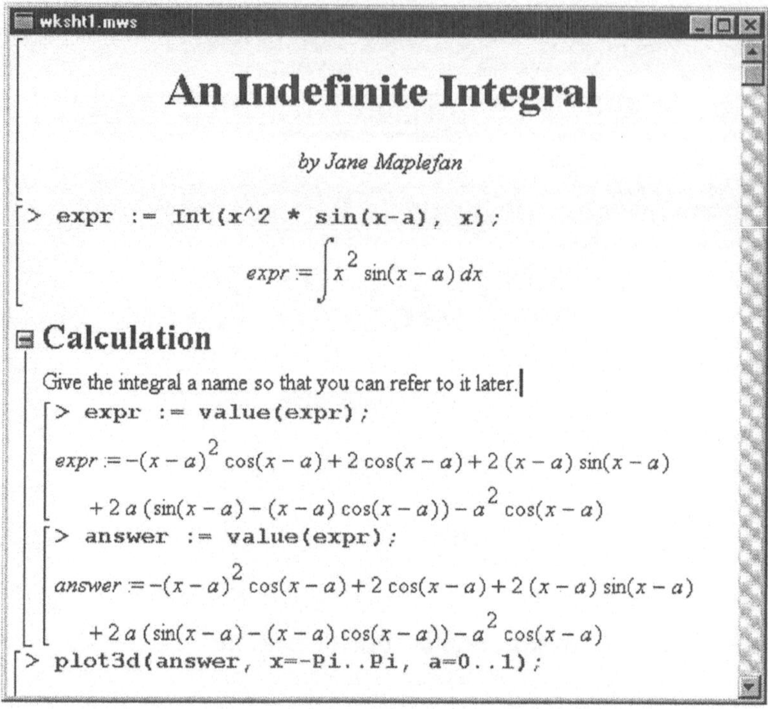

ABBILDUNG 1.7 ERSTELLEN EINES NEUEN ABSCHNITTS

7. Erzeugen Sie einen Abschnitt mit dem Rest des Arbeitsblatts. Benutzen Sie „Visualisierung“ als Überschrift und geben Sie

   Um zu sehen, wie der Parameter die Antwort beeinflußt, können Sie sie als Fläche darstellen.

   als Text vor der `plot3d`-Anweisung ein.
8. Geben Sie nach dem Bild der Fläche den folgenden Text ein:

   Falls der Parameter die Zeit darstellt, erhalten Sie die unten stehende Animation.

Mathematik im Text

Ihr Arbeitsblatt benötigt einen Absatz, der in das Problem einführt. Zum Beispiel die einfache Einführung

> Betrachten Sie das Integral $\int x^2 \sin(x-a)\, dx$. Beachten Sie, daß der Integrand, $x^2 \sin(x-a)$, von dem Parameter a abhängt.

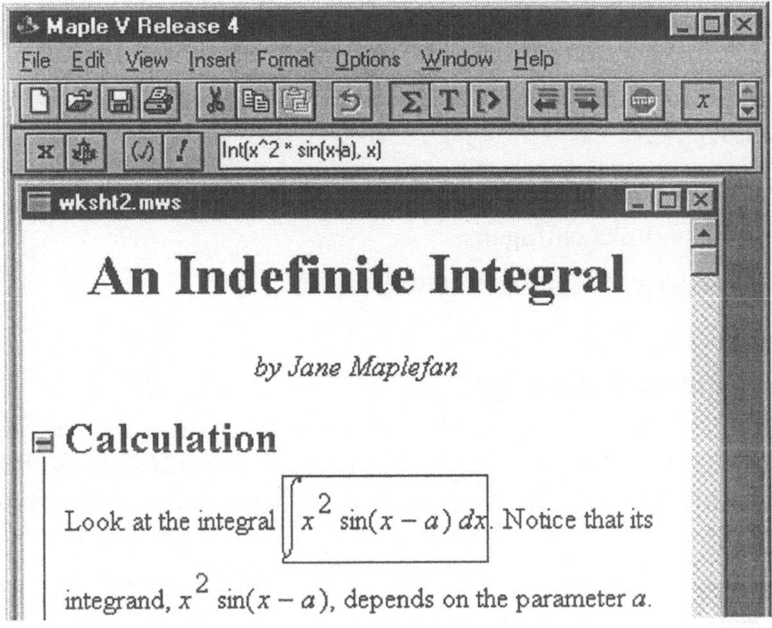

ABBILDUNG 1.8 DAS EDITIERFELD

1. Plazieren Sie den Cursor am Ende des Abschnitts mit der Überschrift „Berechnung“. Drücken Sie enter und geben Sie ein: „Betrachten Sie das Integral“.
2. Das nächste Stück Ihrer Einleitung ist mathematisch, deshalb wählen Sie `Maple Input` aus dem Menü `Insert`. Geben Sie den $\int x^2 \sin(x-a)\,dx$ entsprechenden Maple-Kode ein, das heißt `Int(x^2 * sin(x-a), x)`. Schauen Sie auf das *Eingabefeld* in der Kontextleiste. Siehe Abbildung 1.8. Es zeigt den Kode, den Sie eingeben, während das Arbeitsblatt das Integral in der üblichen mathematischen Schreibweise zeigt.
3. Geben Sie den auf das Integral folgenden Text ein. Dabei fügen Sie $x^2 \sin(x-a)$ und a genau so als Mathematik ein, wie Sie das Integral einfügten.

   Ihr Dokument ist fertig. Sie können es sichern und ausdrucken.

1.4 Übungseinheit 3: Mehrere Arbeitsblätter

Maple ermöglicht Ihnen, mit mehreren Arbeitsblättern gleichzeitig zu arbeiten. In dieser Übungseinheit werden Sie ein zweites Arbeitsblatt erzeugen, teilweise durch Ausschneiden und Einfügen aus dem Arbeitsblatt, das

Sie in der vorherigen Übungseinheit erstellten. Stattdessen können Sie auch das Arbeitsblatt `wksht2.mws` aus dem Maple-Verzeichnis `examples` verwenden.

Diese Übungseinheit verdeutlicht folgende Schlüsselkonzepte der Benutzeroberfläche.

- Wie Sie ausschneiden und einsetzen.
- Wie Sie Hyperlinks einfügen.
- Wie Sie Lesezeichen einfügen und benutzen.

Ausschneiden und Einsetzen

Zuerst müssen Sie das Arbeitsblatt, das Sie in Übungseinheit 2 erstellten, öffnen zusammen mit einem neuen leeren Arbeitsblatt. Wählen Sie `Vertical` aus dem Menü `Window`, so daß Sie bequem beide Arbeitsblätter sehen können.

1. Plazieren Sie den Cursor auf dem alten Arbeitsblatt bei dem Befehl, der `expr` definiert. Drücken Sie enter.

   ```
   > expr := Int(x^2*sin(x-a), x);
   ```

   $$expr := \int -x^2 \sin(-x+a)\, dx$$

   Führen Sie obige Anweisung erneut aus, um sicherzustellen, daß der Kern von Maple den Wert von `expr` kennt.

2. Der Cursor steht nun am Ende der Anweisung, die `answer` definiert. Drücken Sie wieder enter.

   ```
   > answer := value(expr);
   ```

   $$\begin{aligned} answer := &-(-x+a)^2 \cos(-x+a) + 2\cos(-x+a) \\ &+ 2(-x+a)\sin(-x+a) \\ &- 2a(\sin(-x+a) - (-x+a)\cos(-x+a)) \\ &- a^2 \cos(-x+a) \end{aligned}$$

   Die Anweisungen `plot3d` und `animate` brauchen Sie nicht zu wiederholen.

3. Plazieren Sie den Cursor in dem einzigen Eingabebereich des neuen Arbeitsblattes.

4. Klicken Sie auf die Schaltfläche **T** und ändern Sie den Stil um in *title*. Geben Sie den Titel „Stammfunktionen“ ein und drücken Sie enter.

5. Geben Sie das folgende ein:

   In dem Arbeitsblatt, Ein unbestimmtes Integral, berechnet Maple, daß

6. Klicken Sie auf die Schaltfläche [>, um ein neues Eingabezeichen einzufügen. Geben Sie nach dem Eingabezeichen die folgende Anweisung ein und drücken Sie enter.

```
> answer;
```

$$-(-x+a)^2 \cos(-x+a) + 2 \cos(-x+a)$$
$$+ 2(-x+a) \sin(-x+a)$$
$$- 2a(\sin(-x+a) - (-x+a)\cos(-x+a))$$
$$- a^2 \cos(-x+a)$$

7. Klicken Sie auf die Schaltfläche T und setzen Sie den Text wie folgt fort: „ist eine Stammfunktion von".
8. Der Ausgabebereich des ersten Befehls auf dem Arbeitsblatt aus Übungseinheit 2 enthält den Wert von `expr`. Leuchten Sie mit der Maus den Integranden, also $x^2 \sin(x-a)$, an.
9. Klicken Sie auf die Schaltfläche, um den Wert auf die Zwischenablage zu kopieren.
10. Plazieren Sie den Cursor auf dem neuen Arbeitsblatt an das Ende der Zeile, die Sie gerade eingegeben haben. Wählen Sie `Maple Input` aus dem Menü `Insert`. Klicken Sie auf die Schaltfläche, um den Inhalt der Zwischenablage einzufügen.
11. Setzen Sie den Text wie folgt fort:

    Wenn Sie zu einer Stammfunktion eine Konstante addieren, erhalten Sie eine andere Stammfunktion.

12. Klicken Sie auf die Schaltfläche [>, um ein neues Eingabezeichen einzufügen. Geben Sie bei dem neuen Eingabezeichen die folgende Anweisung ein.

```
> answer + C;
```

$$-(-x+a)^2 \cos(-x+a) + 2 \cos(-x+a)$$
$$+ 2(-x+a) \sin(-x+a)$$
$$- 2a(\sin(-x+a) - (-x+a)\cos(-x+a))$$
$$- a^2 \cos(-x+a) + C$$

13. Klicken Sie auf die Schaltfläche **T** und geben Sie folgenden Text ein:

    Wenn Sie obigen Ausdruck differenzieren und das Ergebnis vereinfachen, erhalten Sie wieder den usprünglichen Integranden.

14. Klicken Sie auf die Schaltfläche **[>**, um ein neues Eingabezeichen zu erhalten und fügen Sie die folgenden Anweisungen hinzu.

```
> Diff(", x);
```

$$\frac{\partial}{\partial x}(-(-x+a)^2 \cos(-x+a) + 2\cos(-x+a) \\ + 2(-x+a)\sin(-x+a) \\ - 2a(\sin(-x+a) - (-x+a)\cos(-x+a)) \\ - a^2\cos(-x+a) + C)$$

```
> value(");
```

$$-(-x+a)^2 \sin(-x+a) + 2a(-x+a)\sin(-x+a) \\ - a^2\sin(-x+a)$$

```
> simplify(");
```

$$-x^2 \sin(-x+a)$$

15. Klicken Sie auf die Schaltfläche 🖫, um Ihr Arbeitsblatt zu sichern.

Einfügen von Hyperlinks

Jetzt, wo Sie über zwei Arbeitsblätter verfügen, können Sie Hyperlinks zwischen Ihnen hinzufügen. Ein *Hyperlink* ist ein Teil eines Texts, der, wenn Sie ihn anklicken, Sie zu einer anderen Stelle desselben oder eines anderen Arbeitsblatts oder zu einer Hilfeseite bringt.

1. Leuchten Sie auf dem Ausgangsarbeitsblatt die Worte „eine Stammfunktion" an. Sie finden Sie genau unter der Anweisung, die `expr` definiert.
2. Wählen Sie `Convert` aus dem Menü `Format` und `Hyperlink` aus dem erscheinenden Untermenü.
3. Ein Dialogfeld erscheint. Maple hat bereits das Feld Link Text mit dem angeleuchteten Text gefüllt. Geben Sie den Namen der Datei, die das neue Arbeitsblatt enthält, ein in dem Feld Worksheet.
4. Klicken Sie auf die Schaltfläche OK, um den Hyperlink fertigzustellen.

Lesezeichen

Sie können *Lesezeichen* in Ihre Arbeitsblätter einfügen, die Ihnen beim Auffinden bestimmter Stellen in Ihrem Arbeitsblatt helfen. Wenn Sie auf den Hyperlink eines Lesezeichens klicken, bringt Maple Sie zum Ort des Lesezeichens anstatt zum Anfang des Arbeitsblatts.

1. Plazieren Sie auf dem Arbeitsblatt mit dem Titel *Ein unbestimmtes Integral* den Cursor bei der Anweisung, die `expr` definiert.
2. Wählen Sie `Bookmarks` aus dem Menü `View` und `Edit Bookmark` aus dem erscheinenden Untermenü.
3. Ein Dialogfeld erscheint. Geben Sie „expr Befehl" ein als Text des Lesezeichens. Klicken Sie auf die Schaltfläche OK, um das neue Lesezeichen einzufügen.
4. Bewegen Sie den Cursor an das Ende des Arbeitsblatts. Wählen Sie `Bookmarks` aus dem Menü `View` und `expr Befehl` aus dem erscheinenden Untermenü. Der Cursor ist nun wieder an der Stelle Ihres Lesezeichens.
5. Klicken Sie auf die Schaltfläche [Symbol], um Ihr Arbeitsblatt mit den Lesezeichen abzuspeichern.
6. Auf dem Arbeitsblatt mit dem Titel *Stammfunktion* leuchten Sie die Worte „Ein unbestimmtes Integral" an. Sie finden sie in der Nähe des Anfangs des Arbeitsblatts.
7. Wählen Sie `Convert` aus dem Menü `Format` und `Hyperlink` aus dem erscheinenden Untermenü.
8. Eine Dialogfläche erscheint. Maple hat bereits das Feld mit angeleuchtetem Text gefüllt. Geben Sie in dem Feld den Namen der Datei ein, die das Arbeitsblatt mit dem Titel *Ein unbestimmtes Integral* enthält.
9. In dem Feld Book Mark geben Sie „expr Befehl" ein.
10. Klicken Sie auf die Schaltfläche OK, um den Hyperlink einzufügen.

Testen Sie die Hyperlinks. Schließen Sie eines der Arbeitsblätter und bringen Sie es zurück, indem Sie in dem anderen auf den Hyperlink klicken.

1.5 Übungseinheit 4: Hilfe erhalten

Die vorherigen Abschnitte gaben einen Eindruck von den Fähigkeiten von Maple V beim Lösen von Problemen sowie beim Erstellen von Dokumenten. Sie dienten nur als eine Einführung, da eine Beschreibung aller Möglichkeiten den Rahmen dieses Buchs sprengen würden. Maple enthält Tausende von Befehlen, von ganz allgemeinen bis zu esoterischen. Die nachfolgenden Kapitel zeigen Ihnen die nützlichsten und effektivsten Methoden für die Anwendung einiger von ihnen, aber wie dieses Kapitel stellen sie nur eine Einführung dar. Maple verfügt jedoch über sein eigenes vollständiges und interaktives Handbuch, das Maple Onlinehilfesystem. Das Hilfesystem erlaubt Ihnen, die Befehle und Möglichkeiten von Maple an Hand von Namen oder von Schlagworten zu erkunden. Außerdem gestattet es Ihnen, Hilfeseiten zu finden, die ein Wort oder einen Ausdruck Ihrer Wahl enthalten. Da die einzelnen Hilfeseiten über Hyperlinks miteinander verbunden sind, kommen Sie leicht zu verwandten Seiten.

Diese Übungseinheit führt Sie ein in das Hilfesystem von Maple V, damit Sie jederzeit die Informationen erhalten können, die Sie benötigen. Insbesondere stellt sie die folgenden Schlüsselkonzepte vor.

- Wie starten Sie das Hilfesystem.
- Wie finden Sie eine Seite an Hand eines Schlagwortes.
- Wie benutzen Sie den Index.
- Wie benutzen Sie die Volltextsuche.

Maple bietet Ihnen drei Methoden an zum Auffinden von Informationen innerhalb des Hilfesystems: Inhalts-, Schlagwort- und Volltextsuche.

Der Inhalt des Hilfesystems

Sie können in dem Hilfesystem Informationen ganz ähnlich finden wie in einem Buch — indem Sie in das Inhaltsverzeichnis schauen.

1. Wählen Sie `Contents` aus dem Menü `Help`. Das erscheinende Hilfefenster gibt Ihnen eine kurze Einführung in das Hilfesystem und erlaubt Ihnen, durch Hyperlinks in dem System zu blättern.
2. Klicken Sie auf das Wort *interface*, um dem Hyperlink zu der Seite, die die Oberfläche beschreibt, zu folgen. Diese Hilfeseite verbindet Sie mit Seiten, die die einzelnen Menüs beschreiben.
3. Klicken Sie auf *Help menu*. Die neue Hilfeseite beschreibt jeden Eintrag in dem Menü `Help` und enthält Hyperlinks zu Seiten mit genaueren Informationen. So bestimmt zum Beispiel der Eintrag `Balloon Help`, ob Maple kleine Sprechblasen mit Erläuterungen anzeigen soll, wenn Sie die Maus auf einer Schaltfläche oder einem Menü stehen lassen.

Schlagwortsuche

Manchmal wissen Sie *beinahe* den Namen eines Befehls. So benutzen zum Beispiel viele Programmiersprachen `sqr`, `sqrt` oder `root` zur Bezeichnung der Wurzelfunktion. Sie können mittels der Schlagwortsuche im Hilfesystem herausfinden, welche Notation Maple benutzt.

1. Wählen Sie `Topic Search` aus dem Menü `Help`.
2. Das erscheinende Dialogfeld ermöglicht Ihnen, das Schlagwort, an dem Sie interessiert sind, einzugeben. Falls Sie in der laufenden Sitzung die Schlagwortsuche schon einmal benutzt haben, spiegelt das Dialogfeld das Ergebnis Ihrer letzten Suche wieder.
3. Geben Sie *sq* in dem Feld topic ein. Maple zeigt daraufhin alle Hilfeschlagworte an, die mit *sq* anfangen.
4. Sie können nun eines der passenden Schlagwörter auswählen. Doppelklicken Sie auf `sqrt`, um die Hilfeseite für die Wurzelfunktion von Maple zu erhalten.

Informationen in dem Hilfesystem über die Schlagwortsuche zu finden ähnelt dem Auffinden von Informationen in diesem Buch über den Index.

Wenn Sie das Schlagwort der Hilfeseite, die Sie lesen wollen, bereits wissen, können Sie die Seite auch bequem direkt aus dem Arbeitsblatt heraus ansprechen. Geben Sie nach dem Eingabezeichen ?*Thema* ein und drücken Sie enter, um die Hilfeseite zu *Thema* zu erhalten. So liefert zum Beispiel die folgende Anweisung die Hilfeseite zur sin-Funktion (und den anderen trigonometrischen Funktionen).

```
> ?sin
```

Volltextsuche

Wenn Sie nach Informationen suchen, kann es sein, daß Sie einige Schlüsselworte wissen, die auf der gesuchten Hilfeseite stehen sollten. So erwarten Sie zum Beispiel, daß die Hilfeseiten, die erklären, wie Ihnen Maple beim Lösen von Differentialgleichungen hilft, die Worte *solve*, *differential*, und *equation* enthalten. Sie können nun das gesamte Hilfesystem nach diesen Worten durchsuchen.

1. Wählen Sie `Full Text Search` aus dem Menü `Help`.
2. Das erscheinende Dialogfeld gestattet Ihnen, Ihre Suchbegriffe einzugeben. Geben Sie *solve differential equation* in dem Feld word ein. Dann klicken Sie auf die Schaltfläche Search, um Maple anzuweisen, mit der Suche zu beginnen.
3. Maple führt nun alle passenden Schlagworte auf zusammen mit Zahlen, die angeben, wie gut die Übereinstimmung ist. In der Regel finden Sie die interessantesten Schlagworte in der Nähe des Anfangs der Liste.
4. Sie können eines der passenden Schlagworte auswählen. Doppelklicken Sie auf `dsolve`, um die Hilfeseite zu dem wichtigsten Maple-Befehl zum Lösen gewöhnlicher Differentialgleichungen zu erhalten.

Während Sie sich durch die Kapitel dieses Buches durcharbeiten, haben Sie jederzeit Zugriff auf die Fülle der im Hilfesystem abgelegten Informationen. Mit lediglich einem oder zwei einfachen Befehlen können Sie die gewünschten Informationen über Befehle, deren Optionen und Aufrufe und der Eigenschaften der Schnittstelle auffinden.

1.6 Zusammenfassung

Nachdem Sie die vier Übungseinheiten in diesem Kapitel durchgearbeitet haben, sollten Sie sich sicher fühlen beim Umgang mit der modernen Benutzeroberfläche von Maple. *Übungseinheit 1: Lösen von Problemen* auf Seite 6 führte in das Lösen mathematischer Probleme ein. Sie zeigt, wie leicht Maple zu benutzen ist, und seine Fähigkeit, das Lösen von Problemen auf eine klare und effiziente Weise zu organisieren. In *Übungseinheit 2: Dokumentation Ihrer Arbeit* auf Seite 13 lernten Sie, Text und mathematische Notation in dasselbe Arbeitsblatt einzubauen. Sie können sogar ausführbare Anweisungen, man spricht auch von eingebetteter Mathematik, in die Mitte Ihrer Satzstrukturen einfügen. In *Übungseinheit 3: Mehrere Arbeitsblätter* auf Seite 17 lernten Sie, wie man ausschneidet und einfügt. Sie können sowohl Text als auch Ein- und Ausgaben von Maple einfügen. Sie lernen auch, wie man Hyperlinks und Lesezeichen einfügt. *Übungseinheit 4: Hilfe erhalten* auf Seite 21 vermittelte einen Überblick über die drei Methoden, Informationen durch das interaktive Hilfesystem von Maple, zu erhalten: Inhalts-, Schlagwort- und Volltextsuche.

Mit diesen Fähigkeiten zur Hand können Sie auf viele Arten komplizierte mathematische Informationen handhaben und visualisieren sowie ausgefeilte technische Dokumente erstellen.

KAPITEL

Mathematik mit Maple: die Grundlagen

Dieses Kapitel beginnt mit der Diskussion numerischer Berechnungen in Maple, die sich leicht unterscheiden von den meisten anderen mathematischen Anwendungen. Danach folgen die grundlegenden symbolischen Berechnungen sowie Zuweisungsbefehle. Die letzten beiden Abschnitte behandeln die grundlegenden Objekttypen in Maple und geben eine Einführung in die Handhabung von Objekten und in die nützlichsten Befehle für diesen Zweck.

Sie werden das meiste aus diesem Buch machen, wenn Sie Ihren Computer benutzen, um die Beispiele auszuprobieren, während Sie lesen. Dieses Kapitel zeigt in groben Zügen die Maple-Anweisungen, die nötig sind, damit Sie anfangen können. Die folgenden Kapitel werden diese und weitere Befehle detaillierter behandeln.

Wenn Sie ein tieferes Verständnis dessen, was unter der Oberfläche liegt, wünschen, benutzen Sie das Onlinehilfesystem. Um Hilfe zu einem Befehl zu bekommen, geben Sie nach dem Maple-Prompt einfach ein Fragezeichen ein und dann den Namen des Befehls oder in einigen Fällen das Schlagwort, über das Sie mehr lernen wollen.

```
?Befehl
```

2.1 Einleitung

Die einfachsten Rechnungen in Maple sind numerisch. Maple kann wie ein herkömmlicher Taschenrechner mit ganzen Zahlen oder mit Gleitkommazahlen arbeiten. Geben Sie den Ausdruck in seiner natürlichen Syntax ein. Ein Strichpunkt signalisiert das Ende jeder Anweisung

```
> 1 + 2;
```

$$3$$

```
> 1 + 3/2;
```

$$\frac{5}{2}$$

```
> 2*(3+1/3)/(5/3-4/5);
```

$$\frac{100}{13}$$

```
> 2.8754/2;
```

$$1.437700000$$

Natürlich kann Maple viel mehr machen, wie Sie in Kürze sehen werden.

Für den Augenblick betrachten wir jedoch ein einfaches Beispiel.

```
> 1 + 1/2;
```

$$\frac{3}{2}$$

Beachten Sie, daß Maple mit rationalen Zahlen exakt rechnet. Das Ergebnis von 1+1/2 lautet 3/2 und nicht 1.5. Für Maple sind die rationale Zahl 3/2 und die Gleitkommanäherung 1.5 zwei grundlegend verschiedene Objekte. Die Fähigkeit, exakte Ausdrücke darzustellen, gestattet Maple, viel mehr Informationen über ihren Ursprung und ihre Struktur zu erhalten. Der Ursprung und die Struktur einer Zahl wie

$$.5235987758$$

ist viel weniger klar als bei einer exakten Größe wie

$$\frac{1}{6}\pi$$

Wenn Sie anfangen, mit komplizierteren Ausdrücken zu arbeiten, wird der Vorteil noch größer sein.

Maple kann nicht nur mit rationalen Zahlen arbeiten sondern auch mit beliebigen Ausdrücken. Es kann mit ganzen Zahlen, Gleitkommazahlen, Variablen, Mengen, Listen, Folgen, Polynomen über einem Ring und vielen anderen mathematischen Konstrukten arbeiten. Dazu ist Maple noch eine vollständige Programmiersprache mit Prozeduren, Tabellen und anderen Konstrukten.

2.2 Numerische Berechnungen

Rechnen mit ganzen Zahlen

Ganzzahlige Rechnungen sind sehr einfach. Denken Sie daran, jede Anweisung mit einem Strichpunkt zu beenden.

```
> 1 + 2;
```

$$3$$

```
> 75 - 3;
```

$$72$$

```
> 5*3;
```

$$15$$

```
> 120/2;
```

$$60$$

Maple kann auch mit beliebig langen ganzen Zahlen arbeiten. In der Praxis liegt die Grenze für ganze Zahlen bei ungefähr 500 000 Stellen. Sie hängt in erster Linie von der Geschwindigkeit und den Ressourcen Ihres Rechners ab. Maple hat keine Schwierigkeiten mit der Berechnung langer Zahlen, dem Zählen der Stellen einer Zahl oder der Faktorisierung ganzer Zahlen. Diese letzte Berechnung kann einige Zeit dauern, wenn die Zahlen besonders lang sind.

```
> 100!;
```

933262154439441526816992388562667004907159682\
26438162146859296389521759999322991560894146\
39761565182862536979208272237582511852109168\
6864000000000000000000000000

```
> length(");
```

$$158$$

Diese Antwort gibt die Anzahl der Stellen in dem letzten Beispiel an. Das Anführungszeichen ist einfach eine Abkürzung für das vorherige Resultat. Um auf das vorletzte oder das vorvorletzte Ergebnis zurückzugreifen, benutzen Sie "" beziehungsweise """.

```
> ifactor(60);
```

$$(2)^2\,(3)\,(5)$$

TABELLE 2.1 Befehle zum Arbeiten mit ganzen Zahlen

`abs`	Betrag eines Ausdrucks
`factorial`	Fakultät einer ganzen Zahl
`iquo`	Quotient bei ganzzahliger Division
`irem`	Rest bei ganzzahliger Division
`iroot`	Wurzeln ganzer Zahlen
`isqrt`	Quadratwurzeln ganzer Zahlen
`max, min`	Maximum und Minimum einer Menge von Zahlen
`mod`	Modulare Arithmetik
`surd`	Berechnung reeller Wurzeln

Neben `ifactor` verfügt Maple über viele Befehle zum Arbeiten mit ganzen Zahlen, einige erlauben die Berechnung des größten gemeinsamen Teilers (ggT) zweier ganzer Zahlen, ganzzahliger Quotienten und Reste sowie Primzahltests. Siehe die Beispiele unten sowie die Tabelle 2.1.

```
> igcd(123, 45);
```

$$3$$

```
> iquo(25,3);
```

$$8$$

```
> isprime(18002676583);
```

$$\mathit{true}$$

Exakte Arithmetik — rationale Zahlen, irrationale Zahlen und Konstanten

Ein wichtige Eigenschaft von Maple ist die Fähigkeit, exakte rationale Arithmetik auszuführen; das heißt, mit rationalen Zahlen (Brüchen) arbeiten zu können, ohne sie auf Gleitkommanäherungen reduzieren zu müssen.

```
> 1/2 + 1/3;
```

$$\frac{5}{6}$$

Maple arbeitet mit rationalen Zahlen und erzeugt ein exaktes Resultat. Die Unterscheidung zwischen *exakten* und *genäherten* Ergebnissen ist sehr wichtig. Die Fähigkeit, auf dem Computer exakte Rechnungen durchführen zu können, ermöglicht Ihnen das Lösen völlig neuer Problemklassen und unterscheidet Produkte wie Maple von ihren rein numerischen Verwandten.

Falls nötig, kann Maple Gleitkommanäherungen produzieren. Maple kann sogar mit Gleitkommazahlen mit vielen tausend Stellen arbeiten und so ohne Schwierigkeiten genaue Näherungen exakter Ausdrücke finden.

```
> Pi;
```

$$\pi$$

```
> evalf(Pi, 100);
```

$$3.1415926535897932384626433832795028841971 69\backslash$$
$$3993751058209749445923078164062862089986280\backslash$$
$$34825342117068$$

Es ist wichtig, zu lernen, wie Maple zwischen der exakten und der Gleitkommadarstellung von Werten unterscheidet.

Hier ist ein Beispiel für eine rationale (exakte) Zahl.

```
> 1/3;
```

$$\frac{1}{3}$$

Es folgt ihre Gleitkommanäherung (angezeigt mit zehn Stellen, das ist Standardeinstellung).

```
> evalf(");
```

$$.3333333333$$

Diese beiden Ergebnisse sind mathematisch nicht dasselbe und sie sind es auch nicht in Maple.

Wann immer Sie eine Zahl in Dezimaldarstellung eingeben, behandelt Maple sie als eine Gleitkommanäherung. Tatsächlich veranlaßt das Erscheinen einer Dezimalzahl in einem Ausdruck Maple, ein genähertes Gleitkommaergebnis zu erzeugen, da es keine sichere exakte Lösung selbst aus nur teilweise genäherten Daten berechnen kann.

```
> 3/2*5;
```

$$\frac{15}{2}$$

```
> 1.5*5;
```

$$7.5$$

Daher sollten Sie *Gleitkommazahlen nur dann benutzen, wenn Sie Maple auf das Rechnen mit nicht exakten Ausdrücken beschränken wollen.*

Maple erleichtert das Eingeben exakter Größen durch den Einsatz symbolischer Darstellungen wie π im Gegensatz zu 3.14. Maple behandelt irrationale Zahlen als exakte Größen. Hier steht, wie Sie die Quadratwurzel von zwei in Maple darstellen.

```
> sqrt(2);
```

$$\sqrt{2}$$

Hier folgt noch ein Beispiel mit einer Quadratwurzel.

```
> sqrt(3)^2;
```

$$3$$

Maple kennt die üblichen mathematischen Konstanten wie π und die Basis des natürlichen Logarithmus e. Es behandelt sie als exakte Größen.

```
> Pi;
```

$$\pi$$

```
> sin(Pi);
```

$$0$$

Zur Eingabe der Exponentialfunktion müssen Sie die Funktion `exp` benutzen.

```
> exp(1);
```

$$e$$

```
> ln(exp(5));
```

$$5$$

Das vorletzte Beispiel mag etwas verwirrend aussehen. Denken Sie daran, daß Maple bei der Ausgabe von gesetzter mathematischer Notation versucht, mathematische Ausdrücke so darzustellen, wie Sie sie vielleicht selbst schreiben würden. Sie geben daher π als `Pi` ein und Maple zeigt es als π an. Maple unterscheidet zwischen Klein- und Großschreibung. Passen Sie also auf, daß Sie die richtige Schreibweise wählen bei der Eingabe von Konstanten. Die Namen `Pi` und `pi` sind nicht gleichwertig. Um mehr Informationen über die Konstanten in Maple zu erhalten, geben Sie nach dem Prompt `?constants` ein.

Gleitkommanäherungen

Obwohl Maple es vorzieht, mit exakten Werten zu arbeiten, kann es Gleitkommazahlen bis zu einer Länge von ungefähr 500 000 Stellen (je nach den Ressourcen Ihres Computers) ausgeben, wann immer Sie das wünschen.

Zehn bis zwanzig genaue Stellen bei Gleitkommazahlen mag für fast jeden Zweck ausreichend erscheinen. Aber vor allem zwei Probleme schränken die Brauchbarkeit eines solchen Systems deutlich ein.

Zum ersten kann bei der Subtraktion zweier Gleitkommazahlen fast gleicher Größe der relative Fehler der Differenz sehr groß werden: Falls die beiden Ausgangszahlen in ihren ersten siebzehn (von zwanzig) Stellen übereinstimmen, ist ihre Differenz nur auf drei Stellen genau bekannt! In diesem Fall müßten Sie fast vierzig Stellen benutzen, um zwanzig genaue Stellen im Ergebnis zu haben.

Zum zweiten ist die mathematische Form eines Resultats prägnanter, kompakter und bequemer als sein numerischer Wert. So enthält zum Beispiel eine Exponentialfunktion mehr Informationen über die Natur eines Phänomens als selbst sehr lange Zahlen. Eine exakte analytische Beschreibung kann auch das Verhalten einer Funktion bestimmen, indem in Bereiche extrapoliert wird, für die keine Daten vorliegen.

Der Befehl `evalf` wandelt einen exakten numerischen Ausdruck in eine Gleitkommazahl um.

```
> evalf(Pi);
```

$$3.141592654$$

In der Standardeinstellung berechnet Maple das Ergebnis auf zehn Stellen genau, aber Sie können eine beliebige Anzahl von Stellen vorgeben. Geben Sie einfach nach dem numerischen Ausdruck die Stellenzahl in folgender Notation an.

```
> evalf(Pi, 200);
```

$$\begin{aligned}&3.14159265358979323846264338327950288419716\backslash\\&\quad 39937510582097494459230781640628620899862 80\backslash\\&\quad 34825342117067982148086513282306647093844 60\backslash\\&\quad 95505822317253594081284811174502841027019 38\backslash\\&\quad 5211055596446229489549303820\end{aligned}$$

Sie können Maple zwingen, alle Berechnungen mit Gleitkommanäherungen duchzuführen, indem Sie wenigstens eine Gleitkommazahl in jeden Ausdruck einfügen. Gleitkommazahlen sind „ansteckend“: falls ein Ausdruck auch nur eine Gleitkommazahl enthält, wertet Maple den gesamten Ausdruck in Gleitkommaarithmetik aus.

```
> 1/3 + 1/4 + 1/5.3;
```

$$.7720125786$$

```
> sin(0.2);
```

$$.1986693308$$

Während das wahlweise vorhandene zweite Argument von `evalf` die Anzahl der Stellen für diese eine Rechnung vorgibt, bestimmt die spezielle Variable `Digits` die Anzahl der Stellen für alle nachfolgenden Rechnungen.

```
> Digits := 20;
```

$$Digits := 20$$

```
> sin(0.2);
```

$$.19866933079506121546$$

`Digits` ist jetzt auf zwanzig gesetzt und Maple benutzt diesen Wert bei jedem Schritt einer Rechnung. Maple arbeitet in dieser Hinsicht wie ein Taschenrechner oder eine gewöhnliche Computeranwendung. Wenn Sie einen komplizierten numerischen Ausdruck auswerten, denken Sie daran, daß sich Fehler fortpflanzen können, was bewirkt, daß das Schlußresultat eine geringere Genauigkeit als die vollen zwanzig Stellen besitzt. Im allgemeinen ist es nicht leicht, `Digits` so zu setzen, daß eine bestimmte Genauigkeit erreicht wird, da das Endergebnis von Ihrer speziellen Fragestellung abhängt. Die Verwendung größerer Werte gibt jedoch meistens einige Anhaltspunkte. Maple ist sehr anpassungsfähig, wenn extreme Gleitkommagenauigkeit wichtig für Ihre Arbeit ist.

Arithmetik mit speziellen Zahlen

Maple V kann auch mit komplexen Zahlen arbeiten. I ist das Standardsymbol von Maple für die Quadratwurzel von minus eins, das heißt, $I = \sqrt{-1}$.

```
> (2 + 5*I) + (1 - I);
```

$$3 + 4i$$

```
> (1 + I)/(3 - 2*I);
```

$$\frac{1}{13} + \frac{5}{13}i$$

Sie können auch mit anderen Basen und Zahlensystemen arbeiten.

```
> convert(247, binary);
```

$$11110111$$

```
> convert(1023, hex);
```

$$3FF$$

```
> convert(17, base, 3);
```

$$[2, 2, 1]$$

Maple gibt das Ergebnis eines Basiswechsels bei ganzen Zahlen als eine Liste von Ziffern zurück; eine Zahlenreihe wie 221 könnte mehrdeutig sein, vor allem wenn man mit großen Basen arbeitet. Beachten Sie die Reihenfolge der Ziffern in der Liste: die führende Ziffer ist das letzte Element.

Maple unterstützt auch modulare Arithmetik.

```
> 27 mod 4;
```

$$3$$

Symmetrische und positive Darstellungen sind auch möglich.

```
> mods(27,4);
```

$$-1$$

```
> modp(27,4);
```

$$3$$

Die Standardeinstellung für die `mod`-Anweisung ist die positive Darstellung, aber Sie können dies ändern (lesen Sie die Hilfeseite `?mod` für Einzelheiten).

Maple kann auch mit Gaußschen Zahlen arbeiten. Das Paket `GaussInt` enthält mehr als dreißig Befehle zum Arbeiten mit diesen speziellen Zahlen. Geben Sie `?GaussInt` ein für mehr Informationen über diese Befehle.

Mathematische Funktionen

Maple V kennt alle üblichen mathematische Funktionen (siehe Tabelle 2.2 für eine teilweise Liste).

```
> sin(Pi/4);
```

$$\frac{1}{2}\sqrt{2}$$

```
> ln(1);
```

$$0$$

Wenn Maple keine einfachere Form finden kann, läßt es den Ausdruck lieber unverändert, bevor es ihn in eine nicht exakte Form umwandelt.

```
> ln(Pi);
```

$$\ln(\pi)$$

TABELLE 2.2 Mathematische Funktionen, die Maple kennt

`sin`, `cos`, `tan`, etc.	trigonometrische Funktionen
`sinh`, `cosh`, `tanh`, etc.	hyperbolische trigonometrische Funktionen
`arcsin`, `arccos`, `arctan`, etc.	inverse trigonometrische Funktionen
`exp`	Exponentialfunktion
`ln`	natürlicher Logarithmus
`log[10]`	Logarithmus zur Basis 10
`sqrt`	algebraische Quadratwurzel
`round`	runde zur nächsten ganzen Zahl
`trunc`	trunkiere auf den ganzzahligen Teil
`frac`	gebrochener Anteil einer rationalen Zahl
`BesselI`, `BesselJ`, `BesselK`, `BesselY`	Bessel-Funktionen
`binomial`	Binomialfunktion
`erf`, `erfc`	Fehler- komplementäre Fehlerfunktion
`Heaviside`	Heavisidesche Stufenfunktion
`Dirac`	Diracsche Delta-Funktion
`MeijerG`	Meijersche G-Funktion
`Zeta`	Riemannsche Zeta-Funktion
`LegendreKc`, `LegendreEc`, `LegendrePic` `LegendreKc1`, `LegendreEc1`, `LegendrePic1`	Legendresche elliptische Integrale
`hypergeom`	hypergeometrische Funktion

2.3 Grundlegende symbolische Berechnungen

Maple V weiß, wie man mit mathematischen Unbekannten und Ausdrücke, die sie enthalten, umgeht.

```
> (1 + x)^2;
```

$$(1+x)^2$$

```
> (1 + x) + (3 - 2*x);
```

$$4-x$$

Beachten Sie, daß Maple den zweiten Ausdruck automatisch vereinfacht.

Maple V verfügt über Hunderte von Befehlen zum Arbeiten mit symbolischen Ausdrücken.

```
> expand((1 + x)^2);
```

$$1+2x+x^2$$

```
> factor(");
```

$$(1+x)^2$$

Wie bereits in *Numerische Berechnungen* auf Seite 27 erwähnt wurde, dient das Anführungszeichen als eine Abkürzung für das Ergebnis der vorherigen Anweisung.

```
> Diff(sin(x), x);
```

$$\frac{\partial}{\partial x}\sin(x)$$

```
> value(");
```

$$\cos(x)$$

```
> Sum(n^2, n);
```

$$\sum_{n} n^2$$

```
> value(");
```

$$\frac{1}{3}n^3 - \frac{1}{2}n^2 + \frac{1}{6}n$$

Dividieren Sie ein Polynom in x durch ein anderes.

```
> rem(x^3+x+1, x^2+x+1, x);
```

$$2 + x$$

Erzeugen Sie eine Reihe.

```
> series(sin(x), x=0, 10);
```

$$x - \frac{1}{6}x^3 + \frac{1}{120}x^5 - \frac{1}{5040}x^7 + \frac{1}{362880}x^9 + O(x^{10})$$

Alle mathematischen Funktionen, die im letzten Abschnitt erwähnt wurden, akzeptieren auch Unbekannte als Argumente.

2.4 Ausdrücken Namen zuweisen

Das Anführungszeichen zu benutzen oder einen Maple-Ausdruck erneut eingeben, wenn Sie ihn benutzen wollen, ist nicht immer bequem. Daher erlaubt Maple Ihnen, einem Objekt einen Namen zu geben. Benutzen Sie dazu die folgende Syntax.

Name := *Ausdruck*;

Sie können *jedem* Maple-Ausdruck einen Namen zuweisen.

```
> var := x;
```

$$var := x$$

```
> term := x*y;
```

$$term := x\,y$$

Sie können sogar Gleichungen Namen geben.

```
> eqs := x = y + 2;
```

$$eqs := x = y + 2$$

Maple-Namen können jedes alphanumerische Zeichen und Unterstriche enthalten, aber sie *dürfen nicht mit einer Zahl beginnen*. Vermeiden Sie auch, Namen mit einem Unterstrich beginnen zu lassen, da diese Namen von Maple intern benutzt werden. Gültige Maple-Namen sind zum Beispiel: `polynomial`, `test_data`; `RoOt_lOcUs_pLoT` und `value2`. Beispiele für *ungültige* Maple-Namen sind `2ndphase` (da er mit einer Zahl beginnt) und `x&y` (da `&` kein alphanumerisches Zeichen ist).

Sie können Ihre eigenen Funktionen definieren mit der *Pfeilnotation* von Maple (`->`). Dies läßt Maple wissen, wie es die Funktion auswerten soll, wenn sie in Maple-Ausdrücken erscheint. An diesem Punkt können Sie einfache Graphen von Funktionen mit dem `plot`-Befehl erstellen.

```
> f := x -> 2*x^2 -3*x +4;
```

$$f := x \to 2x^2 - 3x + 4$$

```
> plot (f(x), x= -5...5);
```

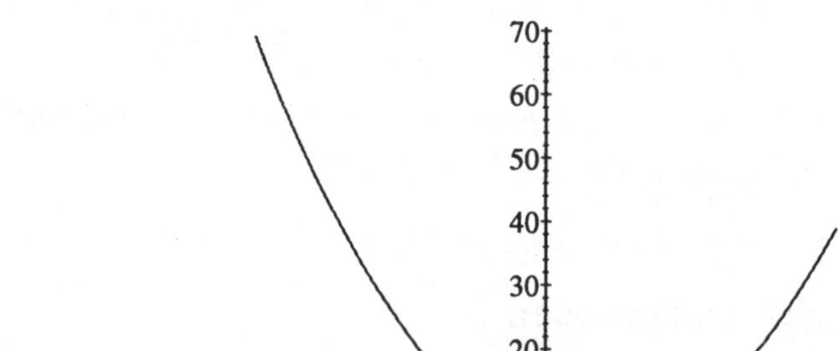

Kapitel 4 enthält mehr über den `plot`-Befehl.

Der Zuweisungsoperator (`:=`) kann dann der Funktionsdefinition einen Funktionsnamen zuordnen. Der Funktionsname steht auf der linken Seite von `:=`. Die Funktionsdefinition (benutzen Sie die Pfeilnotation) steht auf der rechten Seite. Die folgende Anweisung definiert `f` als „Quadratfunktion".

```
> f := x -> x^2;
```

$$f := x \to x^2$$

Die Auswertung von `f` an einem Argument liefert dann das Quadrat des Arguments von `f`.

```
> f(5);
```

$$25$$

```
> f(y+1);
```

$$(y+1)^2$$

Es sind jedoch nicht alle Namen verfügbar für Variablen. Maple hat einige vordefiniert und reserviert. Wenn Sie versuchen, einem solchen Namen etwas zuzuweisen, wird Maple Ihnen mitteilen, daß der von Ihnen gewählte Namen geschützt ist.

```
> Pi := 3.14;
Error, attempting to assign to `Pi` which is protected
> set := {1, 2, 3};
Error,
attempting to assign to `set` which is protected
```

Denken Sie insbesondere daran, nicht den Namen `D` *zu benutzen, da er vordefiniert ist als der Ableitungsoperator.*

2.5 Weitere grundlegende Typen von Maple-Objekten

Maple kann schwierig zu benutzen sein ohne eine kurze Einführung in weitere komplexere Objekttypen, die es darstellen kann. Dieser Abschnitt untersucht diese grundlegenden Typen von Maple-Objekten, *Ausdrucksfolgen*, *Listen*, *Mengen*, *Felder* und *Tabellen* eingeschlossen. Diese einfachen Ideen sind wesentlich für die Diskussion im Rest dieses Buches.

Ausdrucksfolgen

Die grundlegende Datenstruktur von Maple ist die *Ausdrucksfolge*. Dies ist einfach eine durch Komma getrennte Gruppe von Maple-Ausdrücken.

```
> 1, 2, 3, 4;
```

$$1, 2, 3, 4$$

```
> x, y, z, w;
```

$$x, y, z, w$$

Ausdrucksfolgen sind weder Listen noch Mengen. Sie stellen eine eigenständige Datenstruktur innerhalb von Maple dar und besitzen ihre eigenen Eigenschaften. Zum Beispiel erhalten sie die Reihenfolge und erlauben Wiederholungen ihrer Elemente. Einträge werden in der Reihenfolge bleiben, in der Sie sie eingegeben haben, und wenn Sie ein Element zweimal eingeben, dann bleiben beide Kopien erhalten. Weitere Eigenschaften von Folgen werden klar werden, wenn Sie dieses Buch weiter durcharbeiten. Folgen werden oft benutzt, um kompliziertere Objekten durch Operationen wie Verketten aufzubauen.

Folgen erweitern die Fähigkeiten vieler grundlegender Maple-Operationen. Die Verkettung von Zeichenketten ist zum Beispiel eine Basisoperation zum Bauen von Namen. In Maple ist „`.`" der Verkettungsoperator und Sie können ihn wie folgt benutzen.

```
> a.b;
```

$$ab$$

Wenn Sie die Verkettung auf eine Folge anwenden, betrifft die Operation jedes Element. Wenn zum Beispiel S eine Folge ist, dann können Sie den Namen a jedem Element von S voranstellen, indem Sie a und S verketten.

```
> S := 1, 2, 3, 4;
```

$$S := 1, 2, 3, 4$$

```
> a.S;
```

$$a1, a2, a3, a4$$

Listen

Sie erzeugen eine *Liste*, indem Sie eine beliebige Anzahl von Maple-Objekten (durch Komma getrennt) in eckige Klammern einschließen.

```
> data_list := [1, 2, 3, 4, 5];
```

$$data\_list := [1, 2, 3, 4, 5]$$

```
> polynomials := [x^2+3, x^2+3*x-1, 2*x];
```

$$polynomials := [x^2 + 3, x^2 + 3\,x - 1, 2\,x]$$

```
> participants := [Kathy, Frank, Rene, Niklaus, Liz];
```

$$participants := [Kathy, Frank, Rene, Niklaus, Liz]$$

Eine Liste ist also eine in eckige Klammern eingeschlossene Ausdrucksfolge.

Maple erhält die Ordnung und Wiederholungen in einer Liste. `[a,b,c]`, `[b,c,a]` und `[a,a,b,c,a]` sind also alle verschieden.

```
> [a,b,c], [b,c,a], [a,a,b,c,a];
```

$$[a, b, c], [b, c, a], [a, a, b, c, a]$$

Daß die Ordnung erhalten wird, erlaubt Ihnen, ein bestimmtes Element aus einer Liste herauszuholen.

```
> letters := [a,b,c];
```

$$letters := [a, b, c]$$

```
> letters[2];
```

$$b$$

Benutzen Sie den Befehl nops, um die Anzahl der Elemente einer Liste zu bestimmen.

```
> nops(letters);
```

$$3$$

Sie können auch mit dem Befehl op eine Liste in eine Ausdrucksfolge umwandeln.

```
> op(letters);
```

$$a, b, c$$

Die Befehle nops *und* op auf Seite 53 bespricht den Einsatz dieser beiden Befehle genauer.

Mengen

Maple unterstützt *Mengen* im mathematischen Sinne. Wie bei einer Folge oder einer Liste werden die Objekte durch Komma getrennt, aber die umschließenden geschweiften Klammern kennzeichnen das Objekt als eine Menge.

```
> data_set := {1, -1, 0, 10, 2};
```

$$data\_set := \{0, -1, 1, 2, 10\}$$

```
> unknowns := {x, y, z};
```

$$unknowns := \{x, y, z\}$$

Eine Menge ist also eine von geschweiften Klammern umschlossene Ausdrucksfolge.

Maple erhält weder die Ordnung noch Wiederholungen in einer Menge. Das bedeutet, daß Maple-Mengen dieselben Eigenschaften besitzen wie Mengen in der Mathematik. Die folgenden drei Mengen sind also identisch.

```
> {a,b,c}, {c,b,a}, {a,a,b,c,a};
```

$$\{a, b, c\}, \{a, b, c\}, \{a, b, c\}$$

Denken Sie daran, daß für Maple die ganze Zahl 2 und die Gleitkommazahl 2.0 unterschiedlich sind. Daher hat die folgende Menge drei und nicht zwei Elemente.

```
> {1, 2, 2.0};
```

$$\{1, 2, 2.0\}$$

Die Eigenschaften von Mengen machen sie zu einem besonders nützlichen Konzept in Maple, genauso wie sie es in der Mathematik sind. Maple stellt eine Vielzahl von Befehlen für Mengen zur Verfügung. Dazu gehören die grundlegenden Operationen des *Schnitts* und der *Vereinigung* mit den Befehlen `intersect` und `union`.

```
> {a,b,c} union {c,d,e};
```

$$\{a, b, c, d, e\}$$

```
> {1,2,3,a,b,c} intersect {0,1,y,a};
```

$$\{1, a\}$$

Der Befehl nops zählt die Elemente einer Menge genauso wie die einer Liste.

```
> nops(");
```

$$2$$

Der bereits in *Listen* auf Seite 38 erwähnte Befehl op kann auch Mengen in Ausdrucksfolgen umwandeln.

```
> op({1,2,3,a,b});
```

$$1, 2, 3, a, b$$

Siehe *Die Befehle* nops *und* op auf Seite 53 für weitere Einzelheiten.

Ein gebräuchlicher und sehr nützlicher Befehl, der oft bei Mengen zum Einsatz kommt, ist `map`. Abbilden (engl. to map) erlaubt Ihnen, eine Funktion gleichzeitig auf alle Elemente einer Struktur anzuwenden.

```
> numbers := {0, Pi/3, Pi/2, Pi};
```

$$numbers := \left\{0, \pi, \frac{1}{3}\pi, \frac{1}{2}\pi\right\}$$

```
> map(g, numbers);
```

$$\left\{g(0), g(\pi), g\left(\frac{1}{3}\pi\right), g\left(\frac{1}{2}\pi\right)\right\}$$

```
> map(sin, numbers);
```

$$\left\{0, 1, \frac{1}{2}\sqrt{3}\right\}$$

Der Befehl map *auf Seite 51* und *Abbilden einer Funktion auf eine Liste oder Menge* auf Seite 164 enthalten weitere Beispiele für die Anwendung von map.

Befehle für Mengen und Listen

Der Befehl member überprüft die Mitgliedschaft in Mengen und Listen.

```
> participants := [Kate, Tom, Steve];
```

$$participants := [Kate, Tom, Steve]$$

```
> member(Tom, participants);
```

$$true$$

```
> data_set := {5, 6, 3, 7};
```

$$data\_set := \{3, 5, 6, 7\}$$

```
> member(2, data_set);
```

$$false$$

Benutzen Sie die Indexnotation [*n*], um Elemente einer Liste auszuwählen. *n* kennzeichnet dabei die Position des gewünschten Elements in der Liste.

```
> participants := [Kate, Tom, Steve];
```

$$participants := [Kate, Tom, Steve]$$

```
> participants[2];
```

$$Tom$$

Maple V kennt *leere* Mengen und Listen; daß heißt, Mengen oder Listen ohne Elemente.

```
> empty_set := {};
```

$$empty\_set := \{\}$$

```
> empty_list := [];
```

$$empty\_list := []$$

Sie können eine neue Menge aus anderen aufbauen, indem Sie zum Beispiel den Befehl `union` benutzen. Löschen Sie Elemente einer Menge mit dem Befehl `minus`.

```
> old_set := {2, 3, 4} union {};
```

$$old\_set := \{2, 3, 4\}$$

```
> new_set := old_set union {2, 5};
```

$$new\_set := \{2, 3, 4, 5\}$$

```
> third_set := old_set minus {2, 5};
```

$$third\_set := \{3, 4\}$$

Felder

Felder sind eine Erweiterung des Konzepts der Datenstruktur Liste. Stellen Sie sich eine Liste vor als eine Gruppe von Objekten, bei der Sie jedem Objekt eine positive ganze Zahl, seinen Index, zuordnen, die seine Position in der Liste darstellt. Die Datenstruktur `array` in Maple verallgemeinert diese Idee. Es wird weiterhin jedem Element ein Index zugeordnet, aber es gibt keine Beschränkung auf eine Dimension mehr. Ferner dürfen Indizes auch Null oder negativ sein. Außerdem können Sie die einzelnen Elemente eines Feldes definieren oder verändern, ohne daß Sie das ganze Feld neu definieren.

Vereinbaren Sie das Feld, damit Maple die Dimensionen kennt, die Sie benutzen wollen.

```
> squares := array(1..3);
```

$$squares := \mathrm{array}(1..3, [\,])$$

Weisen Sie die Feldelemente zu.

```
> squares[1] := 1;  squares[2] := 2^2;  squares[3] := 3^2;
```

$$squares_1 := 1$$
$$squares_2 := 4$$
$$squares_3 := 9$$

Oder Sie machen alles auf einmal, wenn Ihnen das lieber ist.

```
> cubes := array( 1..3, [1,8,27] );
```

$$cubes := [1, 8, 27]$$

Sie können einzelne Elemente mit derselben Notation ansprechen, die auch bei Listen angewandt wird.

```
> squares[2];
```

$$4$$

Sie müssen Felder zuerst vereinbaren. Um den Inhalt eines Feldes zu sehen, müssen Sie einen Befehl wie `print` benutzen.

```
> squares;
```

$$squares$$

```
> print(squares);
```

$$[1, 4, 9]$$

Es mag am Anfang etwas umständlich erscheinen, immer extra `print` sagen zu müssen. Dies gestattet jedoch nicht nur Maple, effizienter zu arbeiten, Sie werden diese Eigenheit schätzen lernen, wenn Sie mit großen Feldern arbeiten.

Obiges Feld hat nur eine Dimension, aber im allgemeinen können Felder mehr Dimensionen haben. Definieren Sie ein 3×3 Feld.

```
> pwrs := array(1..3,1..3);
```

$$pwrs := \text{array}(1..3, 1..3, [])$$

Dieses Feld ist zweidimensional (zwei Indexmengen). Zunächst weisen Sie die Feldelemente in der ersten Zeile zu.

```
> pwrs[1,1] := 1;  pwrs[1,2] := 1;  pwrs[1,3] := 1;
```

$$pwrs_{1,1} := 1$$
$$pwrs_{1,2} := 1$$
$$pwrs_{1,3} := 1$$

Dann fahren Sie mit dem Rest des Feldes fort. Wenn es Ihnen lieber ist, können Sie jede Anweisung mit einem Doppelpunkt (:) anstelle des üblichen Strichpunkts (;) beenden, um die Ausgabe des Resultats zu unterdrücken.

```
> pwrs[2,1] := 2:  pwrs[2,2] := 4:  pwrs[2,3] := 8:
> pwrs[3,1] := 3:  pwrs[3,2] := 9:  pwrs[3,3] := 27:
> print(pwrs);
```

$$\begin{bmatrix} 1 & 1 & 1 \\ 2 & 4 & 8 \\ 3 & 9 & 27 \end{bmatrix}$$

Sie können ein Element auswählen durch die Angabe der Zeile und der Spalte.

```
> pwrs[2,3];
```

$$8$$

Sie können ein zweidimensionales Feld und seine Elemente auf einmal definieren mit einer ähnlichen Methode, wie Sie sie bei dem eindimensionalen Beispiel oben benutzten. Um das zu machen, verwenden Sie Listen innerhalb von Listen. Das heißt, erzeugen Sie eine Liste, bei der jedes Element selbst eine Liste ist, die die Elemente einer Zeile des Feldes enthält. Sie können also das Feld pwrs wie folgt definieren.

```
> pwrs2 := array( 1..3, 1..3, [[1,1,1], [2,4,8], [3,9,27]] );
```

$$pwrs2 := \begin{bmatrix} 1 & 1 & 1 \\ 2 & 4 & 8 \\ 3 & 9 & 27 \end{bmatrix}$$

Felder sind natürlich nicht auf zwei Dimensionen beschränkt, aber solche höherer Dimension sind schwerer darzustellen. Wenn Sie wollen, können Sie auch alle Elemente eines Feldes gleichzeitig mit der Definition des Feldes vereinbaren.

```
> array3 := array( 1..2, 1..2, 1..2,
> [[[1,2],[3,4]], [[5,6],[7,8]]] );
```

$$array3 := \mathrm{array}(1..2, 1..2, 1..2, [$$
$$(1, 1, 1) = 1$$
$$(1, 1, 2) = 2$$
$$(1, 2, 1) = 3$$
$$(1, 2, 2) = 4$$
$$(2, 1, 1) = 5$$
$$(2, 1, 2) = 6$$
$$(2, 2, 1) = 7$$
$$(2, 2, 2) = 8$$
$$])$$

Die üblichen Matrizenoperationen und -rechnungen werden von Maple unterstützt. Maple expandiert den Namen eines Feldes nicht automatisch zu einer Darstellung aller Elemente. Daher müssen Sie bei einigen Befehlen explizit angeben, daß Sie die Operation mit den Elementen durchführen wollen.

Nehmen Sie an, daß Sie allen Zahlen 2 in pwrs durch die Zahl 9 ersetzen wollen. Für solche Ersetzungen können Sie den Befehl subs benutzen. Die Syntax ist

```
subs( x=Ausdr1, y=Ausdr2, ... , HauptAusdr )
```

Als ein Beispiel nehmen Sie an, daß Sie in einer Gleichung z durch $x + y$ ersetzen wollen.

```
> expr := z^2 + 3;
```

$$expr := z^2 + 3$$

```
> subs( {z=x+y}, expr);
```

$$(x + y)^2 + 3$$

Es wird Sie jedoch vielleicht enttäuschen, daß der folgende Aufruf von subs nicht funktioniert.

```
> subs( {2=9}, pwrs );
```

$$pwrs$$

Sie müssen stattdessen Maple zwingen, den Namen des Feldes vollständig auszuwerten bis auf das Niveau der Elemente und nicht nur bis zu seinem Namen. Dazu dient der Befehl evalm zum *Auswerten von Matrizen.*

```
> subs( {2=9}, evalm(pwrs) );
```

$$\begin{bmatrix} 1 & 1 & 1 \\ 9 & 4 & 8 \\ 3 & 9 & 27 \end{bmatrix}$$

Dies veranlaßt nicht nur, daß die Ersetzung wie erwartet in den Elementen durchgeführt wird. Eine vollständige Auswertung zeigt auch die Elemente eines Feldes an, genau so wie wenn Sie den Befehl print benutzen.

```
> evalm(pwrs);
```

$$\begin{bmatrix} 1 & 1 & 1 \\ 2 & 4 & 8 \\ 3 & 9 & 27 \end{bmatrix}$$

Tabellen

Eine *Tabelle* ist eine Erweiterung des Konzepts der Datenstruktur Feld. Der Unterschied zwischen einem Feld und einer Tabelle ist, daß in einer Tabelle *alles* als Index benutzt werden kann und nicht nur ganze Zahlen.

```
> translate := table([one=un,two=deux,three=trois]);
```

$$translate := \text{table}([\\ one = un\\ three = trois\\ two = deux\\ ])$$

```
> translate[two];
```

$$deux$$

Obwohl sie zunächst nur wenige Vorteile gegenüber Feldern zu haben scheinen, sind Tabellenstrukturen sehr mächtig. Tabellen ermöglichen es Ihnen, mit der natürlichen Notation als Datenstruktur zu arbeiten. Sie können zum Beispiel die physikalischen Eigenschaften von Körpern über eine Maple-Tabelle ausgeben.

```
> earth_data := table( [ mass=[5.976*10^24,kg],
>                        radius=[6.378164*10^6,m],
>                        circumference=[4.00752*10^7,m] ] );
```

$$earth\_data := \text{table}([\\ circumference = [.4007520000\, 10^8, m]\\ radius = [.6378164000\, 10^7, m]\\ mass = [.5976000000\, 10^{25}, kg]\\ ])$$

```
> earth_data[mass];
```

$$[.5976000000\, 10^{25}, kg]$$

In diesem Beispiel ist jeder Index ein Name und jeder Eintrag eine Liste. Das ist natürlich ein ziemlich einfacher Fall. Oft sind sehr viel allgemeinere Indizes nützlich. Sie könnten zum Beispiel eine Tabelle aufstellen mit algebraischen Formeln als Indizes und die Ableitungen dieser Formeln als Werte.

2.6 Manipulation von Ausdrücken

Viele der Befehle von Maple beschäftigen sich mit der Manipulation von Ausdrücken. Dazu gehört es, die Ergebnisse von Maple-Anweisungen in eine bekannte Form zu bringen oder in eine Form, mit der Sie arbeiten wollen. Es kann aber auch bedeuten, daß Sie Ihre eigenen Ausdrücke in eine Form bringen, mit der Maple arbeiten kann. In diesem Abschnitt behandeln wir die am häufigsten verwendeten Befehle für diesen Zweck.

Der Befehl `simplify`

Sie können diesen Befehl benutzen, um Vereinfachungsregeln auf einen Ausdruck anzuwenden. Maple verfügt über Vereinfachungsregeln für verschiedene Typen von Ausdrücken und Formen wie zum Beispiel trigonometrische Funktionen, Wurzeln, logarithmische Funktionen, Exponentialfunktionen, Potenzen und verschiedene spezielle Funktionen.

```
> expr := cos(x)^5 + sin(x)^4 + 2*cos(x)^2
> - 2*sin(x)^2 - cos(2*x);
```

$$expr := \cos(x)^5 + \sin(x)^4 + 2\cos(x)^2 - 2\sin(x)^2 - \cos(2x)$$

```
> simplify(expr);
```

$$\cos(x)^5 + \cos(x)^4$$

Um nur eine bestimmte Art von Vereinfachung durchzuführen, geben Sie den gewünschten Typ an.

```
> simplify(sin(x)^2 + ln(2*y) + cos(x)^2);
```

$$1 + \ln(2) + \ln(y)$$

```
> simplify(sin(x)^2 + ln(2*y) + cos(x)^2, 'trig');
```

$$1 + \ln(2y)$$

```
> simplify(sin(x)^2 + ln(2*y) + cos(x)^2, 'ln');
```

$$\sin(x)^2 + \ln(2) + \ln(y) + \cos(x)^2$$

Über *Nebenbedingungen* können Sie auch Ihre eigenen Vereinfachungsregeln zum Einsatz bringen. Sie können sogar Ihre eigenen Regeln programmieren, indem Sie Ihre eigenen Prozeduren schreiben, aber das geht über den Umfang dieses Buchs hinaus.

```
> siderel := {sin(x)^2 + cos(x)^2 = 1};
```

$$siderel := \{\sin(x)^2 + \cos(x)^2 = 1\}$$

```
> trig_expr := sin(x)^3 - sin(x)*cos(x)^2 + 3*cos(x)^3;
```

$$trig\_expr := \sin(x)^3 - \sin(x)\cos(x)^2 + 3\cos(x)^3$$

```
> simplify(trig_expr, siderel);
```

$$2\sin(x)^3 - 3\cos(x)\sin(x)^2 + 3\cos(x) - \sin(x)$$

Der Befehl `factor`

Dieser Befehl faktorisiert polynomiale Ausdrücke.

```
> big_poly := x^5 - x^4 - 7*x^3 + x^2 + 6*x;
```

$$big\_poly := x^5 - x^4 - 7\,x^3 + x^2 + 6\,x$$

```
> factor(big_poly);
```

$$x\,(x-1)\,(x-3)\,(x+2)\,(x+1)$$

```
> rat_expr := (x^3 - y^3)/(x^4 - y^4);
```

$$rat\_expr := \frac{x^3 - y^3}{x^4 - y^4}$$

Sowohl der Zähler als auch der Nenner enthalten den Faktor $x - y$; daher wird er durch das Faktorisieren gekürzt.

```
> factor(rat_expr);
```

$$\frac{y^2 + y\,x + x^2}{(x+y)\,(x^2+y^2)}$$

Maple kann sowohl univariate als auch multivariate Polynome über dem Bereich faktorisieren, den die Koeffizienten angeben. Sie können Polynome aber auch über algebraischen Erweiterungen faktorisieren.

Der Befehl `expand`

`expand` ist im wesentlichen die Umkehrung von `factor`. Es veranlaßt, daß Terme ausmultipliziert werden, sowie eine Reihe anderer Operationen. Es gehört zu den nützlichsten Befehlen zur Handhabung von Ausdrücken. Auch wenn Sie vielleicht meinen, daß bei einem Namen wie `expand` das Ergebnis länger und komplizierter sei als der ursprüngliche Ausdruck, stimmt dies in der Regel nicht. Tatsächlich kann das Ausschreiben bei vielen Ausdrücken zu einer beachtlichen Vereinfachung führen.

```
> expand((x+1)*(x+2));
```

$$x^2 + 3\,x + 2$$

```
> expand(sin(x+y));
```

$$\sin(x)\,\cos(y) + \cos(x)\,\sin(y)$$

```
> expand(exp(a+ln(b)));
```

$$e^a\,b$$

Wenn Sie `expand` mit zwei (oder mehr) Argumenten aufrufen, wird es das erste Argument ausschreiben, ohne die gegebenen Teilausdrücke auszuschreiben.

```
> expand((x+1)*(y+z), x+1);
```

$$(x+1)\,y+(x+1)\,z$$

`expand` ist ziemlich flexibel. Sie können nicht nur angeben, daß gewisse Teilausdrücke unverändert bleiben sollen, sondern Sie können auch maßgeschneiderte Regeln zum Ausschreiben programmieren.

Wenn Sie Maple zum ersten Mal benutzen, mag `simplify` als der nützlichste Befehl erscheinen, aber das täuscht. Unglücklicherweise ist das Wort *Vereinfachung* ziemlich vage. Wenn Sie `simplify` auf einen Ausdruck anwenden, untersucht Maple Ihren Ausdruck, probiert viele Techniken aus und versucht schließlich die geeigneten Regeln einzusetzen. Dies kann aber einige Zeit in Anspruch nehmen. Außerdem kann es passieren, daß Maple nicht errät, was Sie erreichen wollen, da es keine universellen mathematischen Regeln gibt, was einfacher ist.

Wenn Sie wissen, welche Operationen Ihren Ausdruck vereinfachen, geben Sie sie direkt an. Insbesondere ist der Befehl `expand` dafür sehr nützlich. Er führt häufig zu deutlichen Vereinfachungen und bringt Ausdrücke in eine für viele andere Befehle günstige Form.

Der Befehl `convert`

Dieser Befehl wandelt Ausdrücke von einer Form in eine andere um.

```
> convert(cos(x),exp);
```

$$\frac{1}{2}\,e^{(i\,x)}+\frac{1}{2}\,\frac{1}{e^{(i\,x)}}$$

```
> convert(1/2*exp(x) + 1/2*exp(-x),trig);
```

$$\cosh(x)$$

```
> A := array(1..2,1..2, [[a,b],[c,d]]);
```

$$A:=\begin{bmatrix} a & b \\ c & d \end{bmatrix}$$

```
> convert(A, 'listlist');
```

$$[[a,b],[c,d]]$$

```
> convert(A, 'set');
```

$$\{a,d,b,c\}$$

TABELLE 2.3 Gebräuchliche Umformungen

`polynom`	formt Reihen in Polynome um
`exp, expln, expsincos`	bringen trigonometrische Ausdrücke in Exponentialform
`parfrac`	bringt rationale Ausdrücke in Partialbruchform
`rational`	formt Gleitkommazahlen in rationale Zahlen um
`radians, degrees`	wandelt Grad in Bogenmaß um
`set, list, listlist`	transformieren zwischen Datenstrukturen

```
> convert(", 'list');
```

$$[a, d, b, c]$$

Der Befehl `normal`

Dieser Befehl bringt rationale Ausdrücke in *faktorisierte Normalform,*

$$\frac{Zähler}{Nenner},$$

wobei *Zähler* und *Nenner* teilerfremde Polynome mit ganzzahligen Koeffizienten sind.

```
> rat_expr_2 := (x^2 - y^2)/(x - y)^3 ;
```

$$rat\_expr\_2 := \frac{x^2 - y^2}{(x - y)^3}$$

```
> normal(rat_expr_2);
```

$$\frac{x + y}{(-x + y)^2}$$

```
> normal(rat_expr_2, 'expanded');
```

$$\frac{x + y}{x^2 - 2\,y\,x + y^2}$$

Die Option `expanded` zwingt Maple, die Polynome in Zähler und Nenner auszuschreiben.

Der Befehl `combine`

Dieser Befehl faßt Terme in Summen, Produkten und Potenzen zu einem einzigen Term zusammen. In einigen Fällen sind diese Umwandlungen die Umkehrung der Transformationen, die `expand` anwendet.

```
> combine(exp(x)^2*exp(y),exp);
```

$$e^{(2x+y)}$$

```
> combine((x^a)^2, power);
```

$$x^{(2a)}$$

```
> expr := (x+1)^(1/2)*(x+2)^(1/2);
```

$$expr := \sqrt{x+1}\,\sqrt{x+2}$$

```
> combine(expr);
```

$$\sqrt{x^2+3x+2}$$

Der Befehl map

Dieser Befehl ist am nützlichsten beim Arbeiten mit Listen, Mengen und Feldern. Er ist besonders bequem beim Arbeiten mit mehrfachen Lösungen oder um eine Operation auf jedes Element eines Feldes anzuwenden.

map wendet einen Befehl auf jedes Element einer Datenstruktur oder eines Ausdrucks an. Auch wenn es möglich ist, solche Aufgaben mit Programmstrukturen wie Schleifen zu erledigen, sollten Sie die Vorteile und Möglichkeiten von map nicht unterschätzen. map ist einer der nützlichsten Befehle in Maple. Nehmen Sie sich etwas Zeit, um sicherzugehen, daß Sie die Anwendung dieses Befehls verstanden haben.

```
> map( f, [a,b,c] );
```

$$[\mathrm{f}(a), \mathrm{f}(b), \mathrm{f}(c)]$$

```
> data_list := [0, Pi/2, 3*Pi/2, 2*Pi];
```

$$data\_list := \left[0, \frac{1}{2}\pi, \frac{3}{2}\pi, 2\pi\right]$$

```
> map(sin, data_list);
```

$$[0, 1, -1, 0]$$

Wenn Sie map mit mehr als zwei Argumenten aufrufen, gibt Maple die letzten Argumenten an den Ausgangsbefehl weiter.

```
> map( f, [a,b,c], x, y );
```

$$[\mathrm{f}(a, x, y), \mathrm{f}(b, x, y), \mathrm{f}(c, x, y)]$$

Um zum Beispiel jedes Element einer Liste nach x zu differenzieren, können Sie die folgenden Anweisungen verwenden.

```
> fcn_list := [sin(x),ln(x),x^2];
```

$$fcn\_list := [\sin(x), \ln(x), x^2]$$

```
> map(Diff, fcn_list, x);
```

$$\left[\frac{\partial}{\partial x}\sin(x), \frac{\partial}{\partial x}\ln(x), \frac{\partial}{\partial x}x^2\right]$$

```
> map(value, ");
```

$$\left[\cos(x), \frac{1}{x}, 2x\right]$$

Die Prozedur kann nicht nur ein bereits existierender Befehl sein. Sie können auch selbst eine Operation erzeugen, um Sie auf eine Liste abzubilden. Nehmen Sie zum Beispiel an, Sie wollen jedes Element einer Liste quadrieren. Weisen Sie Maple an, jedes Element (dargestellt durch x) durch sein Quadrat (x^2) zu ersetzen.

```
> map(x->x^2, [-1,0,1,2,3]);
```

$$[1, 0, 1, 4, 9]$$

Die Befehle `lhs` und `rhs`

Diese beiden Befehlen erlauben es Ihnen, die linke beziehungsweise die rechte Seite einer Gleichung zu nehmen.

```
> eqn1 := x+y=z+3;
```

$$eqn1 := x + y = z + 3$$

```
> lhs(eqn1);
```

$$x + y$$

```
> rhs(eqn1);
```

$$z + 3$$

Die Befehle `numer` und `denom`

Diese beiden Befehle erlauben es Ihnen, den Zähler (engl. numerator) beziehungsweise den Nenner (engl. denominator) eines rationalen Ausdrucks zu bestimmen.

```
> numer(3/4);
```

$$3$$

```
> denom(1/(1 + x));
```

$$x + 1$$

Die Befehle nops und op

Diese beiden Befehle sind nützlich, um Ausdrücke in Teile aufzuspalten und um Teilausdrücke herauszuziehen.

nops sagt Ihnen, wie viele Teile ein Ausdruck hat. Sie erinnern sich vielleicht an eine Diskussion dieser Befehle in *Weitere grundlegende Typen von Maple-Objekten* auf Seite 37.

```
> nops(x^2);
```

$$2$$

```
> nops(x + y);
```

$$2$$

Der Befehl op ermöglicht Ihnen den Zugang zu den Teilen eines Ausdrucks. Er gibt die Teile als eine Folge zurück.

```
> op(x^2);
```

$$x, 2$$

Sie können auch bestimmte Teile bekommen mit einer Nummer oder einem Bereich als weiteren Parameter.

```
> op(1, x^2);
```

$$x$$

```
> op(2, x^2);
```

$$2$$

```
> op(1..2, x+y+z+w);
```

$$x, y$$

Häufige Fragen zum Umformen von Ausdrücken

Wie ersetze ich ein Produkt von zwei Unbekannten? Benutzen Sie Nebenbedingungen, um eine „Identität" zu definieren. Eine direkte Ersetzung funktioniert in der Regel nicht.

```
> expr := a^3*b^2;
```

$$expr := a^3\, b^2$$

```
> subs(a*b=5, expr);
```

$$a^3 b^2$$

Hier gelang es subs nicht zu ersetzen. Versuchen Sie jetzt, mit `simplify` die richtige Antwort zu bekommen.

```
> simplify(expr, {a*b=5});
```

$$25 a$$

Warum ist das Ergebnis von `simplify` nicht die einfachste Form? Zum Beispiel:

```
> expr2 := cos(x)*(sec(x)-cos(x));
```

$$expr2 := \cos(x)\,(\sec(x) - \cos(x))$$

```
> simplify(expr2);
```

$$1 - \cos(x)^2$$

Die erwartete Form war $\sin(x)^2$.

Benutzen Sie auch hier wieder Nebenbedingungen, um eine Identität zu definieren.

```
> simplify(", {1-cos(x)^2=sin(x)^2});
```

$$\sin(x)^2$$

Vereinfachung ist ein kompliziertes Thema aufgrund der Schwierigkeit, zu definieren, was eine „einfache“ Form von einem Ausdruck ist. Die Vorstellungen des einen Benutzers, was eine einfache Form ist, kann völlig verschieden von denen eines anderen Benutzers sein. Die Definition der einfachsten Form kann sich auch je nach der vorliegenden Situation verändern.

Wie faktorisiere ich die Konstante aus $2x + 2y$ heraus? Diese Operation ist zur Zeit in Maple nicht möglich, da der Vereinfacher die Zahl automatisch über das Produkt verteilt, denn er ist der Meinung, daß eine Summe einfacher ist als ein Produkt. In den meisten Fällen stimmt das auch.

```
> x^19 - x;
```

$$x^{19} - x$$

```
> factor(x^19 - x);
```

$$x\,(x-1)\,(x^2+x+1)\,(x^6+x^3+1)\,(x+1)\,(1-x+x^2)$$
$$(1-x^3+x^6)$$

Wenn Sie den folgenden Ausdruck eingeben

```
> 2*(x + y);
```

$$2\,x + 2\,y$$

sehen Sie, daß Maple die Konstante automatisch in den Ausdruck multipliziert.

Wie können Sie dann solche Ausdrücke behandeln, wenn Sie Konstanten oder Vorzeichen herausfaktorisieren wollen? Wenn Sie einen solchen Ausdruck faktorisieren müssen, versuchen Sie folgende „schlaue" Ersetzung.

```
> expr3 := 2*(x + y);
```

$$expr3 := 2\,x + 2\,y$$

```
> subs( 2=two, expr3 );
```

$$x\,two + y\,two$$

```
> factor(");
```

$$two\,(x + y)$$

2.7 Zusammenfassung

In diesem Kapitel haben Sie viele Objekttypen kennengelernt, mit denen Maple umgehen kann. Dazu gehörten Folgen, Mengen und Listen. Sie sahen eine Reihe von Befehlen wie `expand`, `factor` und `simplify`, die sehr nützlich zum Manipulieren und Vereinfachen algebraischer Ausdrücke sind. Andere wie `map` sind praktisch für Mengen, Listen und Felder. `subs` kann man immer gebrauchen. Im nächsten Kapitel werden Sie lernen, diese Konzepte zu benutzen, um eine der grundlegendsten Aufgaben in der Mathematik anzugehen, das Problem des Lösens von Systemen von Gleichungen. Während Sie neue Befehle lernen, beobachten Sie, wie die Konzepte aus diesem Kapitel benutzt werden zum Aufstellen der Probleme und zum Manipulieren der Lösungen.

KAPITEL

Bestimmen von Lösungen

Dieses Kapitel führt die Schlüsselkonzepte zum schnellen und prägnanten Problemlösen in Maple ein. Durch Erlernen des Einsatzes von Werkzeugen wie `solve`, `map`, `subs` und `unapply` können Sie sich eine Menge Arbeit ersparen. Zusätzlich untersucht dieses Kapitel, wie all diese Anweisungen zusammenhängen.

3.1 Einfaches `solve`

Maples Befehl `solve` ist ein allgemeiner Gleichungslöser. Er erhält eine Menge mit einer oder mehreren Gleichungen und versucht sie für die spezifizierte Menge von Unbekannten exakt zu lösen. (Erinnern Sie sich an den Abschnitt *Mengen* auf Seite 39, daß man geschweifte Klammern zur Bezeichnung einer Menge benutzt.) In den nachfolgenden Beispielen lösen Sie eine Gleichung für eine Unbekannte, so daß jede Menge nur ein Element enthält.

```
> solve({x^2=4}, {x});
```

$$\{x = 2\}, \{x = -2\}$$

```
> solve({a*x^2+b*x+c=0}, {x});
```

$$\left\{x = \frac{1}{2}\,\frac{-b + \sqrt{b^2 - 4\,a\,c}}{a}\right\}, \left\{x = \frac{1}{2}\,\frac{-b - \sqrt{b^2 - 4\,a\,c}}{a}\right\}$$

Maple liefert jede mögliche Lösung als eine Menge zurück. Da beide dieser Gleichungen zwei Lösungen haben, liefert Maple eine Folge von Lösungsmengen. Falls Sie in der Gleichung keine Unbekannten angeben, löst Maple die Gleichung für alle.

```
> solve({x+y=0});
```

$$\{x = -y, y = y\}$$

Hier erhalten Sie nur eine Lösungsmenge, die zwei Gleichungen enthält. Dieses Ergebnis bedeutet, daß y jeden Wert annehmen kann, während x das Negative von y ist. Diese Lösung ist in Abhängigkeit von y parametrisiert.

Wenn Sie einen Ausdruck anstelle einer Gleichung angeben, nimmt Maple automatisch an, daß dieser Ausdruck gleich Null ist.

```
> solve({x^3-13*x+12}, {x});
```

$$\{x = 1\}, \{x = 3\}, \{x = -4\}$$

Die Befehl solve behandelt auch Gleichungssysteme.

```
> solve({x+2*y=3, y+1/x=1}, {x,y});
```

$$\{x = -1, y = 2\}, \left\{x = 2, y = \frac{1}{2}\right\}$$

Obgleich Sie die geschweiften Klammern (zur Bezeichnung einer Menge) um die Gleichung oder Variable nicht immer benötigen, zwingt deren Verwendung Maple, die Lösung als Menge zurückzuliefern, die normalerweise die geeigneteste Form darstellt. Zum Beispiel ist das Erste, was Sie üblicherweise mit einer Lösung machen, deren Überprüfung durch Einsetzen in Ihre ursprüngliche Gleichung. Das folgende Beispiel verdeutlicht diese Vorgehensweise.

Als eine Menge von Gleichungen ist die Lösung in einer idealen Form für den Befehl subs. Sie könnten der Gleichungsmenge zuerst einen Namen geben, zum Beispiel eqns.

```
> eqns := {x+2*y=3, y+1/x=1};
```

$$eqns := \left\{x + 2\,y = 3, y + \frac{1}{x} = 1\right\}$$

Lösen Sie danach:

```
> soln := solve( eqns, {x,y} );
```

$$soln := \{x = -1, y = 2\}, \left\{x = 2, y = \frac{1}{2}\right\}$$

Dies erzeugt zwei Lösungen: zum einen

```
> soln[1];
```

$$\{x = -1, y = 2\}$$

und zum anderen

```
> soln[2];
```

$$\left\{x = 2, y = \frac{1}{2}\right\}$$

Überprüfen von Lösungen

Um die Lösungen zu überprüfen, setzen Sie sie in die ursprüngliche Menge von Gleichungen ein.

```
> subs( soln[1], eqns );
```

$$\{3 = 3, 1 = 1\}$$

```
> subs(soln[2], eqns);
```

$$\{3 = 3, 1 = 1\}$$

Sie werden feststellen, daß diese Methode zum Überprüfen von Lösungen im allgemeinen die günstigste ist.

Beachten Sie, daß diese Anwendung des Befehls **subs** einen anderen Zweck hat. Angenommen Sie wollen den Wert von x aus der ersten Lösung extrahieren. Das beste Hilfsmittel ist erneut der Befehl **subs**.

```
> x1 := subs( soln[1], x );
```

$$x1 := -1$$

Alternativ könnten Sie die erste Lösung für y extrahieren.

```
> y1 := subs(soln[1], y);
```

$$y1 := 2$$

Sie können diesen Substitutionstrick sogar zur Konvertierung von Lösungsmengen in andere Formen einsetzen. Sie könnten zum Beispiel aus der ersten Lösung eine Liste mit x als erstes und y als zweites Element erzeugen. Konstruieren Sie zunächst eine Liste mit den *Variablen* in der Reihenfolge, in der Sie die entsprechenden *Lösungen* wünschen.

```
> [x,y];
```

$$[x, y]$$

Setzen Sie danach einfach die erste Lösung in diese Liste ein.

```
> subs(soln[1], [x,y]);
```

$$[-1, 2]$$

Die erste Lösung ist nun eine Liste.

Falls Sie stattdessen möchten, daß die Lösung für *y* zuerst vorkommt, setzen Sie die Lösung in `[y,x]` ein.

```
> subs(soln[1], [y,x]);
```

$$[2, -1]$$

Da Maple typischerweise Lösungen in Form von Mengen (in denen die Reihenfolge der Objekte unbestimmt ist) zurückliefert, ist die Kenntnis dieser Methode zur Extraktion und Arbeitsweise mit Lösungen nützlich.

`map` ist ein weiterer sinnvoller Befehl, der Ihnen die Anwendung einer Operation auf alle Lösungen ermöglicht. Versuchen Sie zum Beispiel *beide* Lösungen zu substituieren.

`map` wendet die als erstes Argument spezifizierte Operation auf sein zweites Argument an.

```
> map(f, [a,b,c], y, z);
```

$$[\mathrm{f}(a, y, z), \mathrm{f}(b, y, z), \mathrm{f}(c, y, z)]$$

Aufgrund des syntaktischen Entwurfs kann `map` keine mehrfachen Funktionsanwendungen auf Folgen ausführen. Betrachten Sie zum Beispiel die vorherige Lösungsfolge.

```
> soln;
```

$$\{x = -1, y = 2\}, \left\{x = 2, y = \frac{1}{2}\right\}$$

Schließen Sie `soln` in eckigen Klammern ein, um sie in eine `Liste` zu konvertieren.

```
> [soln];
```

$$\left[\{x = -1, y = 2\}, \left\{x = 2, y = \frac{1}{2}\right\}\right]$$

Benutzen Sie nun die folgende Anweisung, um *jede* der Lösungen simultan in die ursprünglichen Gleichungen `eqns` einzusetzen.

```
> map(subs, [soln], eqns);
```

$$[\{3 = 3, 1 = 1\}, \{3 = 3, 1 = 1\}]$$

Diese Methode kann wertvoll sein, wenn Ihre Gleichung viele Lösungen hat oder wenn Sie unsicher bezüglich der Anzahl von Lösungen sind, die ein bestimmter Befehl erzeugen wird.

Einschränken von Lösungen

Sie können Lösungen einschränken, indem Sie Ungleichheiten mit dem Befehl `solve` angeben.

```
> solve({x^2=y^2},{x,y});
```

$$\{y = y, x = y\}, \{x = -y, y = y\}$$

```
> solve({x^2=y^2, x<>y},{x,y});
```

$$\{x = -y, y = y\}$$

Betrachten Sie dieses System mit fünf Gleichungen in fünf Unbekannten.

```
> eqn1 := x+2*y+3*z+4*t+5*u=41:
> eqn2 := 5*x+5*y+4*z+3*t+2*u=20:
> eqn3 := 3*y+4*z-8*t+2*u=125:
> eqn4 := x+y+z+t+u=9:
> eqn5 := 8*x+4*z+3*t+2*u=11:
```

Lösen Sie nun das Gleichungssystem für alle Variablen.

```
> s1 := solve({eqn1,eqn2,eqn3,eqn4,eqn5}, {x,y,z,t,u});
```

$$s1 := \{x = 2, y = 3, u = 16, t = -11, z = -1\}$$

Sie können auch das Lösen für eine Teilmenge der Unbekannten wählen; Maple liefert dann die Lösungen in Abhängigkeit von den anderen Unbekannten.

```
> s2 := solve({eqn1,eqn2,eqn3}, { x, y, z});
```

$$s2 := \left\{z = -7\,t - \frac{59}{13}\,u - \frac{70}{13}, y = 12\,t + \frac{70}{13}\,u + \frac{635}{13}, x = -7\,t - \frac{28}{13}\,u - \frac{527}{13}\right\}$$

Untersuchen von Lösungen

Sie können die am Ende des vorherigen Abschnitts bestimmten parametrisierten Lösungen untersuchen. Setzen Sie zum Beispiel $u = 1$ und $t = 1$ in die Lösung ein.

```
> subs( {u=1,t=1}, s2 );
```

$$\left\{z = \frac{-220}{13}, y = \frac{861}{13}, x = \frac{-646}{13}\right\}$$

Angenommen Sie benötigen die Lösungen von `solve` wie im Abschnitt *Überprüfen von Lösungen* auf Seite 58 in einer bestimmten Reihenfolge. Da Sie die Reihenfolge der Elemente einer Menge nicht festlegen können, wird `solve` Ihre Lösungen nicht unbedingt in der Reihenfolge x, y, z zurückliefern. Listen erhalten jedoch die Reihenfolge; versuchen Sie deshalb folgendes:

```
> subs( s2, [x,y,z] );
```

$$\left[-7\,t-\frac{28}{13}\,u-\frac{527}{13},\,12\,t+\frac{70}{13}\,u+\frac{635}{13},\,-7\,t-\frac{59}{13}\,u-\frac{70}{13}\right]$$

Diese Anweisung legte nicht nur die Reihenfolge fest, sondern extrahierte auch die rechte Seite der Gleichung (selbstverständlich wissen Sie aufgrund der Reihenfolge immer noch, welche Lösung für welche Variable ist). Diese Fähigkeit ist besonders nützlich, wenn Sie die Lösungsoberfläche zeichnen möchten.

```
> plot3d(", u=0..2, t=0..2, axes=BOXED);
```

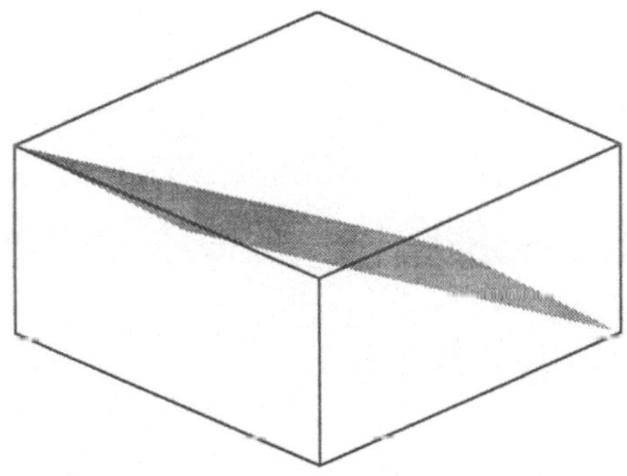

Der Befehl `unapply`

Angenommen Sie wollen noch weiter untersuchen. Definieren Sie der Einfachheit halber $x = x(u,t)$, $y = y(u,t)$ und $z = z(u,t)$, d.h. wandeln Sie die Lösungen in Funktionen um. Erinnern Sie sich, daß Sie mit Hilfe von `subs` einen *Lösungsausdruck* für eine bestimmte Variable einfach auswählen können.

```
> subs( s2, x );
```

$$-7\,t-\frac{28}{13}\,u-\frac{527}{13}$$

Dies ist jedoch ein *Ausdruck* für x und nicht eine Funktion.

```
> x(1,1);
```

$$\mathrm{x}(1,1)$$

Um den Ausdruck in eine Funktion umzuwandeln, benötigen Sie einen sehr wichtigen weiteren Befehl: unapply. Um ihn anzuwenden, versehen Sie unapply mit dem Ausdruck *und* geben Sie an, in welchen Variablen Maple daraus eine Funktion bilden soll. So erzeugt zum Beispiel

```
> f := unapply(x^2 + y^2 + 4, x, y);
```

$$f := (x, y) \to x^2 + y^2 + 4$$

die Funktion f in x und y, die (x, y) auf $x^2 + y^2 + 4$ abbildet. Diese neue Funktion ist leicht zu verwenden.

```
> f(a,b);
```

$$a^2 + b^2 + 4$$

Um aus Ihrer Lösung für x eine Funktion in u und t zu machen, besteht der erste Schritt wie zuvor daraus, den *Ausdruck* für x zu erhalten.

```
> subs(s2, x);
```

$$-7\,t - \frac{28}{13}\,u - \frac{527}{13}$$

Verwenden Sie danach unapply, um ihn in eine Funktion in u und t umzuwandeln.

```
> x := unapply(", u, t);
```

$$x := (u, t) \to -7\,t - \frac{28}{13}\,u - \frac{527}{13}$$

```
> x(1,1);
```

$$\frac{-646}{13}$$

Sie können die Funktionen y und z auf gleiche Art und Weise erzeugen.

```
> subs(s2,y);
```

$$12\,t + \frac{70}{13}\,u + \frac{635}{13}$$

```
> y := unapply(",u,t);
```

$$y := (u, t) \to 12\,t + \frac{70}{13}\,u + \frac{635}{13}$$

```
> subs(s2,z);
```

$$-7\,t - \frac{59}{13}\,u - \frac{70}{13}$$

```
> z := unapply(", u, t);
```

$$z := (u, t) \to -7\,t - \frac{59}{13}\,u - \frac{70}{13}$$

```
> y(1,1), z(1,1);
```

$$\frac{861}{13}, \frac{-220}{13}$$

Der Befehl assign

Auch der Befehl **assign** weist Unbekannten Werte zu. Anstatt zum Beispiel x, y und z als Funktionen zu definieren, weisen Sie jedem den Ausdruck auf der rechten Seite der Gleichung zu.

```
> assign( s2 );
> x, y, z;
```

$$-7\,t - \frac{28}{13}\,u - \frac{527}{13}, 12\,t + \frac{70}{13}\,u + \frac{635}{13}, -7\,t - \frac{59}{13}\,u - \frac{70}{13}$$

Betrachten Sie den Befehl assign als die Umwandlung des Zeichens „=“ in das Zeichen „:=“ in der Lösungsmenge.

assign ist geeignet, wenn Sie Ausdrücken Namen zuweisen möchten. *Vergessen Sie trotzdem nicht, daß dieser Befehl zwar zum schnellen Zuweisen von Lösungen sinnvoll ist, aber keine Funktionen erzeugen kann.*

Das nächste Beispiel verwendet das Lösen von Differentialgleichungen, das der Abschnitt *Differentialgleichungen:* dsolve auf Seite 79 ausführlicher behandelt. Weisen Sie zu Beginn die Lösung zu.

```
> s3 := dsolve( {diff(f(x),x)=6*x^2+1, f(0)=0}, {f(x)} );
```

$$s3 := \mathrm{f}(x) = 2\,x^3 + x$$

```
> assign( s3 );
```

Sie müssen jedoch noch eine Funktion erzeugen.

```
> f(x);
```

$$2\,x^3 + x$$

erzeugt die erwartete Antwort, aber entgegen des Anscheins ist f(x) einfach ein Name für den *Ausdruck* $2x^3 + x$ und *nicht* eine *Funktion.* Rufen Sie die Funktion f mit einem anderen Argument als x auf.

```
> f(1);
```

$$\mathrm{f}(1)$$

Der Grund für dieses scheinbar merkwürdige Verhalten ist, daß `assign` Maple auffordert, die Zuweisung

```
> f(x) := 2*x^3 + x;
```

$$f(x) := 2\,x^3 + x$$

durchzuführen, die sich von der Zuweisung

```
> f := x -> 2*x^3 + x;
```

$$f := x \rightarrow 2\,x^3 + x$$

unterscheidet. Die erstere definiert den Wert der Funktion f nur für das spezielle Argument x. Die letztere definiert die Funktion $f: x \mapsto 2x^3 + x$, so daß es unabhängig davon funktioniert, ob Sie $f(x)$, $f(y)$ oder $f(1)$ angeben.

Um die Lösung f als eine Funktion in x zu definieren, verwenden Sie `unapply`.

```
> subs(s3,f(x));
```

$$2\,x^3 + x$$

```
> f := unapply(", x);
```

$$f := x \rightarrow 2\,x^3 + x$$

```
> f(1);
```

$$3$$

Der Befehl `RootOf`

Maple liefert gelegentlich Lösungen in Form des `RootOf`-Befehls. Das folgende Beispiel veranschaulicht diesen Fall.

```
> solve({x^5 - 2*x + 3 = 0},{x});
```

$$\{x = \mathrm{RootOf}(\_Z^5 - 2\,\_Z + 3)\}$$

`RootOf(`*Ausdruck*`)` ist ein Platzhalter für alle Nullstellen von *Ausdruck*. Maple sagt Ihnen, daß x eine Nullstelle des Polynoms $z^5 - 2z + 3$ ist. Dies kann sinnvoll sein, wenn Sie mit einer Algebra über einem anderen Körper als dem der komplexen Zahlen arbeiten. Konzentrieren Sie sich jetzt auf die komplexen Nullstellen durch Anwendung des Befehls `allvalues`, um eine explizite Form der Lösung zu erhalten.

```
> allvalues(");
```

$$\{x = -1.423605849\}, \{x = -.2467292569 - 1.320816347\,i\},$$
$$\{x = -.2467292569 + 1.320816347\,i\},$$

$$\{x = .9585321812 - .4984277790\,i\},$$

$$\{x = .9585321812 + .4984277790\,i\}$$

Es existiert keine allgemeine Lösung für die Nullstellen der Polynome vom Grad fünf. Folglich kann Maple nur Gleitkommaabschätzungen liefern.

3.2 Numerisches Lösen: `fsolve`

`fsolve` ist das numerische Gegenstück von `solve`. `fsolve` löst die Gleichung(en) mit Hilfe einer Abwandlung von Newtons Methode und erzeugt approximierte Lösungen (Gleitkommalösungen).

```
> fsolve({cos(x)-x = 0}, {x});
```

$$\{x = .7390851332\}$$

Bei einer allgemeinen Gleichung sucht `fsolve` nach einer einzigen reellen Nullstelle. Für ein Polynom sucht es jedoch nach allen *reellen* Nullstellen.

```
> poly :=3*x^4 - 16*x^3 - 3*x^2 + 13*x + 16;
```

$$poly := 3\,x^4 - 16\,x^3 - 3\,x^2 + 13\,x + 16$$

```
> fsolve({poly},{x});
```

$$\{x = 1.324717957\}, \{x = 5.333333333\}$$

Versuchen Sie folgenden Ansatz, um nach mehr als einer Nullstelle einer allgemeinen Gleichung zu suchen: Dividieren Sie die ursprüngliche Gleichung durch die Nullstelle und lösen Sie sie erneut.

```
> fsolve({sin(x)=0}, {x});
```

$$\{x = 3.141592654\}$$

```
> x1 := subs(", x);
```

$$x1 := 3.141592654$$

```
> fsolve({sin(x)/(x-x1)=0}, {x});
```

$$\{x = 91.10618695\}$$

```
> x2 := subs(", x);
```

$$x2 := 91.10618695$$

```
> fsolve({sin(x)/(x-x1)/(x-x2)=0}, {x});
```

$$\{x = 0\}$$

Durch Setzen der Option maxsols können Sie Maple einschränken, so daß es nur nach einer bestimmten Anzahl von Nullstellen eines Polynoms sucht.

```
> fsolve({poly}, {x}, maxsols=1);
```

$$\{x = 1.324717957\}$$

Die Option complex zwingt Maple, zusätzlich zu den reellen Nullstellen, auch nach den komplexen zu suchen.

```
> fsolve({poly}, {x}, complex);
```

$$\{x = -.6623589786 - .5622795121\,i\},$$
$$\{x = -.6623589786 + .5622795121\,i\}, \{x = 1.324717957\},$$
$$\{x = 5.333333333\}$$

Sie können außerdem einen Bereich angeben, in dem nach einer Lösung gesucht werden soll.

```
> fsolve({cos(x)=0}, {x}, Pi..2*Pi);
```

$$\{x = 4.712388980\}$$

In einigen Fällen kann fsolve keine Nullstelle finden, auch wenn eine existiert. In diesen Fällen könnte die Angabe eines Bereichs helfen. Um die Genauigkeit der Lösung zu verbessern, können Sie den Wert der speziellen Variablen Digits erhöhen. Beachten Sie, daß im folgenden Beispiel die Lösung nicht mit Sicherheit auf dreißig Nachkommastellen genau ist, sondern vielmehr, daß Maple alle Schritte in der Lösung mit mindestens dreißig signifikanten Nachkommastellen anstatt der voreingestellten zehn ausführt.

```
> Digits := 30;
```

$$Digits := 30$$

```
> fsolve({cos(x)=0}, {x});
```

$$\{x = 1.57079632679489661923132169164\}$$

Grenzen von solve

solve kann nicht jedes Problem bearbeiten. Erinnern Sie sich, daß Maples Ansatz algorithmisch ist und nicht notwendigerweise die Fähigkeit hat, die

„Tricks“ einzusetzen, die Sie benutzen können, wenn Sie das Problem von Hand lösen.

Mathematisch gesehen, haben Polynome vom Grad fünf oder höher keine allgemeine Lösung. Maple versucht jedenfalls sein möglichstes, um sie zu lösen, aber Sie müssen eventuell auf eine numerische Lösung zurückgreifen.

Das Lösen trigonometrischer Gleichungen kann ebenfalls schwierig sein, und Maple hat einige Beschränkungen. Das Arbeiten mit transzendenten Gleichungen ist in der Tat ziemlich schwierig.

```
> solve({sin(x)=0}, {x});
```

$$\{x = 0\}$$

Beachten Sie, daß Maple nur eine Lösung aus einer unendlichen Anzahl von Lösungen liefert. Mit dem Befehl `fsolve` können Sie aber den Bereich angeben, in dem nach einer Lösung gesucht werden soll. Dadurch gewinnen Sie mehr Kontrolle über die Lösung.

```
> fsolve({sin(x)=0}, {x}, 3..4);
```

$$\{x = 3.141592653589793238462643383 28\}$$

Falls Maple keine Lösung finden kann, liefert es nichts zurück. Dies bedeutet nicht, daß eine Lösung nicht existiert, sondern daß Maple keine finden konnte. In dem folgenden Beispiel existiert offensichtlich eine Lösung, aber Maple konnte sie nicht finden.

```
> solve({exp(cos(x)) = ln(2+sin(x))}, {x});
> plot({exp(cos(x)), ln(2+sin(x))}, x=0..Pi);
```

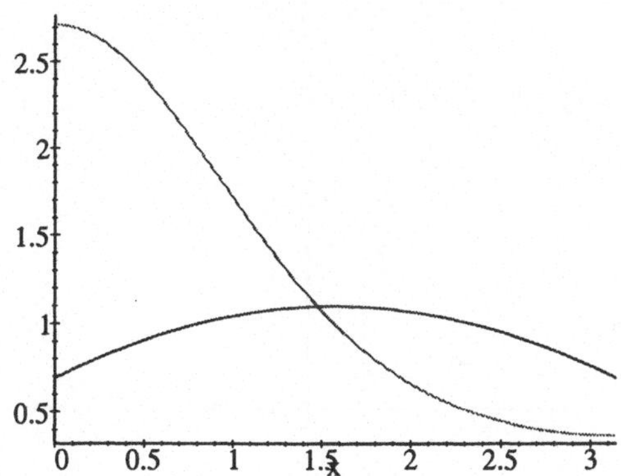

Diese Problemtypen sind allen Systemen zum symbolischen Rechnen gemeinsam und sind Symptome der natürlichen Beschränkungen eines algorithmischen Ansatzes zum Lösen von Gleichungen.

Vergessen Sie nicht, Ihre Ergebnisse zu überprüfen, wenn Sie `solve` benutzen. Das nächste Beispiel hebt ein Mißverständnis hervor, das aufgrund von Maples Handhabung von eliminierbaren Singularitäten auftreten kann.

```
> expr := (x-1)^2/(x^2-1);
```

$$expr := \frac{(x-1)^2}{x^2-1}$$

Maple findet eine Lösung,

```
> soln := solve({expr=0},{x});
```

$$soln := \{x = 1\}$$

aber Sie erhalten 0/0, wenn Sie sie in den Ausdruck einsetzen.

```
> subs(soln, expr);
Error, division by zero
```

Der Grenzwert zeigt aber, daß $x = 1$ eine Lösung approximiert.

```
> Limit(expr, x=1);
```

$$\lim_{x\to 1} \frac{(x-1)^2}{x^2-1}$$

```
> value (");
```

$$0$$

Selbst die Zeichnung ist nicht ganz korrekt, falls Sie nicht `discont = true` setzen.

```
> plot(expr, x=-5..5, y=-10..10);
```

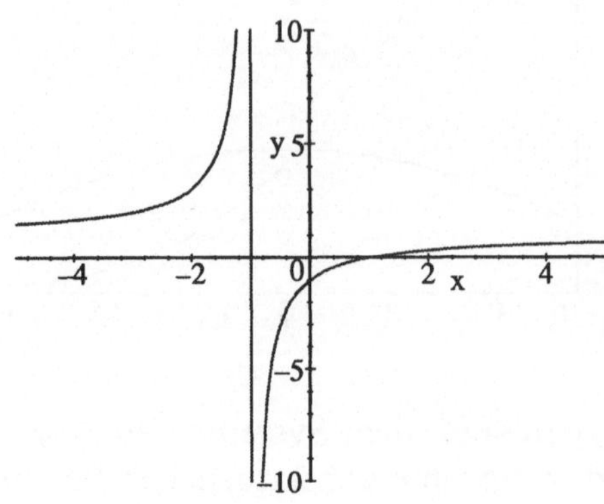

Maple hat die Singularität $x = 1$ aus dem Ausdruck vor dessen Lösung gelöscht. Überprüfen Sie immer Ihr Ergebnis, unabhängig davon, welche Methoden oder Werkzeuge Sie zum Lösen von Gleichungen einsetzen. Glücklicherweise sind diese Überprüfungen in Maple leicht durchführbar.

3.3 Andere Löser

Maple enthält eine Anzahl von spezialisierten solve-Befehlen. Da Sie diese wahrscheinlich nicht so nützlich finden wie die allgemeineren Befehle `solve` und `fsolve`, werden in diesem Abschnitt nur kurz einige von ihnen erwähnt. Sollten Sie mehr Einzelheiten zu einem dieser Befehle benötigen, nutzen Sie die Vorteile der Online-Hilfe durch Eingabe von `?` gefolgt vom Anweisungsnamen in Maples Eingabezeile.

Berechnen von ganzzahligen Lösungen

Der Befehl `isolve` bestimmt ganzzahlige Lösungen von Gleichungen durch Lösen nach allen Unbekannten eines Ausdrucks.

```
> isolve({3*x-4*y=7});
```

$$\{x = 5 + 4\_N1, y = 2 + 3\_N1\}$$

Maple verwendet die globalen Namen `_N1`, ..., `_N`n, um die Parameter der Lösung zu bezeichnen.

Berechnen von Lösungen modulo *m*

Der Befehl `msolve` löst Gleichungen in den ganzen Zahlen modulo m (die positive Repräsentation für ganze Zahlen) durch Lösen nach allen Unbekannten in dem Ausdruck.

```
> msolve({3*x-4*y=1,7*x+y=2},17);
```

$$\{y = 6, x = 14\}$$

Maple verwendet globale Namen `_NN1`, ... `_NN`n für die Parameter in den Lösungen.

```
> msolve({2^n=3},19);
```

$$\{n = 13 + 18\_NN1\tilde{}\}$$

Die Tilde (~) nach `_NN1` zeigt an, daß `msolve` eine Annahme für `_NN1` gesetzt hat, in diesem Fall die Annahme, daß `_NN1` eine ganze Zahl ist.

```
> about( _NN1 );
Originally _NN1, renamed _NN1~:
  is assumed to be: integer
```

Der Abschnitt *Setzen von Annahmen* auf Seite 160 beschreibt, wie Sie selbst Annahmen für Unbekannte setzen können.

Lösen von Rekurrenzrelationen

Der Befehl `rsolve` löst Rekurrenzgleichungen und liefert einen Ausdruck für den allgemeinen Term der Funktion.

```
> rsolve({f(n)=f(n-1)+f(n-2),f(0)=1,f(1)=1},{f(n)});
```

$$\left\{ \mathrm{f}(n) = -\frac{2}{5}\,\frac{\sqrt{5}\left(-\frac{2}{-\sqrt{5}+1}\right)^n}{-\sqrt{5}+1} + \frac{2}{5}\,\frac{\sqrt{5}\left(-\frac{2}{\sqrt{5}+1}\right)^n}{\sqrt{5}+1} \right\}$$

Siehe auch `?LREtools`.

3.4 Polynome

Ein *Polynom* ist in Maple ein Ausdruck mit Unbekannten. Jeder Term des Polynoms enthält ein Produkt der Unbekannten. Sollte zum Beispiel ein Polynom nur die Unbekannte x enthalten, könnten die Terme x^3, $x^1 = x$ und $x^0 = 1$ enthalten, wie im Fall des Polynoms $x^3 - 2x + 1$. Falls mehr als eine Unbekannte existiert, kann ein Term auch ein Produkt von Unbekannten enthalten wie im Polynom $x^3 + 3x^2y + y^2$. Die Koeffizienten können ganze Zahlen (wie in den vorherigen Beispielen), rationale Zahlen, irrationale Zahlen, Gleitkommazahlen, komplexe Zahlen oder selbst andere Variablen sein.

```
> x^2 - 1;
```

$$x^2 - 1$$

```
> x + y + z;
```

$$x + y + z$$

```
> 1/2*x^2 - sqrt(3)*x - 1/3;
```

$$\frac{1}{2}x^2 - \sqrt{3}\,x - \frac{1}{3}$$

```
> (1 - I)*x + 3 + 4*I;
```

$$(1 - i)\,x + 3 + 4\,i$$

```
> a*x^4 + b*x^3 + c*x^2 + d*x + f;
```

$$a\,x^4 + b\,x^3 + c\,x^2 + d\,x + f$$

Maple verfügt über Befehle für viele Arten von Manipulationen und mathematischen Berechnungen mit Polynomen. Der folgende Abschnitt untersucht einige davon.

Sortieren und Zusammenfassen

Der Befehl `sort` ordnet ein Polynom in absteigender Reihenfolge der Potenzen von Unbekannten. Anstatt eine weitere Kopie des Polynoms mit den geordneten Termen zu erstellen, modifiziert `sort` die Art, in der Maple das ursprüngliche Polynom speichert. Mit anderen Worten, falls Sie Ihr Polynom nach dem Sortieren anzeigen, werden Sie feststellen, daß es die neue Reihenfolge beibehält.

```
> sort_poly := x + x^2 - x^3 + 1 - x^4;
```

$$\mathit{sort\_poly} := x + x^2 - x^3 + 1 - x^4$$

```
> sort(sort_poly);
```

$$-x^4 - x^3 + x^2 + x + 1$$

```
> sort_poly;
```

$$-x^4 - x^3 + x^2 + x + 1$$

Maple sortiert multivariate Polynome auf zwei Arten. Die voreingestellte sortiert sie nach dem Gesamtgrad der Terme. Dadurch wird x^2y^2 sowohl vor x^3 als auch vor y^3 stehen. Die andere Option sortiert nach rein lexikographischer Ordnung (`plex`). Wenn Sie diese Option wählen, befaßt sich `sort` zuerst mit den Potenzen der ersten Variablen der Variablenliste (zweites Argument) und danach mit den Potenzen der zweiten Variablen. Der Unterschied zwischen diesen Sortierverfahren wird am besten anhand eines Beispiels veranschaulicht.

```
> mul_var_poly := y^3 + x^2*y^2 + x^3;
```

$$\mathit{mul\_var\_poly} := y^3 + x^2\,y^2 + x^3$$

```
> sort(mul_var_poly, [x,y]);
```

$$x^2\,y^2 + x^3 + y^3$$

```
> sort(mul_var_poly, [x,y], 'plex');
```

$$x^3 + x^2\,y^2 + y^3$$

collect faßt die Koeffizienten eines Polynoms mit gleichen Potenzen zusammen. Sollten zum Beispiel beide Terme ax und bx in einem Polynom sein, faßt sie Maple zu $(a+b)x$ zusammen.

```
> big_poly:=x*y + z*x*y + y*x^2 - z*y*x^2 + x + z*x;
```

$$big\_poly := x\,y + z\,x\,y + y\,x^2 - z\,y\,x^2 + x + z\,x$$

```
> collect(big_poly, x);
```

$$(y - z\,y)\,x^2 + (y + z\,y + 1 + z)\,x$$

```
> collect(big_poly, z);
```

$$(x\,y - y\,x^2 + x)\,z + x\,y + y\,x^2 + x$$

Mathematische Operationen

Sie können viele mathematische Operationen auf Polynomen ausführen. Eine der fundamentalsten ist die Division, d.h. ein Polynom durch ein anderes dividieren und den Quotienten und den Rest bestimmen. Maple stellt die Befehle rem und quo zur Verfügung, um den Rest und den Quotienten einer Polynomdivision zu ermitteln.

```
> r := rem(x^3+x+1, x^2+x+1, x);
```

$$r := 2 + x$$

```
> q := quo(x^3+x+1, x^2+x+1, x);
```

$$q := x - 1$$

```
> collect( (x^2+x+1) * q + r, x );
```

$$x^3 + x + 1$$

Andererseits müssen Sie manchmal nur wissen, ob ein Polynom durch ein anderes Polynom exakt teilbar ist. divide testet auf exakte Polynomdivision.

```
> divide(x^3 - y^3, x - y);
```

$$true$$

```
> rem(x^3 - y^3, x - y, x);
```

$$0$$

Sie setzen Werte in Polynome mit Hilfe von subs ein, so wie Sie es mit jedem Ausdruck tun würden.

```
> poly := x^2 + 3*x - 4;
```

$$poly := x^2 + 3\,x - 4$$

```
> subs(x=2, poly);
```

$$6$$

```
> mul_var_poly := y^2*x - 2*y + x^2*y + 1;
```

$$mul\_var\_poly := y^2\,x - 2\,y + y\,x^2 + 1$$

```
> subs({y=1,x=-1}, mul_var_poly);
```

$$-1$$

Koeffizienten und Grade

Die Befehle `degree` und `coeff` bestimmen den Grad eines Polynoms und stellen einen Mechanismus zur Extraktion von Koeffizienten bereit.

```
> poly := 3*z^3 - z^2 + 2*z - 3*z + 1;
```

$$poly := 3\,z^3 - z^2 - z + 1$$

```
> coeff(poly, z^2);
```

$$-1$$

```
> degree(poly);
```

$$3$$

Fassen Sie immer zuerst die Terme in der gewünschten Variablen zusammen, ansonsten könnte `coeff` nicht funktionieren.

```
> poly := (x + 2)*x^2 - x^2*(1 + n);
```

$$poly := (x + 2)\,x^2 - x^2\,(1 + n)$$

```
> coeff(poly, x^2);
```

$$-1 - n$$

```
> new_poly:=collect(poly, x);
```

$$new\_poly := x^3 + (1 - n)\,x^2$$

```
> coeff(new_poly, x^2);
```

$$1 - n$$

TABELLE 3.1 Befehle zur Bestimmung von Polynomkoeffizienten

`coeff`	extrahiert Koeffizienten
`lcoeff`	findet den führenden Koeffizienten
`tcoeff`	findet den Koeffizienten niedrigster Ordnung
`coeffs`	liefert eine Folge von allen Koeffizienten
`degree`	bestimmt den [höchsten] Grad des Polynoms
`ldegree`	bestimmt den kleinsten Grad des Polynoms

Nullstellenbestimmung und Faktorisierung

`solve` bestimmt die Nullstellen eines Polynoms, während `factor` es in seiner vollständig faktorisierten Form darstellt.

```
> poly1 := x^6 - x^5 - 9*x^4 + x^3 + 20*x^2 + 12*x;
```

$$poly1 := x^6 - x^5 - 9\,x^4 + x^3 + 20\,x^2 + 12\,x$$

```
> factor(poly1);
```

$$x\,(x-2)\,(x-3)\,(x+2)\,(x+1)^2$$

```
> poly2 := (x + 3);
```

$$poly2 := x + 3$$

```
> poly3 := expand(poly2^6);
```

$$poly3 := x^6 + 18\,x^5 + 135\,x^4 + 540\,x^3 + 1215\,x^2 + 1458\,x + 729$$

```
> factor(poly3);
```

$$(x+3)^6$$

```
> solve({poly3=0}, {x});
```

$$\{x=-3\},\{x=-3\},\{x=-3\},\{x=-3\},\{x=-3\},\{x=-3\}$$

```
> factor(x^3 + y^3);
```

$$(x+y)\,(x^2 - x\,y + y^2)$$

Maple faktorisiert das Polynom über dem implizierten Koeffizientenring (ganze Zahlen, rationale Zahlen, etc.). Der Befehl `factor` erlaubt Ihnen auch die Angabe eines algebraischen Zahlenkörpers, über dem das Polynom faktorisiert werden soll. Siehe die Hilfeseite (`?factor`) für weitere Informationen.

3.5 Infinitesimalrechnung

Maple stellt viele mächtige Werkzeuge zum Problemlösen in der Infinitesimalrechnung bereit. Maple ist beispielsweise für die Berechnung von

TABELLE 3.2 Weitere Funktionen für das Arbeiten mit Polynomen

`content`	Inhalt eines multivariaten Polynoms
`compoly`	Polynomdekomposition
`discrim`	Diskriminante eines Polynoms
`gcd`	größter gemeinsamer Teiler
`gcdex`	erweiterter Euklidscher Algorithmus
`interp`	Polynominterpolation
`lcm`	kleinstes gemeinsames Vielfache
`norm`	Norm eines Polynoms
`prem`	Pseudorest
`primpart`	primitiver Teil eines multivariaten Polynoms
`randpoly`	Zufallspolynom
`recipoly`	reziprokes Polynom
`resultant`	Resultante zweier Polynome
`roots`	Nullstellen über einen algebraischen Zahlenkörper
`sqrfree`	quadratfreie Faktorisierung

Grenzwerten von Funktionen hilfreich. Berechnen Sie den Grenzwert einer rationalen Funktion, wenn x gegen 1 strebt.

```
> f := x -> (x^2-2*x+1)/(x^4 + 3*x^3 - 7*x^2 + x+2);
```

$$f := x \to \frac{x^2 - 2x + 1}{x^4 + 3x^3 - 7x^2 + x + 2}$$

```
> Limit(f(x), x=1);
```

$$\lim_{x \to 1} \frac{x^2 - 2x + 1}{x^4 + 3x^3 - 7x^2 + x + 2}$$

```
> value(");
```

$$\frac{1}{8}$$

Die Bestimmung des Grenzwertes eines Ausdrucks aus der positiven oder negativen Richtung ist auch möglich. Betrachten Sie zum Beispiel den Grenzwert von $\tan(x)$, wenn x gegen $\pi/2$ strebt.

Berechnen Sie den linken Grenzwert mit Hilfe der Option `left`.

```
> Limit(tan(x), x=Pi/2, left);
```

$$\lim_{x \to (1/2\,\pi)-} \tan(x)$$

```
> value(");
```

$$\infty$$

Wiederholen Sie dies für den rechten Grenzwert.

```
> Limit(tan(x), x=Pi/2, right);
```

$$\lim_{x \to (1/2\,\pi)+} \tan(x)$$

```
> value(");
```

$$-\infty$$

Eine weitere in Maple leicht durchführbare Operation ist die Erzeugung von Potenzreihen zur Approximation einer Funktion. Verwenden Sie zum Beispiel die Funktion

```
> f := x -> sin(4*x)*cos(x);
```

$$f := x \to \sin(4\,x)\,\cos(x)$$

```
> fs1 := series(f(x), x=0);
```

$$fs1 := 4\,x - \frac{38}{3}\,x^3 + \frac{421}{30}\,x^5 + \mathrm{O}(x^6)$$

Beachten Sie, daß der Befehl `series` standardmäßig eine Potenzreihe der Ordnung 6 generiert. Durch die Änderung des Wertes der speziellen Variablen `Order` können Sie die Ordnung der Potenzreihe erhöhen oder verkleinern.

Mit `convert(fs1, polynom)` löscht man den Ordnungsterm aus der Reihe, damit Maple sie zeichnen kann.

```
> p := convert(fs1,polynom);
```

$$p := 4\,x - \frac{38}{3}\,x^3 + \frac{421}{30}\,x^5$$

```
> plot({f(x), p},x=-1..1, -2..2,
>       title='sin(4x) cos(x) vs. Series');
```

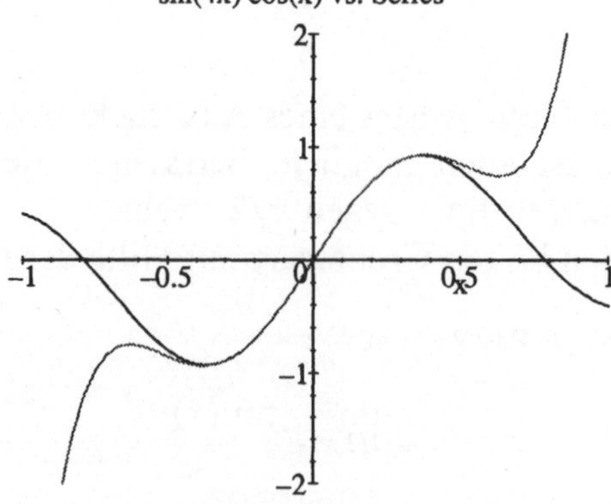

Wenn Sie die Ordnung der Reihe auf 12 erhöhen und es erneut versuchen, sehen Sie die erwartete Verbesserung in der Genauigkeit der Annäherung.

```
> Order := 12;
```

$$Order := 12$$

```
> fs1 := series(f(x), x=0);
```

$$fs1 := 4x - \frac{38}{3}x^3 + \frac{421}{30}x^5 - \frac{10039}{1260}x^7 + \frac{246601}{90720}x^9 - \frac{6125659}{9979200}x^{11} + O(x^{12})$$

```
> p := convert(fs1,polynom);
```

$$p := 4x - \frac{38}{3}x^3 + \frac{421}{30}x^5 - \frac{10039}{1260}x^7 + \frac{246601}{90720}x^9 - \frac{6125659}{9979200}x^{11}$$

```
> plot({f(x), p}, x=-1..1, -2..2,
>    title='sin(4x) cos(x) vs. Series of Order 12');
```

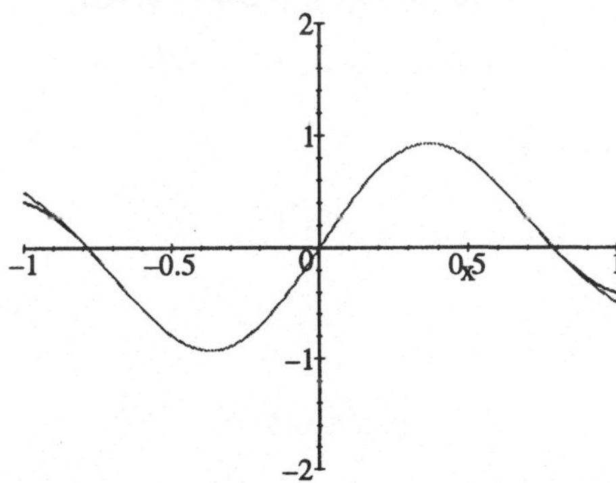

Maple kann Ableitungen und Integrale symbolisch berechnen. Leiten Sie beispielsweise einen Ausdruck ab, integrieren Sie das Ergebnis und vergleichen Sie es mit dem ursprünglichen Ausdruck.

```
> f := x -> x*sin(a*x) + b*x^2;
```

$$f := x \to x\sin(a\,x) + b\,x^2$$

```
> Diff(f(x),x);
```

$$\frac{\partial}{\partial x}(x\sin(a\,x) + b\,x^2)$$

```
> df := value(");
```

$$df := \sin(a\,x) + x\cos(a\,x)\,a + 2\,b\,x$$

```
> Int(df, x);
```

$$\int \sin(a\,x) + x\,\cos(a\,x)\,a + 2\,b\,x\,dx$$

```
> value(");
```

$$-\frac{\cos(a\,x)}{a} + \frac{\cos(a\,x) + a\,x\,\sin(a\,x)}{a} + b\,x^2$$

```
> simplify(");
```

$$x\,\sin(a\,x) + b\,x^2$$

Sie können auch bestimmte Integrale berechnen. Berechnen Sie zum Beispiel das vorherige Integral im Intervall $x = 1$ bis $x = 2$.

```
> Int(df,x=1..2);
```

$$\int_1^2 \sin(a\,x) + x\,\cos(a\,x)\,a + 2\,b\,x\,dx$$

```
> value(");
```

$$4\,\sin(a)\,\cos(a) + 3\,b - \sin(a)$$

Betrachten Sie ein komplizierteres Integral.

```
> Int(exp(-x^2), x);
```

$$\int e^{(-x^2)}\,dx$$

```
> value(");
```

$$\frac{1}{2}\sqrt{\pi}\,\mathrm{erf}(x)$$

Manchmal ist Maple nicht sicher, ob eine Variable reell oder komplex ist, und liefert daher ein unerwartetes Ergebnis.

```
> g := t -> exp(-a*t)*ln(t);
```

$$g := t \to e^{(-a\,t)}\,\ln(t)$$

```
> Int (g(t), t=0..infinity);
```

$$\int_0^\infty e^{(-a\,t)}\,\ln(t)\,dt$$

```
> value(");
```

$$\lim_{t \to \infty} -\frac{e^{(-a\,t)}\,\ln(t)}{a} - \frac{\mathrm{Ei}(1, a\,t)}{a} - \frac{\gamma + \ln(a)}{a}$$

Hier nimmt Maple an, daß der Parameter a eine komplexe Zahl ist – daher die komplizierte Antwort. In Situationen, in denen Sie wissen, daß a eine positive Zahl ist, teilen Sie dies Maple mit Hilfe des Befehls assume mit.

```
> assume(a > 0):
> ans := Int(g(t), t=0..infinity);
```

$$ans := \int_0^\infty e^{(-a\tilde{}\ t)} \ln(t)\, dt$$

```
> value(");
```

$$-\frac{\ln(a\tilde{})}{a\tilde{}} - \frac{\gamma}{a\tilde{}}$$

Das Ergebnis ist viel einfacher. Der einzige nichtelementare Term ist die Konstante gamma. Die Tilde (˜) zeigt an, daß a eine Annahme trägt. Löschen Sie jetzt die Annahme, um mit weiteren Beispielen fortzufahren. Sie müssen dies in zwei Schritten durchführen. Die Antwort ans enthält a mit Annahmen. Wenn Sie ans zurücksetzen und weiterverwenden möchten, müssen Sie alle Vorkommen von $a\tilde{}$ mit a ersetzen.

```
> ans := subs(a ='a', ans );
```

$$ans := \int_0^\infty e^{(-a\, t)} \ln(t)\, dt$$

Das erste Argument `a = 'a'` verdient besondere Aufmerksamkeit. Wenn Sie a eingeben, nachdem Sie eine Annahme über a gemacht haben, nimmt Maple automatisch an, daß Sie $a\tilde{}$ meinen. Die einfachen Anführungszeichen *verzögern die Auswertung* in Maple. In diesem Fall stellen Sie sicher, daß Maple das zweite a als a und nicht als $a\tilde{}$ interpretiert.

Da Sie nun die Annahme über a in ans gelöscht haben, können Sie die Annahme auf a selbst löschen, indem Sie es seinem eigenen Namen zuweisen.

```
> a := 'a':
```

Verwenden Sie einfache Anführungszeichen aus dem gleichen Grund wie vorher. Siehe auch den Abschnitt *Setzen von Annahmen* auf Seite 160.

3.6 Differentialgleichungen: dsolve

Maple kann viele gewöhnliche Differentialgleichungen einschließlich Anfangswert- und Randwertproblemen symbolisch lösen.

Definieren Sie eine gewöhnliche Differentialgleichung.

```
> ode1 := {diff(y(t),t,t) + 5*diff(y(t),t) + 6*y(t)  = 0};
```

$$ode1 := \left\{ \left(\frac{\partial^2}{\partial t^2} \, \mathrm{y}(t) \right) + 5 \left(\frac{\partial}{\partial t} \, \mathrm{y}(t) \right) + 6 \, \mathrm{y}(t) = 0 \right\}$$

Definieren Sie Anfangsbedingungen.

```
> ic := {y(0)=0, D(y)(0)=1};
```

$$ic := \{\mathrm{y}(0) = 0, \mathrm{D}(y)(0) = 1\}$$

Lösen Sie mit `dsolve` und verwenden Sie den Operator `union`, um die Vereinigung der zwei Mengen zu bilden.

```
> soln := dsolve(ode1 union ic, {y(t)});
```

$$soln := \mathrm{y}(t) = e^{(-2\,t)} - e^{(-3\,t)}$$

Sollten Sie diese Lösung zum Einsetzen von Werten oder Zeichnen verwenden wollen, setzen Sie den Befehl `unapply` ein, um eine geeignete Maple-Funktion zu definieren. Der Abschnitt *Einfaches* `solve` auf Seite 56 behandelt dies ausführlicher.

Sie können mit Hilfe von `subs` einen Wert aus einer Lösungsmenge bequem extrahieren.

```
> subs( soln, y(t) );
```

$$e^{(-2\,t)} - e^{(-3\,t)}$$

Benutzen Sie nun diese Tatsache, um mit Hilfe von `unapply` y als Funktion in t zu definieren.

```
> y1:= unapply(", t );
```

$$y1 := t \to e^{(-2\,t)} - e^{(-3\,t)}$$

```
> y1(a);
```

$$e^{(-2\,a)} - e^{(-3\,a)}$$

Überprüfen Sie nun, daß `y1` tatsächlich eine Lösung der gewöhnlichen Differentialgleichung ist

```
> subs(y=y1, ode1);
```

$$\left\{ \left(\frac{\partial^2}{\partial t^2} \, \mathrm{y1}(t) \right) + 5 \left(\frac{\partial}{\partial t} \, \mathrm{y1}(t) \right) + 6 \, \mathrm{y1}(t) = 0 \right\}$$

```
> eval(");
```

$$\{0 = 0\}$$

und daß y1 die Anfangsbedingungen erfüllt.

```
> subs(y=y1, ic);
```

$$\{y1(0) = 0, D(y1)(0) = 1\}$$

```
> eval(");
```

$$\{0 = 0, 1 = 1\}$$

Zur Überprüfung von Lösungen ist auch eine weitere Methode verfügbar, sie könnte aber zunächst verwirren. Weisen Sie y anstelle von y1 als neuen Lösungsnamen zu.

```
> y := unapply( subs(soln, y(t)), t );
```

$$y := t \to e^{(-2\,t)} - e^{(-3\,t)}$$

Wenn Sie nun eine Gleichung, die y enthält, eingeben, verwendet Maple diese Funktion und wertet das Ergebnis aus, beides in einem Schritt.

```
> ode1;
```

$$\{0 = 0\}$$

```
> ic;
```

$$\{0 = 0, 1 = 1\}$$

Sollten Sie die Differentialgleichung verändern und es erneut versuchen wollen oder diese Definition von $y(x)$ nicht länger wünschen, können Sie die Definition mit dem folgenden Befehl löschen.

```
> y := 'y';
```

$$y := y$$

Maple kennt auch spezielle Funktionen wie die in der Physik verwendete Dirac-Delta- oder Impulsfunktion.

```
> ode2 := 10^6*diff(y(x),x,x,x,x) = Dirac(x-2) -
>   Dirac(x-4);
```

$$ode2 := 1000000 \left(\frac{\partial^4}{\partial x^4} \mathrm{y}(x) \right) = \mathrm{Dirac}(x-2) - \mathrm{Dirac}(x-4)$$

Geben Sie Grenzwertbedingungen

```
> bc := {y(0)=0, D(D(y))(0)=0, y(5)=0};
```

$$bc := \{\mathrm{y}(0) = 0, \mathrm{y}(5) = 0, D^{(2)}(y)(0) = 0\}$$

und einen Anfangswert an.

```
> iv := {D(D(y))(5)=0};
```

$$iv := \{D^{(2)}(y)(5) = 0\}$$

```
> soln := dsolve({ode2} union bc union iv, {y(x)});
```

$$soln := y(x) = -\frac{1}{750000}\,\text{Heaviside}(x-2) + \frac{1}{93750}\,\text{Heaviside}(x-4) + \frac{1}{500000}\,x\,\text{Heaviside}(x-2) - \frac{1}{125000}\,x\,\text{Heaviside}(x-4) - \frac{1}{1000000}\,x^2\,\text{Heaviside}(x-2) + \frac{1}{500000}\,x^2\,\text{Heaviside}(x-4) + \frac{1}{6000000}\,x^3\,\text{Heaviside}(x-2) - \frac{1}{6000000}\,x^3\,\text{Heaviside}(x-4) + \frac{1}{1250000}\,x - \frac{1}{15000000}\,x^3$$

```
> subs(soln, y(x));
```

$$-\frac{1}{750000}\,\text{Heaviside}(x-2) + \frac{1}{93750}\,\text{Heaviside}(x-4) + \frac{1}{500000}\,x\,\text{Heaviside}(x-2) - \frac{1}{125000}\,x\,\text{Heaviside}(x-4) - \frac{1}{1000000}\,x^2\,\text{Heaviside}(x-2) + \frac{1}{500000}\,x^2\,\text{Heaviside}(x-4) + \frac{1}{6000000}\,x^3\,\text{Heaviside}(x-2) - \frac{1}{6000000}\,x^3\,\text{Heaviside}(x-4) + \frac{1}{1250000}\,x - \frac{1}{15000000}\,x^3$$

```
> y := unapply(", x);
```

$$y := x \to -\frac{1}{750000}\,\text{Heaviside}(x-2) + \frac{1}{93750}\,\text{Heaviside}(x-4) + \frac{1}{500000}\,x\,\text{Heaviside}(x-2) - \frac{1}{125000}\,x\,\text{Heaviside}(x-4) - \frac{1}{1000000}\,x^2\,\text{Heaviside}(x-2) + \frac{1}{500000}\,x^2\,\text{Heaviside}(x-4) + \frac{1}{6000000}\,x^3\,\text{Heaviside}(x-2) - \frac{1}{6000000}\,x^3\,\text{Heaviside}(x-4) + \frac{1}{1250000}\,x - \frac{1}{15000000}\,x^3$$

Dieser Wert von y erfüllt die Differentialgleichung, die Grenzwertbedingungen und den Anfangswert.

```
> ode2;
```

$$-12\,\mathrm{Dirac}(1, x-2) + 24\,\mathrm{Dirac}(1, x-4) + 6\,x\,\mathrm{Dirac}(1, x-2)$$
$$-\,6\,x\,\mathrm{Dirac}(1, x-4) + 8\,\mathrm{Dirac}(2, x-2) - 8\,x\,\mathrm{Dirac}(2, x-2)$$
$$+\,16\,x\,\mathrm{Dirac}(2, x-4) + 2\,x^2\,\mathrm{Dirac}(2, x-2)$$
$$-\,2\,x^2\,\mathrm{Dirac}(2, x-4) + 2\,x\,\mathrm{Dirac}(3, x-2) - 32\,\mathrm{Dirac}(2, x-4)$$
$$-\,\frac{4}{3}\,\mathrm{Dirac}(3, x-2) + \frac{32}{3}\,\mathrm{Dirac}(3, x-4) - 8\,x\,\mathrm{Dirac}(3, x-4)$$
$$-\,x^2\,\mathrm{Dirac}(3, x-2) + 2\,x^2\,\mathrm{Dirac}(3, x-4) + \frac{1}{6}\,x^3\,\mathrm{Dirac}(3, x-2)$$
$$-\,\frac{1}{6}\,x^3\,\mathrm{Dirac}(3, x-4) + 4\,\mathrm{Dirac}(x-2) - 4\,\mathrm{Dirac}(x-4) =$$
$$\mathrm{Dirac}(x-2) - \mathrm{Dirac}(x-4)$$

```
> simplify(");
```

$$\mathrm{Dirac}(x-2) - \mathrm{Dirac}(x-4) = \mathrm{Dirac}(x-2) - \mathrm{Dirac}(x-4)$$

```
> bc;
```

$$\{0 = 0\}$$

```
> iv;
```

$$\{0 = 0\}$$

```
> plot(y(x), x=0..5, axes=BOXED,
>   title='Solution to a 4th Order BVP');
```

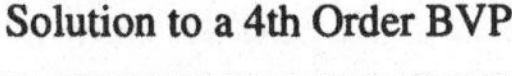

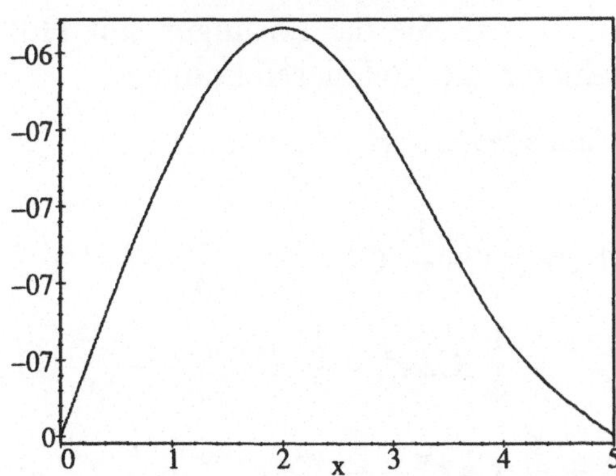

Sie sollten nun y freigeben, da Sie es nicht länger benötigen.

```
> y := 'y';
```

$$y := y$$

Maple kann auch Differentialgleichungssysteme lösen. Lösen Sie zum Beispiel folgendes System von zwei simultanen Gleichungen zweiter Ordnung.

```
> de_sys := { diff(y(x),x,x)=z(x), diff(z(x),x,x)=y(x) };
```

$$de\_sys := \left\{ \frac{\partial^2}{\partial x^2}\, \mathrm{y}(x) = \mathrm{z}(x),\ \frac{\partial^2}{\partial x^2}\, \mathrm{z}(x) = \mathrm{y}(x) \right\}$$

```
> soln := dsolve(de_sys, {z(x),y(x)});
```

$$\begin{aligned} soln := \{\mathrm{y}(x) = {} & \frac{1}{2}\, \_C1 \cos(x) + \frac{1}{4}\, \_C1\, e^{(-x)} + \frac{1}{4}\, \_C1\, e^{x} \\ & + \frac{1}{2}\, \_C2 \sin(x) - \frac{1}{4}\, \_C2\, e^{(-x)} + \frac{1}{4}\, \_C2\, e^{x} + \frac{1}{4}\, \_C3\, e^{(-x)} \\ & - \frac{1}{2}\, \_C3 \cos(x) + \frac{1}{4}\, \_C3\, e^{x} + \frac{1}{4}\, \_C4\, e^{x} - \frac{1}{4}\, \_C4\, e^{(-x)} \\ & - \frac{1}{2}\, \_C4 \sin(x),\ \mathrm{z}(x) = \frac{1}{4}\, \_C1\, e^{(-x)} - \frac{1}{2}\, \_C1 \cos(x) + \frac{1}{4}\, \_C1\, e^{x} \\ & + \frac{1}{4}\, \_C2\, e^{x} - \frac{1}{4}\, \_C2\, e^{(-x)} - \frac{1}{2}\, \_C2 \sin(x) + \frac{1}{2}\, \_C3 \cos(x) \\ & + \frac{1}{4}\, \_C3\, e^{(-x)} + \frac{1}{4}\, \_C3\, e^{x} + \frac{1}{2}\, \_C4 \sin(x) - \frac{1}{4}\, \_C4\, e^{(-x)} \\ & + \frac{1}{4}\, \_C4\, e^{x}\} \end{aligned}$$

Falls Sie das System lösen, ohne zusätzliche Bedingungen festzulegen, generiert Maple automatisch die entsprechenden Konstanten `_C1`, ..., `_C4`.

Beachten Sie erneut, daß Sie die Lösungen mit Hilfe von `subs` und `unapply` leicht extrahieren und definieren können.

```
> y := unapply(subs(soln, y(x)), x );
```

$$\begin{aligned} y := x \to {} & \frac{1}{2}\, \_C1 \cos(x) + \frac{1}{4}\, \_C1\, e^{(-x)} + \frac{1}{4}\, \_C1\, e^{x} + \frac{1}{2}\, \_C2 \sin(x) \\ & - \frac{1}{4}\, \_C2\, e^{(-x)} + \frac{1}{4}\, \_C2\, e^{x} + \frac{1}{4}\, \_C3\, e^{(-x)} - \frac{1}{2}\, \_C3 \cos(x) \\ & + \frac{1}{4}\, \_C3\, e^{x} + \frac{1}{4}\, \_C4\, e^{x} - \frac{1}{4}\, \_C4\, e^{(-x)} - \frac{1}{2}\, \_C4 \sin(x) \end{aligned}$$

```
> y(1);
```

$$\frac{1}{2}\_C1\cos(1)+\frac{1}{4}\_C1\,e^{(-1)}+\frac{1}{4}\_C1\,e+\frac{1}{2}\_C2\sin(1)$$
$$-\frac{1}{4}\_C2\,e^{(-1)}+\frac{1}{4}\_C2\,e+\frac{1}{4}\_C3\,e^{(-1)}-\frac{1}{2}\_C3\cos(1)+\frac{1}{4}\_C3\,e$$
$$+\frac{1}{4}\_C4\,e-\frac{1}{4}\_C4\,e^{(-1)}-\frac{1}{2}\_C4\sin(1)$$

Sie können y erneut freigeben, wenn sie damit fertig sind.

```
> y := 'y';
```

$$y := y$$

3.7 Der Aufbau von Maple

Wenn Sie Maple starten, wird nur der *Kern* geladen. Der Kern ist die Basis des Maple-Systems. Er enthält die fundamentalen und primitiven Befehle: Maples Interpretierer (der die von ihnen eingegebenen Anweisungen in Maschinenbefehle übersetzt, die der Prozessor verstehen kann), Algorithmen für numerische Berechnungen sowie Routinen zum Anzeigen von Ergebnissen und zum Ausführen anderer Ein-/Ausgabeoperationen.

Der Kern besteht aus hochoptimiertem C-Code – ungefähr 10% der gesamten Systemgröße. Die Programmierer von Maple haben die Größe des Kerns aus Geschwindigkeits- und Effizienzgründen bewußt klein gehalten. Der Kern von Maple implementiert die am häufigsten verwendeten Routinen für Ganzzahl- und rationale Arithmetik und einfache Polynomberechnungen.

Die restlichen 90% von Maples mathematischem Wissen sind in der Maple-Sprache geschrieben und befinden sich in der Bibliothek von Maple. Maples Bibliothek ist in drei Gruppen unterteilt: die *Hauptbibliothek*, die *gemischte* Bibliothek und die Pakete. Diese Gruppen sitzen mit ihren jeweiligen Funktionen über dem Kern.

Die *Hauptbibliothek* enthält die am häufigsten verwendeten Maple-Befehle (neben denen des Kerns). Diese Befehle werden bei Bedarf geladen – Sie müssen sie nicht explizit laden. Die Sprache von Maple kann sehr kompakte Prozeduren erzeugen, die mit nicht wahrnehmbarer Verzögerung geladen werden, so daß Sie wahrscheinlich nicht merken, welche Befehle C-codierte Kernanweisungen sind und welche aus der Bibliothek geladen werden.

Die *gemischte* Bibliothek besteht aus vielen weniger häufig verwendeten mathematischen Befehlen. Da sie nicht `readlib`-definiert sind, müssen

Sie sie explizit laden. Verwenden Sie den Befehl `readlib` mit der folgenden Syntax:

```
readlib(Befehl)
```

Hier ist *Befehl* der Befehl, der von Maple aus der Bibliothek geladen werden soll.

Die restlichen Befehle der Bibliothek befinden sich in den Paketen. Jedes der zahlreichen Pakete von Maple enthält eine Gruppe von Befehlen für verwandte Berechnungen. Das Paket `linalg` enthält beispielweise Anweisungen zur Manipulation von Matrizen.

Sie können den Befehl eines Paket auf drei Arten verwenden.

1. Verwenden Sie den vollständigen Namen des Pakets und die gewünschte Anweisung.

   ```
   package[Befehl]( ... )
   ```

2. Laden Sie alle Anweisungen eines Pakets mit dem Befehl `with`.

   ```
   with(Paket)
   ```

   Verwenden Sie danach den Kurznamen des Befehls.

   ```
   Befehl(...)
   ```

3. Laden Sie einen einzigen Befehl aus einem Paket.

   ```
   with(Paket, Befehl)
   ```

   Verwenden Sie danach die Kurzform des Befehlsnamens.

   ```
   Befehl(...)
   ```

Das nächste Beispiel verwendet den Befehl `distance` des Pakets `student`, um den Abstand zwischen zwei Punkten zu berechnen.

```
> with(student);
```

$$[D, Diff, Doubleint, Int, Limit, Lineint, Product, Sum,$$
$$Tripleint, changevar, combine, completesquare, distance,$$
$$equate, extrema, integrand, intercept, intparts, isolate,$$
$$leftbox, leftsum, makeproc, maximize, middlebox, middlesum,$$

midpoint, minimize, powsubs, rightbox, rightsum,

showtangent, simpson, slope, trapezoid, value]

```
> distance([1,1],[3,4]);
```

$$\sqrt{13}$$

Die lange Form von Paketbefehlsnamen ist anfänglich `readlib`-definiert; Maple lädt sie nur, wenn Sie sie explizit benötigen. Wenn Sie ein Paket laden, definiert Maple `readlib` alle Kurznamen von Befehlen im Paket.

Wenn sie ein Paket laden und dabei `with(`*Paket*`)` verwenden, erhalten Sie eine Liste aller Kurznamen der Befehle im Paket. Zusätzlich warnt Sie Maple, falls es jedwelche bereits existierende Namen neu definiert hat.

3.8 Die Pakete von Maple

Maples eingebaute Pakete von spezialisierten Befehlen umfassen eine große Vielfalt von Disziplinen, von der Analysis bis zur allgemeinen Relativitätstheorie. Die Beispiele dieses Abschnitts sind nicht umfassend. Es sind einfache Beispiele von einigen Befehlen aus ausgewählten Paketen, um Ihnen einen Einblick in Maples Fähigkeiten zu geben.

Liste von Paketen

Eine vollständige Liste der Befehle eines Pakets erhalten Sie durch die Hilfeseite `?`*Paketname*.

`combinat` kombinatorische Funktionen, einschließlich Befehle für Permutationsberechnungen und Kombinationen von Listen, und Partitionen von ganzen Zahlen.

`combstruct` Befehle zur Generierung und Zählung kombinatorischer Strukturen.

`DEtools` Werkzeuge zur Manipulation und Zeichnung von Differentialgleichungssystemen; Phasenporträts und Richtungsfelder.

`difforms` Befehle zur Behandlung von Differentialformen; für Probleme in der Differentialgeometrie.

`Domains` Befehle zur Erzeugung von *Rechenstrukturen*; unterstützt das Rechnen mit Polynomen, Matrizen und Reihen über Zahlenringen, endlichen Körpern, Polynomringen und Matrizenringen.

`finance` Befehle für Finanzrechnungen.

`GaussInt` Befehle zum Arbeiten mit Gaußschen ganzen Zahlen, d.h. Zahlen der Form $a + bI$, wobei a und b ganze Zahlen sind. Befehle zur Bestimmung des ggT, Faktorisierung und Primzahltest.

`genfunc` Befehle zur Manipulation rationaler Generierungsfunktionen.

`geometry` Befehle für zweidimensionale Euklidsche Geometrie, zur Definition und Manipulation von Punkten, Linien, Dreiecken und Kreisen in zwei Dimensionen.

`grobner` Befehle für Berechnungen von Gröbnerbasen; insbesondere zur Manipulation und Lösung von Mengen von großen Polynomausdrükken.

`group` Befehle zum Arbeiten mit Permutationsgruppen und endlich erzeugten Gruppen.

`inttrans` Befehle zum Arbeiten mit Integraltransformationen und ihren Inversen.

`liesymm` Befehle zur Charakterisierung der Kontaktsymmetrien von Systemen partieller Differentialgleichungen.

`linalg` über 100 Befehle zur Matrix- und Vektormanipulation, von der Addition zweier Matrizen bis zu symbolischen Eigenvektoren und Eigenwerten.

`logic` Befehle zum Erzeugen und Arbeiten mit Booleschen Ausdrücken und Funktionen.

`LREtools` Befehle zum Manipulieren, Zeichnen und Lösen von linearen Rekurrenzrelationen.

`networks` Werkzeuge zur Konstruktion, Zeichnung und Analyse kombinatorischer Netze; Befehle zur Bearbeitung gerichteter Graphen und beliebiger Ausdrücke für Gewichte von Kanten und Knoten.

`numapprox` Befehle zur Berechnung polynomischer Approximationen von Funktionen in einem gegebenen Intervall.

`numtheory` Befehle für die klassische Zahlentheorie, zum Primzahltesten, zur Bestimmung der n-ten Primzahl, Faktorisierung ganzer Zahlen, Generierung zyklotomischer Polynome. Dieses Paket enthält außerdem Befehle zur Behandlung von Konvergenzen.

`orthopoly` Befehle zur Generierung verschiedener Typen orthogonaler Polynome; sinnvoll bei der Lösung von Differentialgleichungen.

`padic` Befehle zur Berechnung p-adischer Approximationen von reellen Zahlen.

`plots` Befehle für verschiedene Klassen spezieller Zeichnungen, inklusive Konturzeichnungen, implizite zwei- und dreidimensionale Zeichnungen, Zeichnen von Text und Zeichnungen in unterschiedlichen Koordinatensystemen.

`plottools` Befehle zur Generierung und Manipulation graphischer Objekte.

`powseries` Befehle zur Erzeugung und Manipulation allgemeiner formaler Potenzreihen.

`process` die Befehle dieses Paketes ermöglichen Ihnen, in Maple Mehrprozeß-Programme unter UNIX zu schreiben.

`simplex` Befehle zur linearen Optimierung mit Hilfe des Simplex-Algorithmus.

`stats` einfache statistische Datenmanipulation, einschließlich Durchschnittsbildung, Standardabweichung, Korrelationskoeffizienten, Varianz und Regressionsanalyse.

`student` Befehle für schrittweise Analysis-Berechnungen, einschließlich partielle Integration, Simpsons Regel, Maximierungsfunktionen, Extremabestimmung.

`sumtools` Befehle zur Berechnung unbestimmter und bestimmter Summen, einschließlich Gospers Algorithmus und Zeilbergers Algorithmus.

`tensor` Befehle für Rechnungen mit Tensoren und deren Anwendungen in der allgemeinen Relativitätstheorie.

`totorder` Tests für Ordnungen zwischen Elementen geordneter Mengen.

Das Studentenpaket für Analysis

Das Paket `student` hilft Ihnen bei der Durchführung von schrittweisen Analysis-Berechnungen. Betrachten Sie als Beispiel folgendes Problem: Gegeben sei die Funktion $-2/3x^2+x$. Bestimmen Sie ihre Ableitung mit Hilfe der Definition:

$$f'(x) = \lim_{h\to 0} \frac{f(x+h) - f(x)}{h}$$

Was ist der Wert der Ableitung für $x = 0$?

```
> with(student):
```

Die Befehl `with` lädt das Paket `student` aus der Maple-Bibliothek. Um eine Liste aller Anweisungen anzuzeigen, ersetzen Sie den Doppelpunkt am Ende der Anweisung durch ein Semikolon.

```
> f := x -> -2/3*x^2 + x;
```

$$f := x \to -\frac{2}{3}x^2 + x$$

```
> ( f(x+h) - f(x) )/h;
```

$$\frac{-\frac{2}{3}(x+h)^2 + h + \frac{2}{3}x^2}{h}$$

```
> Limit(", h=0);
```

$$\lim_{h \to 0} \frac{-\frac{2}{3}(x+h)^2 + h + \frac{2}{3}x^2}{h}$$

```
> value(");
```

$$-\frac{4}{3}x + 1$$

```
> subs(x=0, ");
```

$$1$$

Zeichnen Sie zur Kontrolle die Kurve und die Tangente für $x = 0$.

```
> showtangent(f(x), x=0);
```

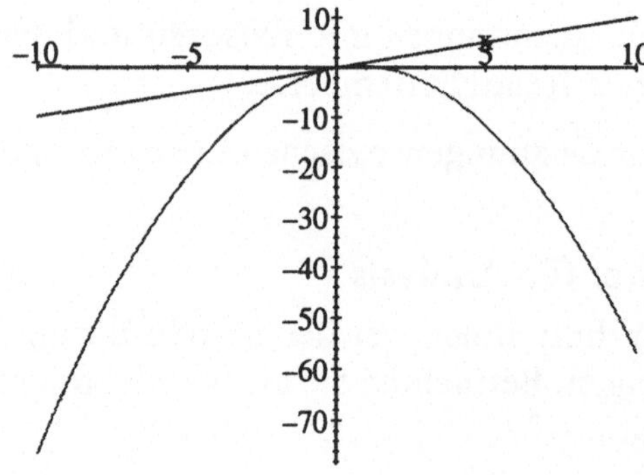

Wo schneidet diese Kurve die x-Achse?

```
> intercept(y=f(x), y=0);
```

$$\{x = 0, y = 0\}, \left\{y = 0, x = \frac{3}{2}\right\}$$

Sie können die Fläche unter der Kurve zwischen diesen beiden Punkten mit Hilfe der Riemann-Summe bestimmen.

```
> middlebox(f(x), x=0..3/2);
```

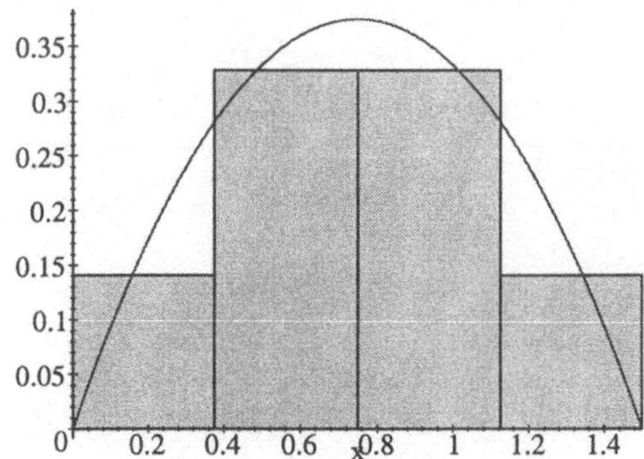

Da das Ergebnis keine gute Approximation ist, erhöhen Sie die Anzahl der verwendeten Rechtecke auf zehn.

```
> middlebox( f(x), x=0..3/2, 10 );
```

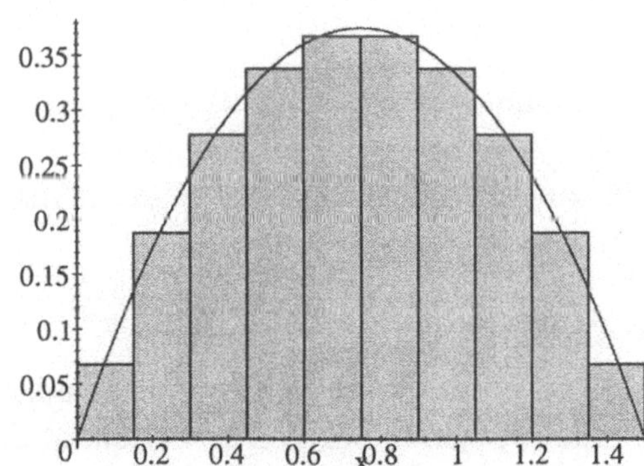


```
> middlesum( f(x), x=0..3/2, 10 );
```

$$\frac{3}{20}\left(\sum_{i=0}^{9}\left(-\frac{2}{3}\left(\frac{3}{20}i+\frac{3}{40}\right)^2+\frac{3}{20}i+\frac{3}{40}\right)\right)$$

```
> value(");
```

$$\frac{603}{1600}$$

Was ist der tatsächliche Wert? Verwenden Sie zunächst n Rechtecke.

```
> middlesum( f(x), x=0..3/2, n );
```

$$\frac{3}{2}\,\frac{\sum_{i=0}^{n-1}\left(-\frac{3}{2}\frac{(i+\frac{1}{2})^2}{n^2}+\frac{3}{2}\frac{i+\frac{1}{2}}{n}\right)}{n}$$

Bestimmen Sie danach den Grenzwert, wenn n gegen ∞ strebt.

```
> Limit( ", n=infinity );
```

$$\lim_{n\to\infty} \frac{3}{2} \frac{\sum_{i=0}^{n-1} \left(-\frac{3}{2} \frac{(i+\frac{1}{2})^2}{n^2} + \frac{3}{2} \frac{i+\frac{1}{2}}{n}\right)}{n}$$

```
> value(");
```

$$\frac{3}{8}$$

Beachten Sie nun, daß Sie das gleiche Ergebnis mit Hilfe eines Integrals erhalten können.

```
> Int( f(x), x=0..3/2 );
```

$$\int_0^{3/2} -\frac{2}{3}x^2 + x\,dx$$

```
> value(");
```

$$\frac{3}{8}$$

Siehe Kapitel 6 für eine ausführlichere Erörterung der Analysis mit Maple.

Das Paket für Lineare Algebra

In der linearen Algebra ist eine Menge linear unabhängiger Vektoren, die einen Vektorraum aufspannen, eine Basis. Dies bedeutet, daß Sie jedes Element des Vektorraums eindeutig als Linearkombination der Elemente der Basis darstellen können.

Eine Vektormenge $\{v_1, v_2, v_3, \ldots, v_n\}$ ist linear unabhängig, genau dann wenn aus

$$c_1v_1 + c_2v_2 + c_3v_3 + \cdots + c_nv_n = 0$$

folgt

$$c_1 = c_2 = c_3 = \cdots = c_n = 0.$$

Problem: Bestimmen Sie eine Basis für den Vektorraum, der durch die Vektoren $[1, -1, 0, 1]$, $[5, -2, 3, -1]$ und $[6, -3, 3, 0]$ aufgespannt wird. Stellen Sie den Vektor $[1, 2, 3, -5]$ bezüglich dieser Basis dar.
Lösung: Geben Sie die Vektoren ein.

```
> with(linalg):

Warning, new definition for norm
Warning, new definition for trace

> v1:=vector([1,-1,0,1]):
> v2:=vector([5,-2,3,-1]):
> v3:=vector([6,-3,3,0]):
> vector_space:=stack(v1,v2,v3);
```

$$vector\_space := \begin{bmatrix} 1 & -1 & 0 & 1 \\ 5 & -2 & 3 & -1 \\ 6 & -3 & 3 & 0 \end{bmatrix}$$

Falls die Vektoren linear unabhängig sind, bilden sie eine Basis. Um auf lineare Unabhängigkeit zu testen, betrachten Sie die Gleichung $c_1v_1+c_2v_2+c_3v_3 = 0$

$$c_1[1, -1, 0, 1] + c_2[5, -2, 3, -1] + c_3[6, -3, 3, 0] = [0, 0, 0, 0]$$

die äquivalent ist zu

$$\begin{aligned} c_1 + 5c_2 + 6c_3 &= 0 \\ -c_1 - 2c_2 - 3c_3 &= 0 \\ 3c_2 + 3c_3 &= 0 \\ c_1 - c_2 &= 0 \end{aligned}$$

```
> linsolve( transpose(vector_space), [0,0,0,0] );
```

$$[-\_t_1, -\_t_1, \_t_1]$$

Die Vektoren sind linear abhängig, da jeder ein Linearprodukt von einer Variablen ist. Deshalb können sie keine Basis bilden. Der Befehl `rowspace` liefert eine Basis für den Vektorraum.

```
> b:=rowspace(vector_space);
```

$$b := \{[0, 1, 1, -2], [1, 0, 1, -1]\}$$

```
> b1:=b[1]; b2:=b[2];
```

$$b1 := [0, 1, 1, -2]$$

$$b2 := [1, 0, 1, -1]$$

```
> basis:=stack(b1,b2);
```

$$basis := \begin{bmatrix} 0 & 1 & 1 & -2 \\ 1 & 0 & 1 & -1 \end{bmatrix}$$

Stellen Sie [1, 2, 3, −5] in Koordinaten bezüglich dieser Basis dar.

```
> linsolve( transpose(basis), [1,2,3,-5] );
```

$$[2, 1]$$

Weitere Informationen zu diesem Paket können Sie in der Hilfeseite `?linalg` finden.

Das Paket für Statistik

Das Paket `stats` enthält viele Befehle zur Datenanalyse und -manipulation und verschiedene Typen von statistischen Zeichnungen. Es enthält auch ein breites Spektrum an statistischen Verteilungen.

`stats` ist ein Beispiel für ein Paket, das Unterpakete enthält. In jedem Unterpaket befinden sich verschiedene, nach Funktionalität gruppierte Befehle.

```
> with(stats);
```

[*anova*, *describe*, *fit*, *importdata*, *random*, *statevalf*, *statplots*, *transform*]

Das Paket `stats` arbeitet mit Daten in *statistischen Listen*, die eine gewöhnliche Maple-Liste sein können. Eine statistische Liste kann auch Bereiche und gewichtete Werte enthalten. Der Unterschied läßt sich am besten anhand eines Beispiels veranschaulichen. `marks` ist eine Standardliste,

```
> marks :=
> [64,93,75,81,45,68,72,82,76,73];
```

$$marks := [64, 93, 75, 81, 45, 68, 72, 82, 76, 73]$$

ebenso `readings`,

```
> readings := [ 0.75, 0.75, .003, 1.01, .9125,
>               .04, .83, 1.01, .874, .002 ];
```

$$readings := [.75, .75, .003, 1.01, .9125, .04, .83, 1.01, .874, .002]$$

die äquivalent zur folgenden statistischen Liste ist.

```
> readings := [ Weight(.75, 2), .003, Weight(1.01, 2),
```

```
>               .9125, .04, .83, .874, .002 ];
```

$$readings := [\text{Weight}(.75, 2), .003, \text{Weight}(1.01, 2), .9125, .04, .83, .874, .002]$$

Der Ausdruck `Weight(x,n)` zeigt an, daß der Wert *x* *n*-mal in der Liste vorkommt.

Wenn Unterschiede unter 0.01 so klein sind, daß sie bedeutungslos sind, können Sie sie zusammengruppieren und einfach einen Bereich angeben (mit Hilfe von „..“).

```
> readings := [ Weight(.75, 2), Weight(1.01, 2), .9125,
>              .04, .83, .874, Weight(0.002..0.003, 2) ];
```

$$readings := [\text{Weight}(.75, 2), \text{Weight}(1.01, 2), .9125, .04, .83, .874, \text{Weight}(.002...003, 2)]$$

Das Unterpaket `describe` enthält Anweisungen zur Datenanalyse.

```
> describe[mean](marks);
```

$$\frac{729}{10}$$

```
> describe[range](marks);
```

$$45..93$$

```
> describe[range](readings);
```

$$.002..1.01$$

```
> describe[standarddeviation](readings);
```

$$.4038750457$$

Dieses Paket enthält viele statistische Verteilungen. Generieren Sie einige Zufallsdaten mit Hilfe der Normalverteilung, gruppieren Sie sie in Bereiche, und zeichnen Sie ein Histogramm der Bereiche.

```
> random_data:=[random[normald](50)];
```

$$random\_data := [1.175839568, -.5633641309, .2353939952, -1.442550291, -1.079196234, -.02201464613, -2.585278364, -.4432712806, -1.003281481, -.02786973908, 1.526244859, -.6051206219, .1640412457, .6530247357, -.5410542893, 2.135025838, .1844238837, -.6166294309, -.4486976019,$$

$.8238240523, .2521330308, .1918301186, .8279838784,$
$-1.742267132, 1.123077087, -.1605619318, -1.555929034,$
$-.7807191640, -.5186676113, -.2582649678, -1.536170017,$
$.4202060335, -.5460386367, -.5234339615, .05607451436,$
$1.521577528, -1.789119833, -1.408744087, -1.776317901,$
$-.9465885589, -.1049905652, 1.996496081, -1.257880271,$
$-.05641157088, 1.113504099, .3691334664, -.03153626578,$
$.6190037193, 1.743790472, -1.119097459]$

```
> ranges:=[-5..-2,-2..-1,-1..0,0..1,1..2,2..5];
```

$$ranges := [-5..-2, -2..-1, -1..0, 0..1, 1..2, 2..5]$$

```
> data_list:=transform[tallyinto](random_data,ranges);
```

$$data\_list := [\mathrm{Weight}(-1..0, 18), \mathrm{Weight}(1..2, 7), 2..5, -5..-2, \mathrm{Weight}(-2..-1, 11), \mathrm{Weight}(0..1, 12)]$$

```
> statplots[histogram](data_list);
```

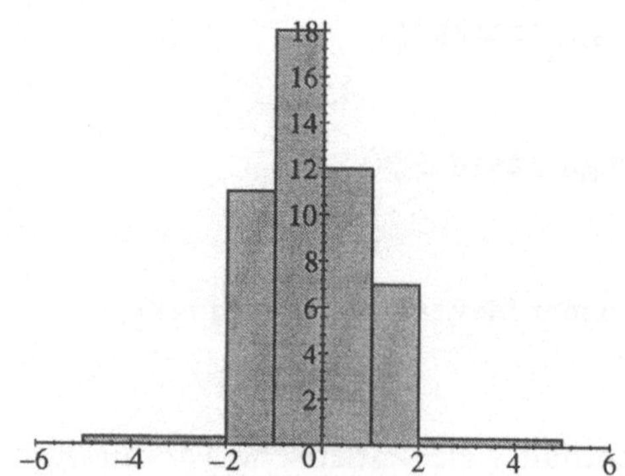

Das Paket für lineare Optimierung

Das Paket `simplex` enthält Befehle zur linearen Optimierung und verwendet den Simplex-Algorithmus. Lineare Optimierung bedeutet die Bestimmung optimaler Lösungen für Gleichungen mit Randbedingungen.

Ein Beispiel eines klassischen Optimierungsproblems ist das Pizza-Lieferproblem. Sie müssen vier Pizzen an vier verschiedenen Orten, verteilt über der ganzen Stadt, ausliefern. Sie möchten alle vier mit dem kleinstmöglichen Benzinverbrauch liefern, und Sie müssen außerdem alle vier Plätze in weniger als zwanzig Minuten erreichen, damit die Pizzen heiß bleiben. Wenn Sie mathematische Gleichungen aufstellen können, welche die Routen zu den vier Orten und die Entfernungen repräsentieren, können Sie die optimale Lösung finden, d.h. Sie können die Route bestimmen, mit der Sie alle vier Orte in kürzester Zeit und mit kleinstmöglichem Benzinverbrauch erreichen. Die Randbedingungen dieses speziellen Systems sind, daß Sie alle vier Pizzen innerhalb von zwanzig Minuten nach Verlassen des Restaurants ausliefern müssen.

Hier ist ein sehr kleines System als Beispiel.

```
> with(simplex);

Warning, new definition for maximize
Warning, new definition for minimize
```

$$[basis, convexhull, cterm, define\_zero, display, dual, feasible, maximize, minimize, pivot, pivoteqn, pivotvar, ratio, setup, standardize]$$

Angenommen Sie wollen den Ausdruck `w`

```
> w  := -x+y+2*z;
```

$$w := -x + y + 2z$$

in Abhängigkeit der Bedingungen `c1`, `c2` und `c3` maximieren.

```
> c1 := 3*x+4*y-3*z   <= 23;
```

$$c1 := 3x + 4y - 3z \leq 23$$

```
> c2 := 5*x-4*y-3*z   <= 10;
```

$$c2 := 5x - 4y - 3z \leq 10$$

```
> c3 := 7*x +4*y+11*z <= 30;
```

$$c3 := 7x + 4y + 11z \leq 30$$

```
> maximize(w, {c1,c2,c3});
```

Keine Antwort bedeutet in diesem Falle, daß Maple keine Lösung finden kann. Sie können den Befehl `feasible` verwenden, um festzustellen, ob die Menge der Bedingungen erfüllt ist.

```
> feasible({c1,c2,c3});
```

$$true$$

Versuchen Sie es erneut, aber setzen Sie diesmal eine zusätzliche Einschränkung für die Lösung.

```
> maximize(w, {c1,c2,c3}, NONNEGATIVE);
```

$$\left\{y = \frac{49}{8}, x = 0, z = \frac{1}{2}\right\}$$

3.9 Zusammenfassung

Dieses Kapitel erläutert fundamentale Eigenschaften von Maple, die Ihnen beim Erlernen komplizierterer Problemlösungsmethoden hilfreich sein werden. *Einfaches* `solve` auf Seite 56 führte Sie in `solve` und `fsolve` und deren Anwendung ein. Ob Sie nun `solve` verwenden oder nicht, diese Methoden werden immer wieder hilfreich sein.

Die letzten Abschnitte dieses Kapitels führten Manipulationen, `dsolve` und den Aufbau von Maple und der Maple-Bibliothek ein, mit dem Ziel, Ihnen eine Kostprobe von Maples Möglichkeiten zu geben. An dieser Stelle des Handbuches werden Sie keinesfalls alles über Maple wissen. Sie werden jedoch genug wissen, um anzufangen, Maple produktiv einzusetzen. Vielleicht wollen Sie an dieser Stelle im Studium dieses Buches eine Pause einlegen, um mit Maple zu arbeiten oder zu spielen.

KAPITEL

Graphik

Der beste Weg zu einem besseren Verständnis einer mathematischen Struktur ist manchmal, sie in einer angemessenen Weise graphisch darzustellen. Maple kann mehrere Arten von Graphen erzeugen. Einige seiner Fähigkeiten zum Zeichnen sind zum Beispiel zweidimensionale, animierte zweidimensionale und dreidimensionale Graphen, die Sie aus jedem Blickwinkel betrachten können. Maple kann explizite, implizite und parametrisierte Formen bearbeiten und kennt mehrere Koordinatensysteme. Maples Flexibilität ermöglicht Ihnen, Graphen in vielen Situationen leicht zu manipulieren.

4.1 Graphische Darstellung in zwei Dimensionen

Für die Darstellung einer explizit gegebenen Funktion $y = f(x)$ muß Maple die Funktion und den Definitionsbereich kennen.

```
> plot( sin(x), x=-2*Pi..2*Pi );
```

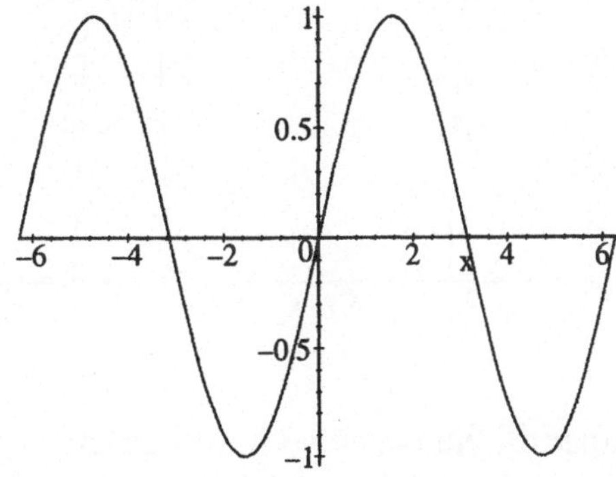

Durch Klicken an einem beliebigen Punkt im Darstellungsfenster werden dessen Koordinaten angezeigt. Die Menüs ermöglichen Ihnen, verschiedene Eigenschaften der Zeichnungen zu verändern oder jedwelche Optionen der Zeichenbefehle, die durch `?plot,options` aufgelistet werden, zu verwenden.

Maple kann auch benutzerdefinierte Funktionen graphisch darstellen.

```
> f := x -> 7*sin(x) + sin(7*x);
```

$$f := x \to 7\sin(x) + \sin(7\,x)$$

```
> plot(f(x), x=0..10);
```

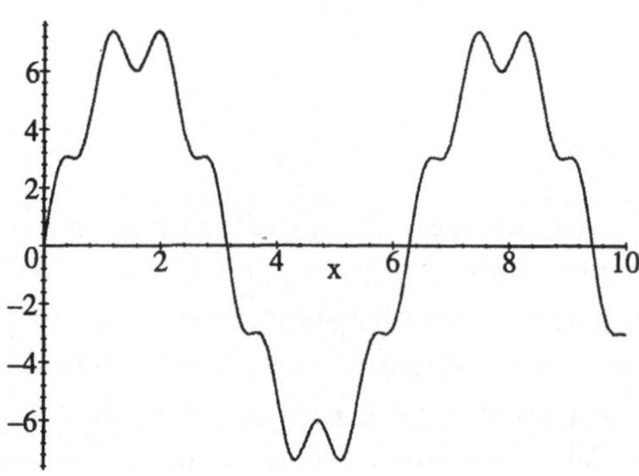

Maple erlaubt Ihnen, einen gegebenen Bereich sowohl in y- als auch in x-Richtung festzulegen.

```
> plot(f(x), x=0..10, y=4..8);
```

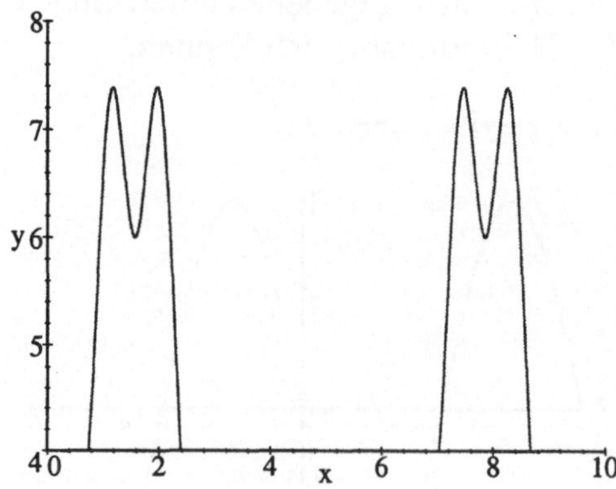

Maple kann sogar unendliche Bereiche handhaben.

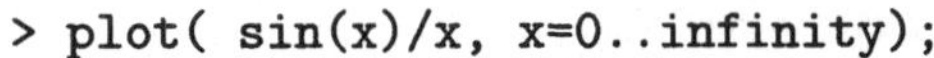

```
> plot( sin(x)/x, x=0..infinity);
```

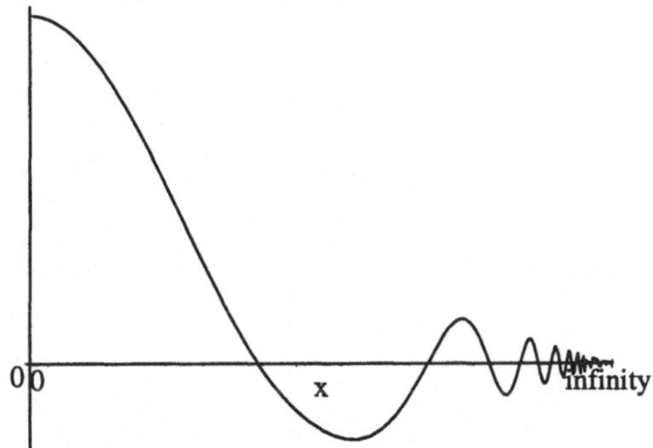

Parametrisierte Zeichnungen

Einige Graphen können Sie nicht explizit spezifizieren, d.h. Sie können die abhängige Variable nicht als eine Funktion $y = f(x)$ schreiben. Solch ein Beispiel ist ein Kreis; für die meisten seiner x-Werte existieren zwei y-Werte. Eine Lösung besteht darin, die x-Koordinate und die y-Koordinate zu Funktionen in einem Parameter, zum Beispiel t, umzuwandeln. Der aus diesen Funktionen generierte Graph wird eine *parametrisierte* Zeichnung genannt. Verwenden Sie folgende Syntax zur Spezifikation einer parametrisierten Zeichnung:

```
plot( [ x-Ausdruck, y-Ausdruck, Parameter=Bereich ] )
```

Dies bedeutet, daß Sie eine Liste zeichnen, die den *x-Ausdruck*, *y-Ausdruck* und den Namen und Bereich des Parameters enthält. Zum Beispiel:

```
> plot( [ t^2, t^3, t=-1..1 ] );
```

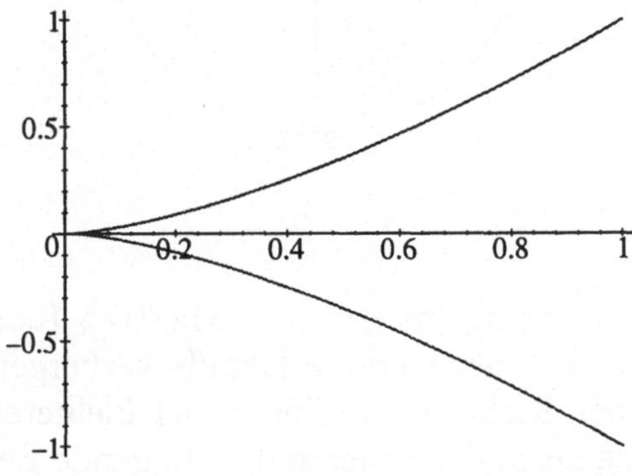

Die Punkte $(\cos t, \sin t)$ liegen auf einem Kreis.

```
> plot( [ cos(t), sin(t), t=0..2*Pi ] );
```

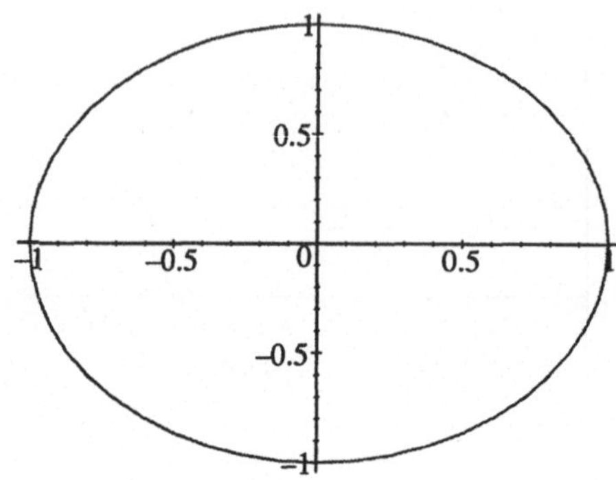

Die obige Zeichnung ähnelt einer Ellipse anstelle eines Kreises, da Maple standardmäßig die Darstellung skaliert, um sie dem Fenster anzupassen. Hier ist die gleiche Zeichnung erneut, aber diesmal mit `scaling=constrained`. Die Skalierung können Sie mit Hilfe der Menüs oder der Option `scaling` ändern.

```
> plot( [ cos(t), sin(t), t=0..2*Pi ], scaling=constrained );
```

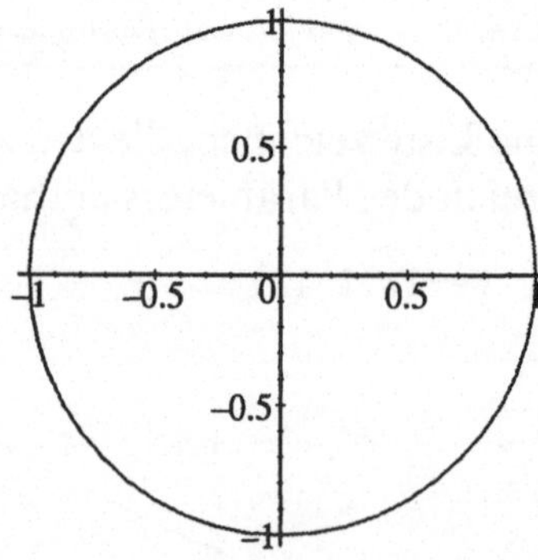

Der Nachteil der Skalierung im gleichen Maßstab (`constrained scaling`) besteht darin, daß sie wichtige Details verbergen kann, falls die Eigenschaften in einer Richtung in einem viel kleineren oder größeren Maßstab vorkommen als in der anderen. Die folgende Zeichnung ist nicht maßstabsgetreu.

```
> plot( exp(x), x=0..3 );
```

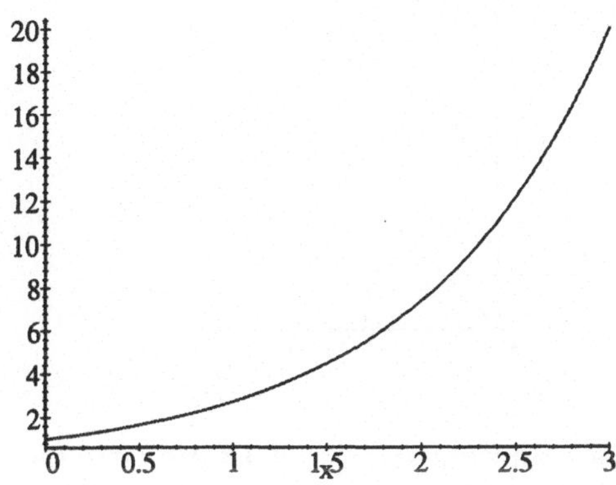

Es folgt die maßstabsgetreue Version der gleichen Zeichnung.

```
> plot( exp(x), x=0..3, scaling=constrained);
```

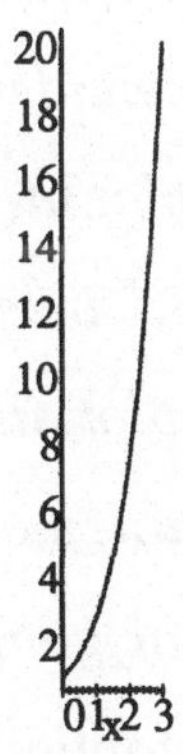

Polarkoordinaten

Kartesische (gewöhnliche) Koordinaten sind in Maple die Voreinstellung und stellen eine von vielen Möglichkeiten dar, einen Punkt in der Ebene zu spezifizieren. Die Polarkoordinaten (r, θ) bilden dazu eine weitere Option.

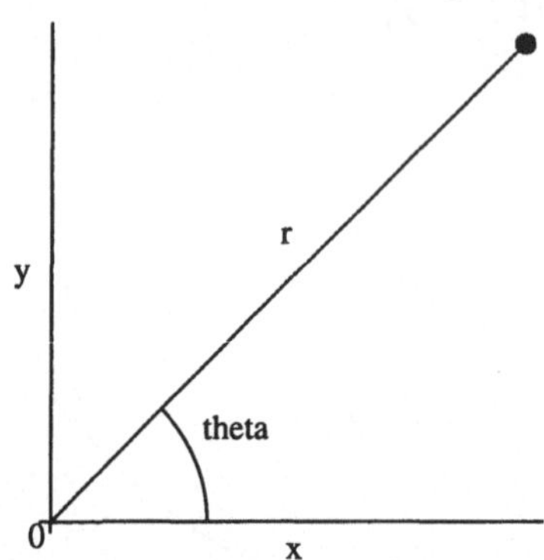

Bei den Polarkoordinaten ist r der Abstand vom Ursprung zum Punkt, während θ der Winkel zwischen x-Achse und der Geraden durch Ursprung und Punkt ist. Maple kann eine Funktion mit Hilfe des Befehls `polarplot` in Polarkoordinaten zeichnen. Um diesen Befehl verwenden zu können, müssen sie zunächst den Befehl `with` anwenden, um das Paket `Plots` zu laden. Der Befehl `with` listet alle im Paket definierten Befehle auf.

```
> with(plots);
```

[*animate*, *animate3d*, *changecoords*, *complexplot*, *complexplot3d*, *conformal*, *contourplot*, *contourplot3d*, *coordplot*, *coordplot3d*, *cylinderplot*, *densityplot*, *display*, *display3d*, *fieldplot*, *fieldplot3d*, *gradplot*, *gradplot3d*, *implicitplot*, *implicitplot3d*, *inequal*, *listcontplot*, *listcontplot3d*, *listdensityplot*, *listplot*, *listplot3d*, *loglogplot*, *logplot*, *matrixplot*, *odeplot*, *pareto*, *pointplot*, *pointplot3d*, *polarplot*, *polygonplot*, *polygonplot3d*, *polyhedraplot*, *replot*, *rootlocus*, *semilogplot*, *setoptions*, *setoptions3d*, *spacecurve*, *sparsematrixplot*, *sphereplot*, *surfdata*, *textplot*, *textplot3d*, *tubeplot*]

Verwenden Sie die folgende Syntax, um Graphen in Polarkoordinaten darzustellen:

`polarplot(` *r-Ausdruck*, *Winkel=Bereich* `)`

In Polarkoordinaten können Sie den Kreis explizit beschreiben, nämlich als $r = 1$.

```
> polarplot( 1, theta=0..2*Pi, scaling=constrained );
```

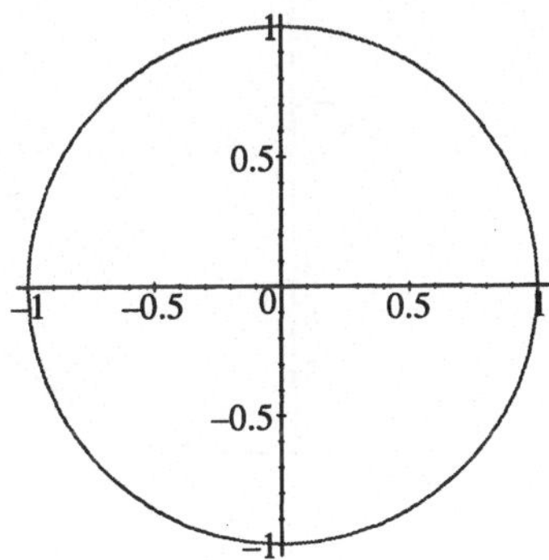

Wie im Abschnitt *Parametrisierte Zeichnungen* auf Seite 101 erscheint der Kreis bei Verwendung der Option scaling=constrained rund. Es folgt der Graph von $r = \sin(3\theta)$.

```
> polarplot( sin(3*theta), theta=0..2*Pi );
```

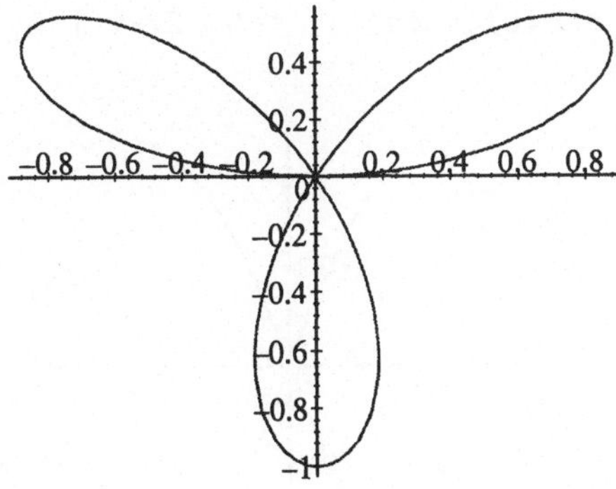

Der Graph von $r = \theta$ ist eine Spirale.

```
> polarplot(theta, theta=0..4*Pi);
```

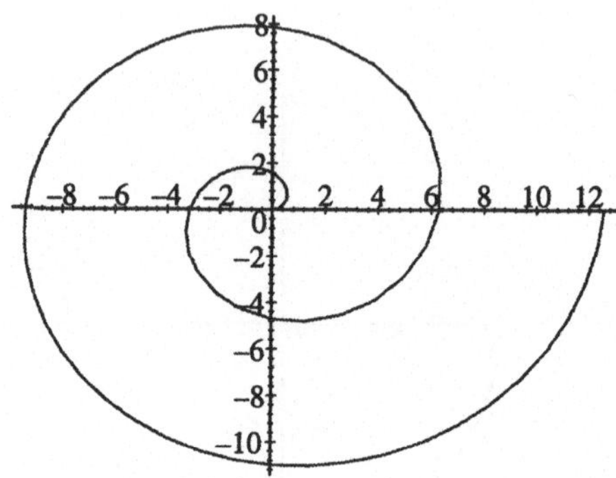

Der Befehl `polarplot` akzeptiert auch parametrisierte Zeichnungen, d.h. Sie können die Radius- und die Winkelkoordinaten in Abhängigkeit eines Parameters, zum Beispiel t, ausdrücken. Die Syntax ähnelt einer parametrisierten Zeichnung in kartesischen (gewöhnlichen) Koordinaten. Siehe *Parametrisierte Zeichnungen* auf Seite 101.

```
polarplot( [ r-Ausdruck, Winkel-Ausdruck, Parameter=Bereich ] )
```

Die Gleichungen $r = \sin(t)$ und $\theta = \cos(t)$ definieren den folgenden Graphen.

```
> polarplot( [ sin(t), cos(t), t=0..2*Pi ] );
```

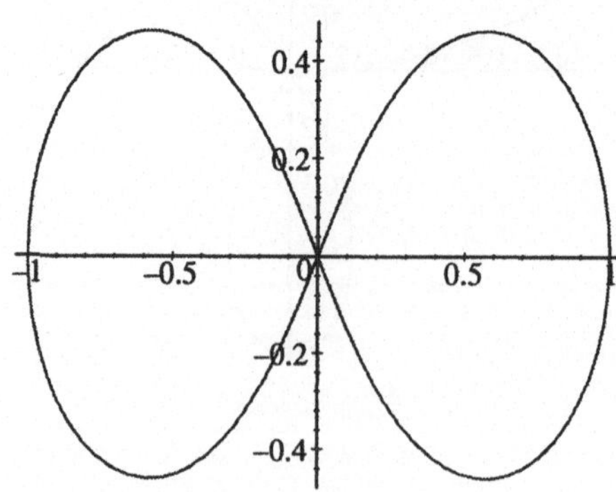

Es folgt der Graph von $\theta = \sin(3r)$.

```
> polarplot( [ r, sin(3*r), r=0..7 ] );
```

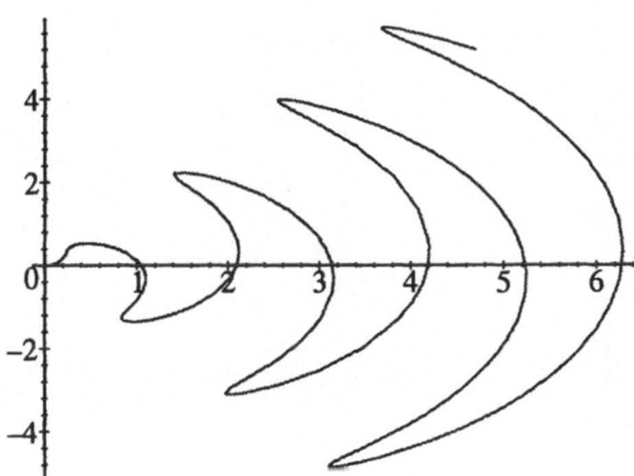

Funktionen mit Unstetigkeiten

Funktionen mit Unstetigkeiten erfordern besondere Aufmerksamkeit. Diese Funktion hat zwei Unstetigkeiten bei $x = 1$ und $x = 2$.

$$f(x) = \begin{cases} -1 & \text{if } x < 1, \\ 1 & \text{if } 1 \leq x < 2, \\ 3 & \text{otherwise.} \end{cases}$$

$f(x)$ wird in Maple in der folgenden Weise definiert.

```
> f := x -> piecewise( x<1, -1, x<2, 1, 3 );
```

$$f := x \to \text{piecewise}(x < 1, -1, x < 2, 1, 3)$$

```
> plot(f(x), x=0..3);
```

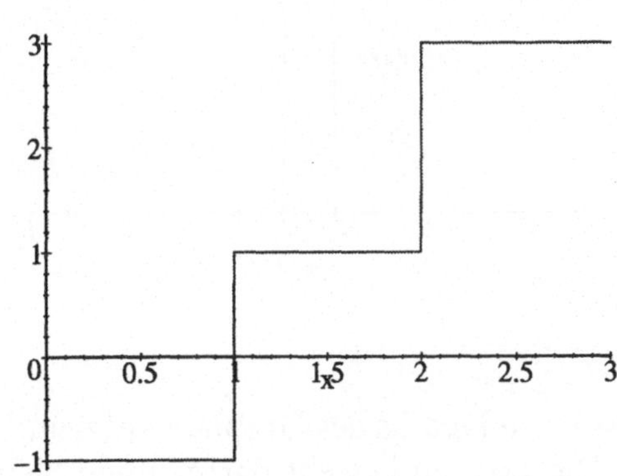

Maple zeichnet nahezu senkrechte Linien neben dem Punkt einer Unstetigkeit. Die Option `discont=true` weist Maple an, Unstetigkeiten zu beachten.

```
> plot(f(x), x=0..3, discont=true);
```

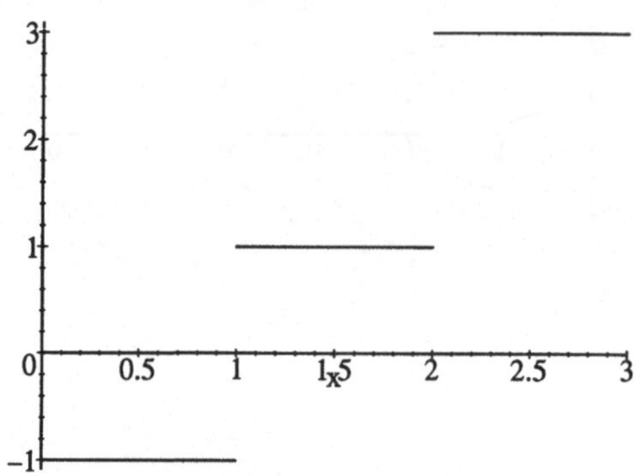

Funktionen mit Singularitäten, d.h. Funktionen, die in einigen Punkten beliebig groß werden, bilden einen weiteren Spezialfall. Die Funktion $x \mapsto 1/(x-1)^2$ hat eine Singularität bei $x = 1$.

```
> plot( 1/(x-1)^2, x=-5..6 );
```

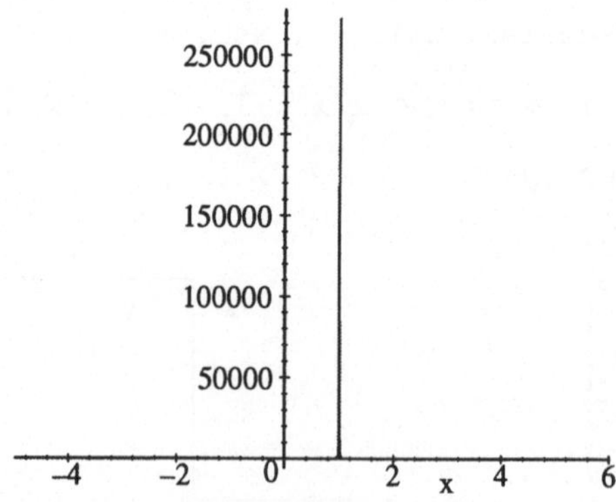

Hier sind alle interessanten Details des Graphen aufgrund der hohen Spitze bei $x = 1$ verloren. Die Lösung besteht darin, einen kleineren Bereich zu betrachten, vielleicht von $y = -1$ bis 7.

```
> plot( 1/(x-1)^2, x=-5..6, y=-1..7 );
```

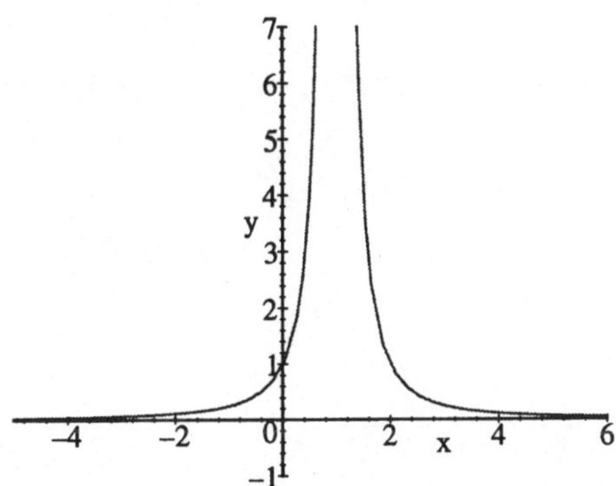

Die Tangensfunktion hat viele Singularitäten bei $x = \frac{\pi}{2} + \pi Z$.

```
> plot( tan(x), x=-2*Pi..2*Pi );
```

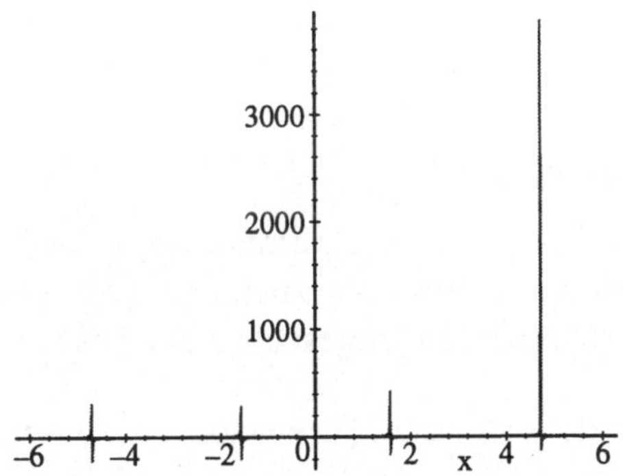

Reduzieren Sie zum Beispiel den Bereich auf $y = -4$ bis 4, um die Details zu sehen.

```
> plot( tan(x), x=-2*Pi..2*Pi, y=-4..4 );
```

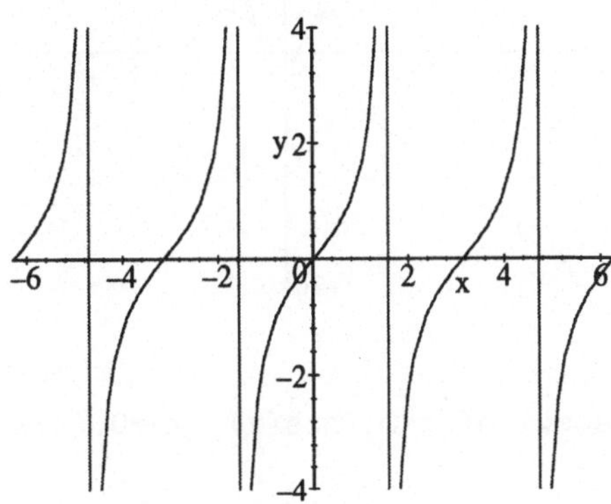

Maple zeichnet in den Singularitäten nahezu senkrechte Linien , so daß Sie die Option discont=true verwenden sollten.

```
> plot( tan(x), x=-2*Pi..2*Pi, y=-4..4, discont=true );
```

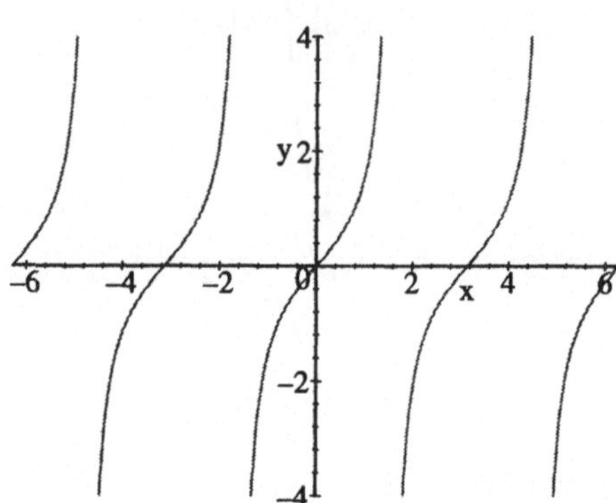

Mehrfache Zeichnungen

Geben Sie plot eine Liste von Funktionen, um in der gleichen Zeichnung mehr als eine Funktion graphisch darzustellen. (Erinnern Sie sich, daß eine Liste eine in eckigen Klammern eingeschlossene Folge von Ausdrücken ist.)

```
> plot( [ x, x^2, x^3, x^4 ], x=-10..10, y=-10..10 );
```

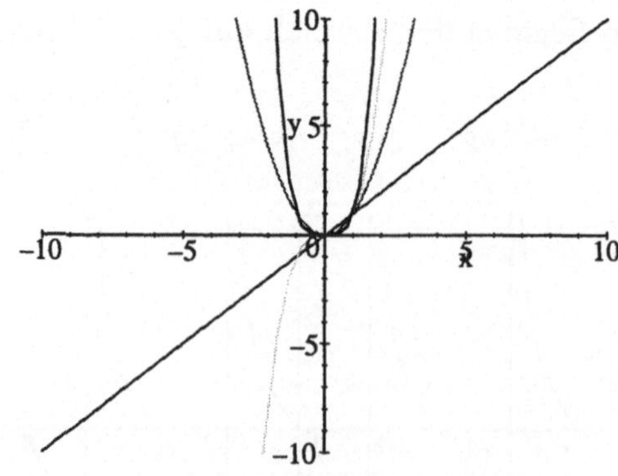


```
> f := x -> piecewise( x<0, cos(x), x>=0, 1+x^2 );
```

$$f := x \rightarrow \text{piecewise}(x < 0, \cos(x), 0 \leq x, x^2 + 1)$$

```
> plot( [ f(x), diff(f(x), x), diff(f(x), x, x) ],
>     x=-2..2, discont=true );
```

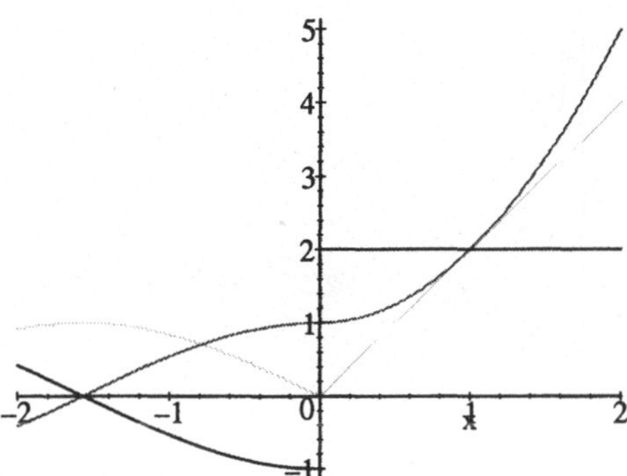

Diese Technik funktioniert auch für parametrisierte Zeichnungen.

```
> plot( [ [ 2*cos(t), sin(t), t=0..2*Pi ],
>         [ t^2, t^3, t=-1..1 ] ] );
```

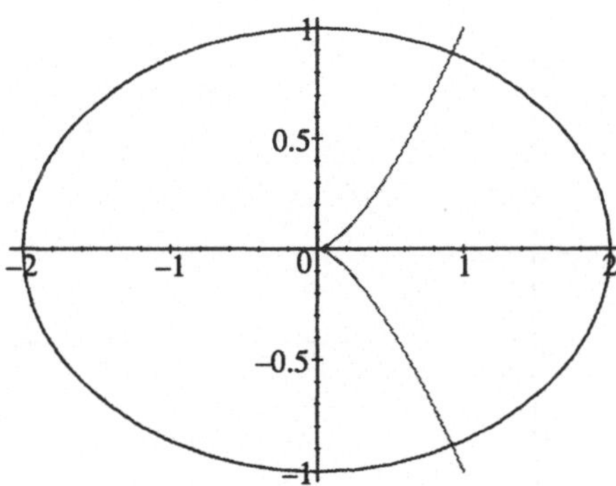

Zur Unterscheidung zwischen den verschiedenen Graphen der gleichen Zeichnung ist die unterschiedliche Darstellung der Linien, zum Beispiel durchgehend, gestrichelt oder gepunktet, vorteilhaft. Maple stellt dafür die Option `linestyle` zur Verfügung. Hier verwendet Maple `linestyle=1` für die erste Funktion $\sin(x)/x$ und `linestyle=5` für die zweite Funktion $\cos(x)/x$.

```
> plot( [ sin(x)/x, cos(x)/x ], x=0..8*Pi, linestyle=[1,5] );
```

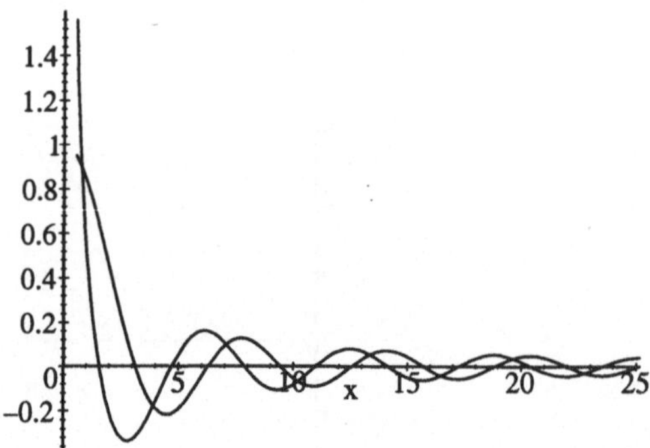

Die Darstellung der Linien können Sie auch mit Hilfe der Menüs verändern, aber dies beeinflußt die Linien aller Graphen. Spezifizieren Sie analog die Farben der Graphen mit der Option `color`. (Sie können den Effekt an einem Farbbildschirm betrachten, aber in diesem Buch kommen die Linien in zwei verschiedenen Schattierungen in Grau vor.)

```
> plot( [ [f(x), D(f)(x), x=-2..2],
>          [D(f)(x), (D@@2)(f)(x), x=-2..2] ],
>        color=[gold, plum] );
```

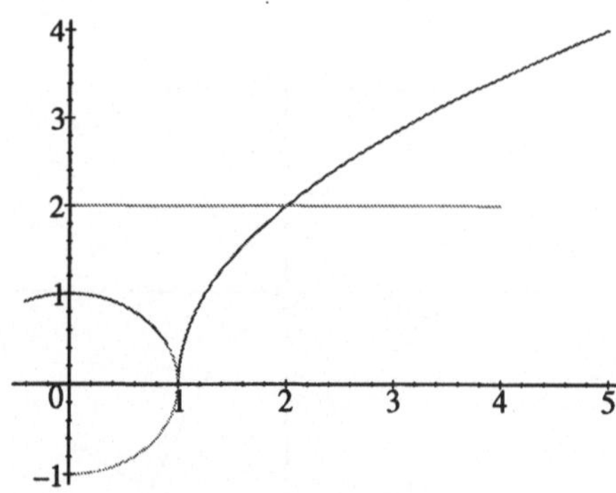

Siehe `?plot,color` für weitere Details über Farben.

Zeichnen von Datenpunkten

Benutzen Sie zur Zeichnung numerischer Daten `plot` mit den Daten in einer Liste von Listen der Form

$$[[x_1, y_1], [x_2, y_2], \ldots, [x_n, y_n]].$$

Weisen Sie der Liste einen Namen zu, falls sie zu lang ist.

```
> data_list:=[[-2,4],[-1,1],[0, 0],[1,1],[2,4],[3,9],[4,16]];
```

$$data\_list := [[-2, 4], [-1, 1], [0, 0], [1, 1], [2, 4], [3, 9], [4, 16]]$$

```
> plot(data_list);
```

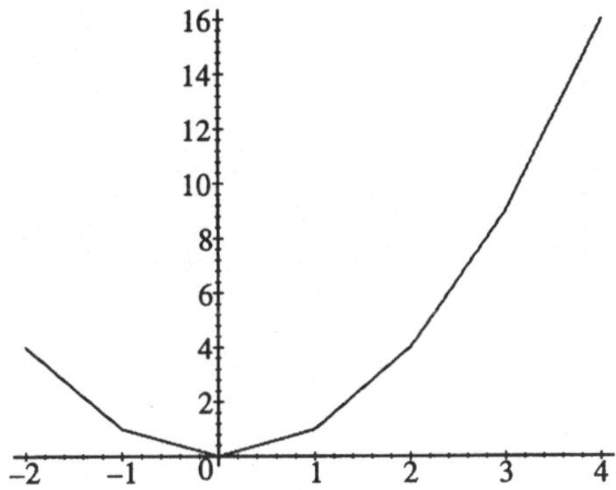

Maple zeichnet zwischen den Punkten standardmäßig gerade Linien. Die Option `style=point` weist Maple an, nur die Punkte zu zeichnen. Sie können Maple auch mit Hilfe der Menüs veranlassen, keine Linien zu zeichnen.

```
> plot( data_list, style=point );
```

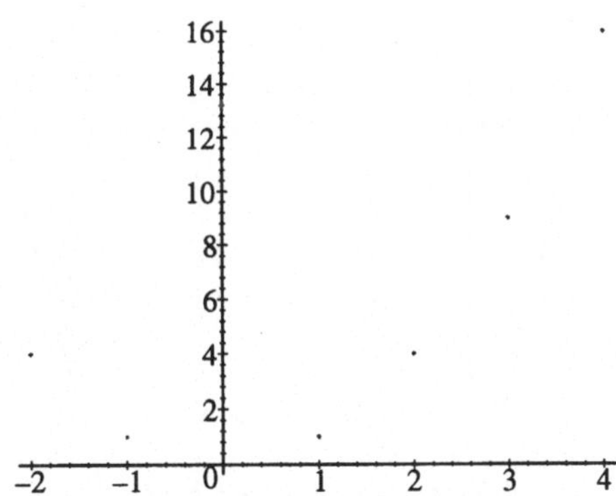

Die Darstellung der Punkte können Sie selbst mit Hilfe der Menüs oder der Option `symbol` verändern.

```
> data_list_2:=[[1,1], [2,2], [3,3], [4,4]];
```

$$data\_list\_2 := [[1, 1], [2, 2], [3, 3], [4, 4]]$$

```
> plot(data_list_2, style=point, symbol=diamond);
```

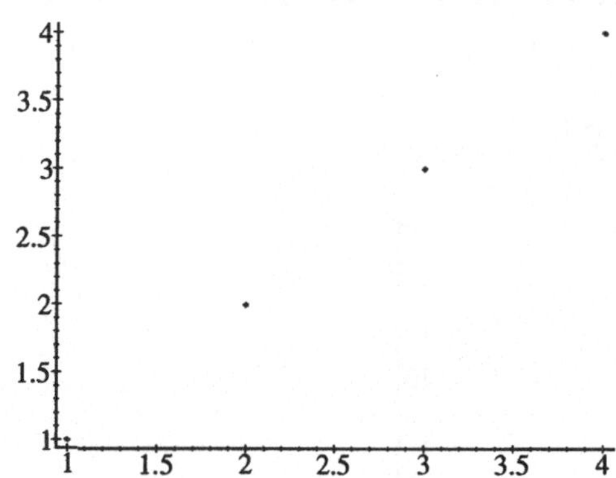

Verfeinern von Zeichnungen

Maple verwendet zum Zeichnen einen adaptiven Algorithmus. Er berechnet den Wert der Funktion oder des Ausdrucks an wenigen äquidistanten Punkten im angegebenen Darstellungsintervall. Maple entscheidet danach, mehr Punkte innerhalb jener Teilintervalle zu berechnen, die viele Schwankungen enthalten. Dieser adaptive Algorithmus kann manchmal eine Zeichnung mit vielen Drehungen und Wendungen auf kleinen Intervallen nicht richtig bearbeiten.

```
> plot(sum((-1)^(i)*abs(x-i/10), i=0..30), x=-1..4);
```

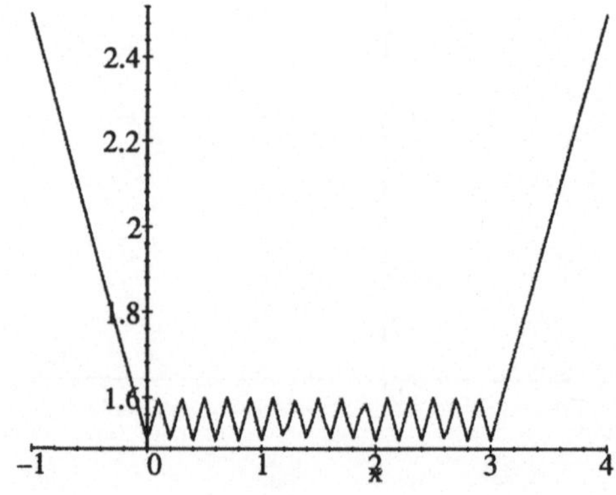

Zur Verfeinerung dieser Zeichnung können Sie angeben, daß Maple mehr Punkte berechnen soll.

```
> plot(sum((-1)^(i)*abs(x-i/10), i=0..30), x=-1..4,
```

```
>       numpoints=500);
```

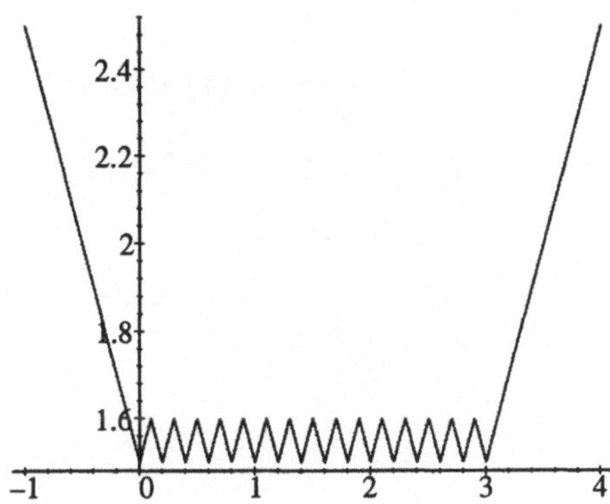

Siehe ?plot und ?plot,options für weitere Details und Beispiele.

4.2 Graphische Darstellung in drei Dimensionen

Sie können eine Funktion in zwei Variablen als eine Oberfläche im dreidimensionalen Raum zeichnen. Dies ermöglicht Ihnen die Visualisierung der Funktion. Die Syntax von plot3d ist der Syntax von plot ähnlich. Erneut ist eine explizit angegebene Funktion $z = f(x, y)$ am einfachsten zu zeichnen.

```
> plot3d( sin(x*y), x=-2..2, y=-2..2 );
```

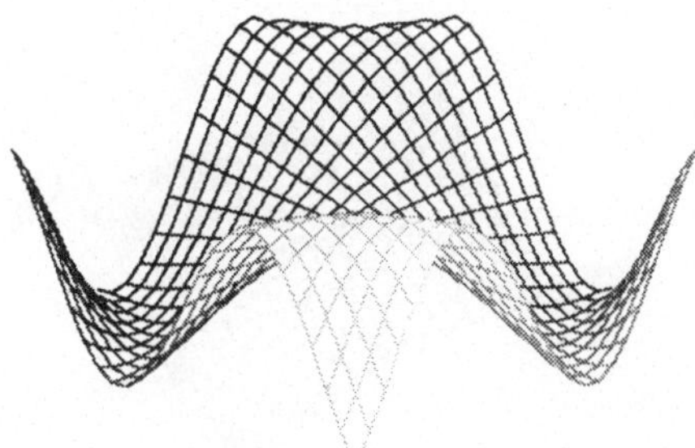

Durch Klicken mit der Maus in das Fenster und Verschieben des begrenzenden Rahmens können Sie die Zeichnung rotieren. Die Menüs ermöglichen Ihnen, die verschiedenen Charakteristiken einer Zeichnung zu verändern.

Wie `plot` kann `plot3d` mit benutzerdefinierten Funktionen umgehen.

```
> f := (x,y) -> sin(x) * cos(y);
```

$$f := (x, y) \to \sin(x)\cos(y)$$

```
> plot3d( f(x,y), x=0..2*Pi, y=0..2*Pi );
```

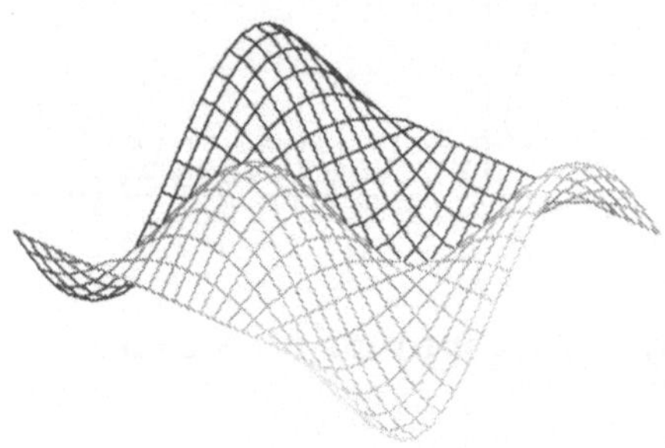

Maple zeigt den Graphen standardmäßig als undurchsichtiges Drahtrahmenmodell an, aber Sie können dies mit Hilfe des Menüs oder der Option `style` ändern. `style=patch` schattiert zum Beispiel die Täler im Drahtrahmenmodell.

```
> plot3d( f(x,y), x=0..2*Pi, y=0..2*Pi, style=patch );
```

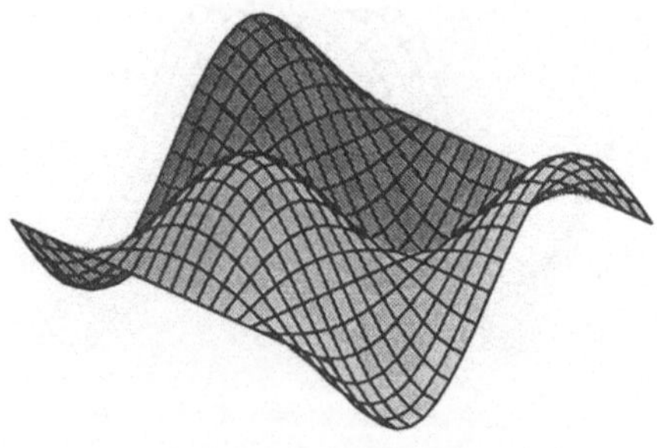

Siehe `?plot3d,options` für eine Liste von `style`-Optionen.

Der Bereich des zweiten Parameters kann von dem ersten Parameter abhängen.

```
> plot3d( sqrt(x-y), x=0..9, y=-x..x );
```

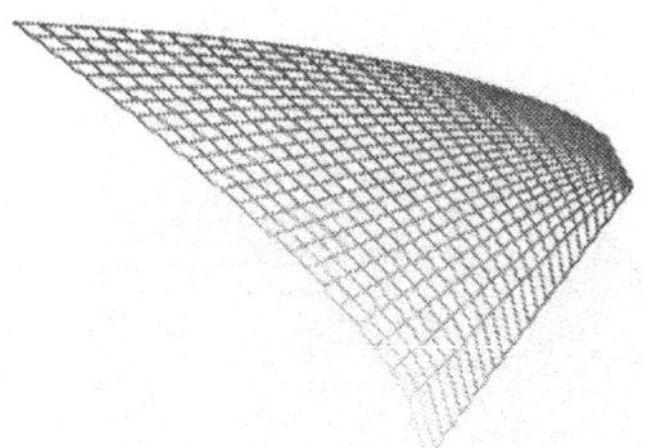

Parametrisierte Zeichnungen

Manche Oberflächen, zum Beispiel die Kugel, können Sie nicht explizit als $z = f(x, y)$ spezifizieren. Wie bei den zweidimensionalen Graphen (siehe *Parametrisierte Zeichnungen* auf Seite 101) ist eine Lösung eine *parametrisierte* Zeichnung. Wandeln Sie die drei Koordinaten x, y und z in Funktionen mit zwei Parametern, zum Beispiel s und t, um. Mit der folgenden Syntax können Sie parametrisierte dreidimensionale Zeichnungen spezifizieren.

```
plot3d( [ x-Ausdruck, y-Ausdruck, z-Ausdruck ],
    Parameter1=Bereich, Parameter2=Bereich )
```

Es folgen zwei Beispiele:

```
> plot3d( [ sin(s), cos(s)*sin(t), sin(t) ],
>     s=-Pi..Pi, t=-Pi..Pi );
```

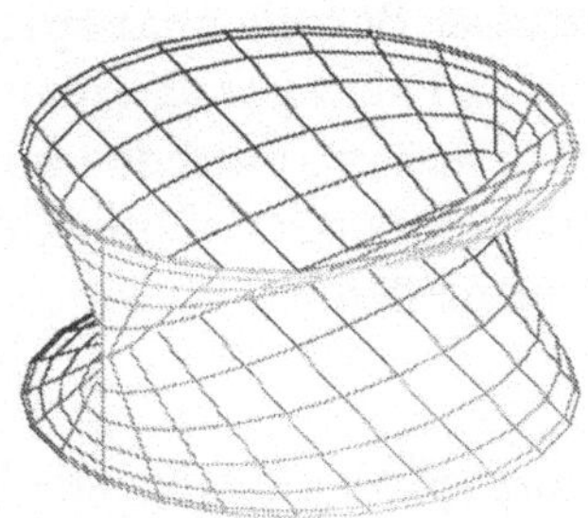

```
> plot3d( [ s*sin(s)*cos(t), s*cos(s)*cos(t), s*sin(t) ],
>     s=0..2*Pi, t=0..Pi, style=patch );
```

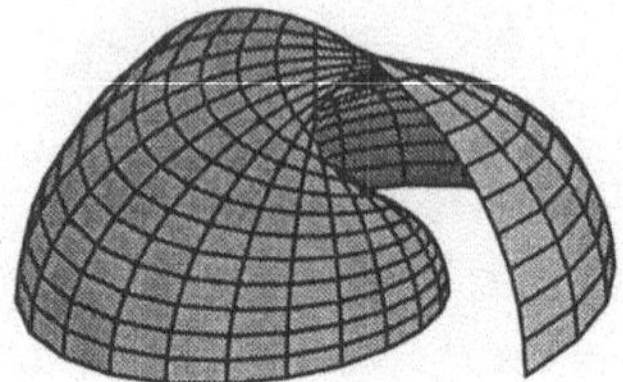

Sphärische Koordinaten

Das kartesische (gewöhnliche) Koordinatensystem ist nur eines von vielen Koordinatensystemen in drei Dimensionen. Im sphärischen Koordinatensystem sind die drei Koordinaten der Abstand r zu dem Ursprung, der Winkel θ in der x-y-Ebene zur x-Achse und der Winkel ϕ zur z-Achse.

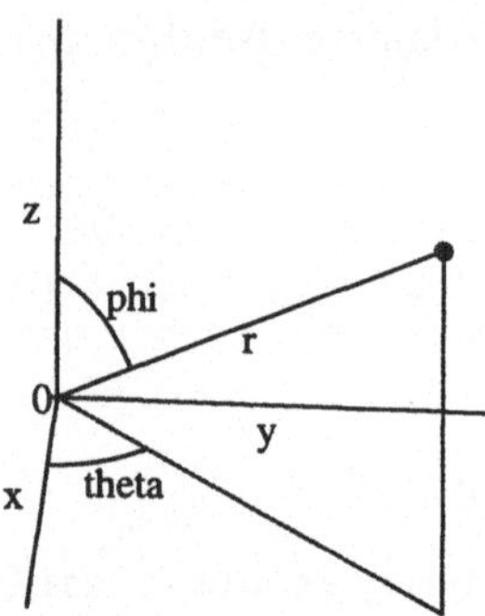

Maple kann eine Funktion in sphärischen Koordinaten mit Hilfe des Befehls `sphereplot` zeichnen. Der Befehl `sphereplot` ist in dem Paket `plots` definiert. Also müssen Sie das Paket `plots` laden, falls Sie es nicht bereits getan haben, bevor Sie `sphereplot` anwenden können. Benutzen Sie einen Doppelpunkt anstelle des Strichpunkts, um das Auflisten aller Anweisungen des Pakets `plots` zu vermeiden.

```
> with(plots):
```

Sie können den Befehl `sphereplot` auf folgende Weise anwenden:

`sphereplot(` *r-Ausdruck*, *theta=Bereich*, *phi=Bereich* `)`

Der Graph von $r = (4/3)^\theta \sin\phi$ sieht folgendermaßen aus:

```
> sphereplot( (4/3)^theta * sin(phi),
>    theta=-1..2*Pi, phi=0..Pi );
```

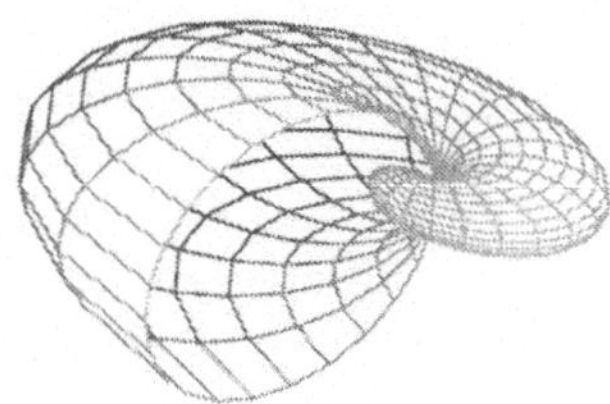

Das Zeichnen einer Kugel ist in sphärischen Koordinaten einfach: Spezifizieren Sie den Radius, vielleicht 1, lassen Sie θ um den Äquator und ϕ vom Nordpol ($\phi - 0$) zum Südpol ($\phi = \pi$) laufen.

```
> sphereplot( 1, theta=0..2*Pi, phi=0..Pi,
>   scaling=constrained );
```

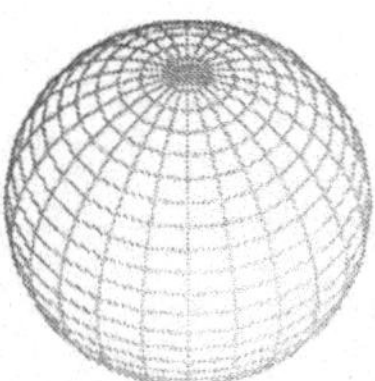

(Siehe *Graphische Darstellung in zwei Dimensionen* auf Seite 99 für eine Diskussion über das Zeichnen mit oder ohne gleichem Maßstab.)

Der Befehl `sphereplot` akzeptiert auch parametrisierte Zeichnungen, d.h. Sie geben den Radius und beide Winkel-Koordinaten in Abhängigkeit von zwei Parametern, zum Beispiel s und t, an. Die Syntax ähnelt einer parametrisierten Zeichnung in kartesischen (gewöhnlichen) Koordinaten. Siehe den Abschnitt *Parametrisierte Zeichnungen* auf Seite 117.

```
sphereplot( [ r-Ausdruck, theta-Ausdruck, phi-Ausdruck ],
     Parameter1=Bereich, Parameter2=Bereich )
```

Hier ist $r = \exp(s) + t$, $\theta = \cos(s + t)$ und $\phi = t^2$.

```
> sphereplot( [ exp(s)+t, cos(s+t), t^2 ],
>             s=0..2*Pi, t=-2..2 );
```

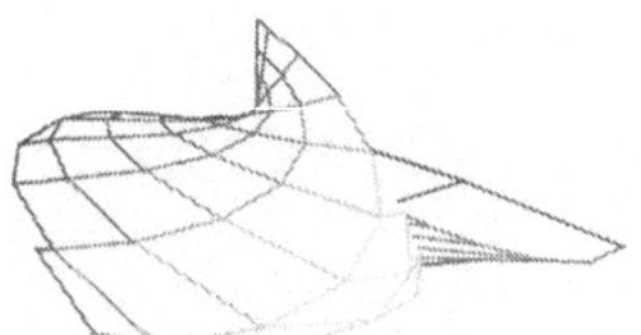

Zylindrische Koordinaten

Spezifizieren Sie einen Punkt im *zylindrischen Koordinatensystem*, indem Sie die Koordinaten r, θ und z verwenden. r und θ sind hier Polarkoordinaten (siehe *Polarkoordinaten* auf Seite 103) in der x–y–Ebene und z ist die übliche kartesische z-Koordinate.

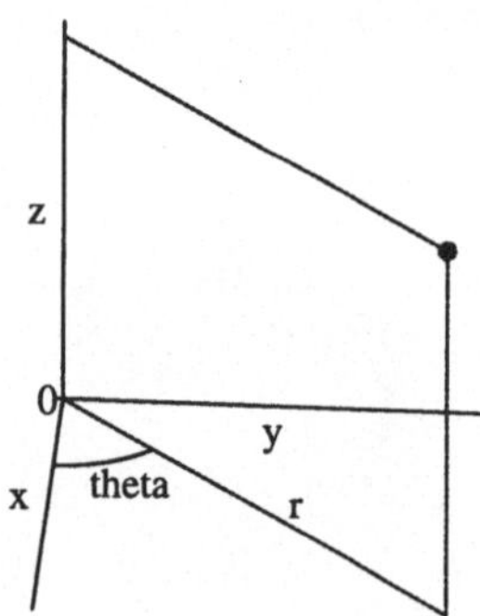

Maple zeichnet Funktionen mit dem Befehl `cylinderplot` in zylindrischen Koordinaten. Der Befehl `cylinderplot` wird im Paket `plots`, das Sie zuerst laden müssen, definiert.

```
> with(plots):
```

Mit Hilfe der folgenden Syntax können Sie Graphen in zylindrischen Koordinaten zeichnen.

`cylinderplot(` *r-Ausdruck*, *Winkel=Bereich*, *z=Bereich* `)`

Hier ist eine dreidimensionale Version der in *Polarkoordinaten* auf Seite 103 gezeigten Spirale.

```
> cylinderplot( theta, theta=0..4*Pi, z=-1..1 );
```

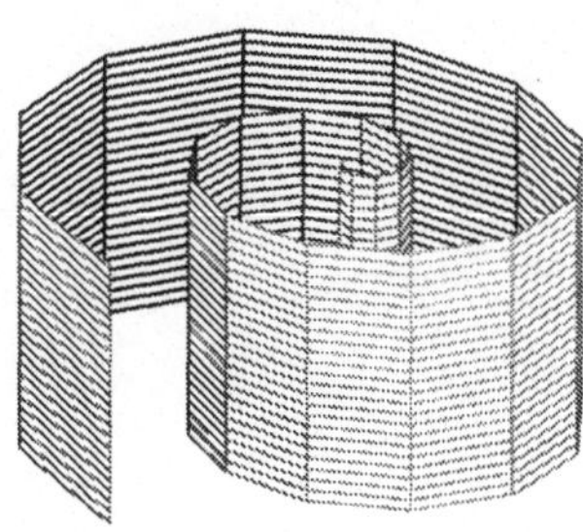

Kegel sind in zylindrischen Koordinaten leicht zu zeichnen: Es sei r gleich z und θ laufe um den Kreis.

```
> cylinderplot( z, theta=0..2*Pi, z=0..1 );
```

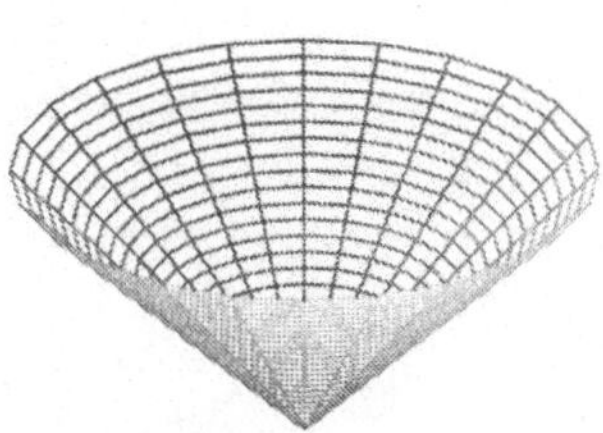

`cylinderplot` akzeptiert auch parametrisierte Zeichnungen. Die Syntax ähnelt der Syntax parametrisierter Zeichnungen im kartesischen (gewöhnlichen) Koordinatensystem. Siehe *Parametrisierte Zeichnungen* auf Seite 117.

```
cylinderplot( [ r-Ausdruck, theta-Ausdruck, z-Ausdruck ],
    Parameter1=Bereich, Parameter2=Bereich )
```

Es folgt eine Zeichnung von $r = st$, $\theta = s$ und $z = \cos(t^2)$.

```
> cylinderplot( [s*t, s, cos(t^2)], s=0..Pi, t=-2..2 );
```

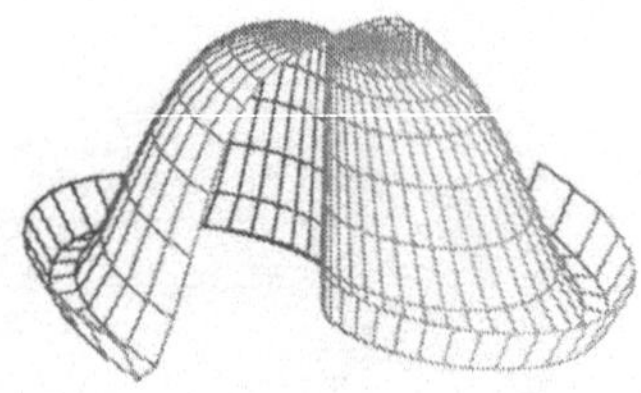

Verfeinern von Zeichnungen

Falls Ihre Zeichnung nicht so fließend wie gewünscht ist, weisen Sie Maple an, mehr Punkte zu berechnen. Die dafür benötigte Option ist

```
grid=[m, n]
```

wobei *m* die Anzahl der zu verwendenden Punkte für die erste Koordinate und *n* die Anzahl der zu verwendenden Punkte für die zweite Koordinate ist.

```
> plot3d( sin(x)*cos(y), x=0..3*Pi, y=0..3*Pi, grid=[50,50] );
```

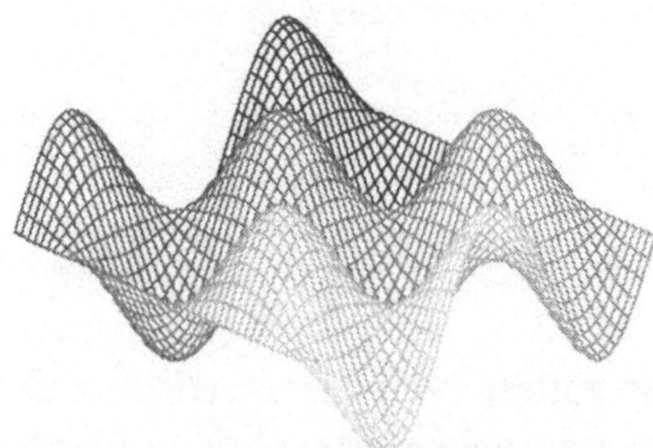

Im nächsten Beispiel läßt eine große Anzahl von Punkten (100) für die erste Koordinate (`theta`) die Spirale fließend aussehen. In z-Richtung verändert sich die Funktion jedoch nicht, so daß eine kleine Anzahl von Punkten (5) ausreicht.

```
> cylinderplot( theta, theta=0..4*Pi, z=-1..1, grid=[100,5] );
```

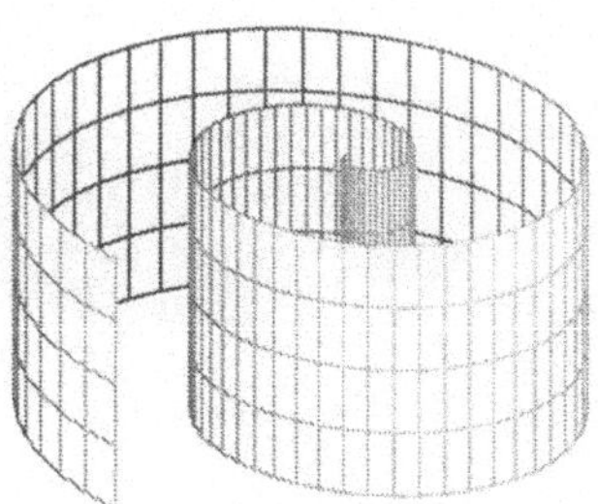

Das Standard-`Drahtrahmenmodell` ist ungefähr 25 mal 25 Punkte.

Schattieren und Beleuchten

Zur Schattierung einer Oberfläche in einer dreidimensionalen Zeichnung sind zwei Methoden verfügbar. In der einen Methode beleuchten eine oder mehrere verschiedenfarbige Lichtquellen die Oberfläche. In der zweiten Methode ist die Farbe jedes Punktes eine direkte Funktion ihrer Koordinaten.

Maple hat eine Anzahl vorgewählter Lichtquellen-Konfigurationen, die ästhetisch angenehme Ergebnisse liefern. Sie können eine dieser Lichtquellen mit Hilfe der Menüs oder der Option `lightmodel` auswählen. Zur direkten Änderung des Farbverlaufs der Oberfläche ist auch eine Anzahl vordefinierter Farbfunktionen durch die Menüs oder die Option `shading` verfügbar.

Die simultane Verwendung von Lichtquellen und die direkte Änderung des Farbverlaufs können die resultierende Färbung komplizierter machen. Verwenden Sie daher entweder Lichtquellen *oder* die direkte Änderung des Farbverlaufs. Hier ist eine Oberfläche, deren Farbverlauf mit der Einstellung `zgrayscale` für `shading` und ohne Beleuchtung festgelegt wurde.

```
> plot3d( x*y^2/(x^2+y^4), x=-5..5,y=-5..5, style=patch,
```

```
>     shading=zgrayscale, lightmodel=none );
```

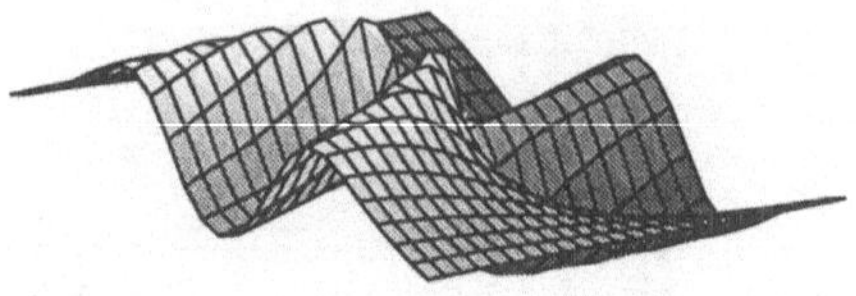

Es folgt die gleiche Oberfläche beleuchtet durch das Beleuchtungsschema `light1` und ohne Schattierung.

```
> plot3d( x*y^2/(x^2+y^4), x=-5..5,y=-5..5, style=patch,
>     shading=none, lightmodel=light1 );
```

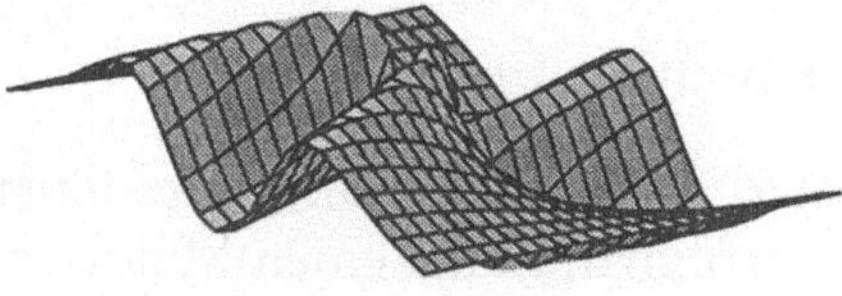

Die Zeichnungen sind in diesem Buch schwarz-weiß. Versuchen Sie sie selbst, um die Effekte in Farbe zu sehen.

4.3 Animation

Die graphische Darstellung ist eine exzellente Repräsentation von Informationen. Statische Zeichnungen heben jedoch bestimmtes graphisches Verhalten, wie die Deformation eines Balls, nicht immer genauso gut hervor wie ihre animierten Gegenstücke.

Eine Maple-Animation ist eine Folge von Einzelbildern, die schnell nacheinander angezeigt werden, ähnlich der Bewegung von Kinobildern.

Die zwei für Animationen verfügbaren Befehle `animate` und `animate3d` werden in dem Paket `plots` definiert. Vergessen Sie nicht, dieses Paket vor der Anwendung eines seiner Befehle mit dem Befehl `with` zu laden.

Animation in zwei Dimensionen

Eine zweidimensionale Animation können Sie mit der folgenden Syntax spezifizieren.

```
animate( y-Ausdruck, x=Bereich, time=Bereich )
```

Es folgt ein Beispiel einer Animation.

```
> with(plots):
```

```
> animate( sin(x*t), x=-10..10, t=1..2 );
```

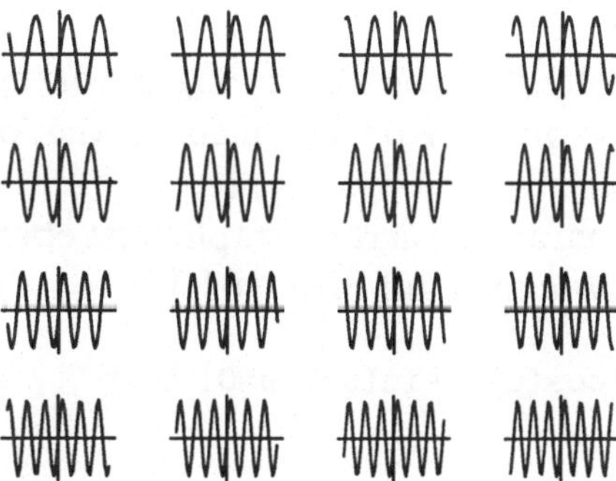

Das Animationsfenster hat ähnliche Tasten wie ein Kassettenrecorder; drücken Sie die Abspieltaste (die Taste mit einem einzelnen Dreieck), um die Animation zu starten.

Standardmäßig besteht eine zweidimensionale Animation aus sechzehn einzelnen Zeichnungen (`frames`). Weisen Sie Maple an, mehr Einzelbilder zu erzeugen, falls die Bewegung ruckelt.

```
> animate( sin(x*t), x=-10..10, t=1..2, frames=50);
```

Die üblichen `plot`-Optionen sind ebenfalls verfügbar.

```
> animate( sin(x*t), x=-10..10, t=1..2,
>     frames=50, numpoints=100 );
```

Jede zweidimensionale Animation können Sie als eine dreidimensionale statische Zeichnung darstellen. Versuchen Sie zum Beispiel die obige Animation von $\sin(xt)$ als eine Oberfläche zu zeichnen.

```
> plot3d( sin(x*t), x=-10..10, t=1..2, grid=[50,100],
>        orientation=[135,45], axes=boxed );
```

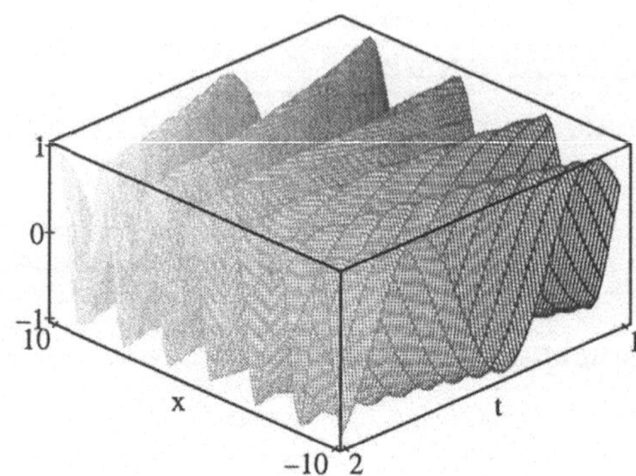

Ob Sie eine Animation oder eine Zeichnung bevorzugen, ist Geschmackssache und hängt auch von den Konzepten ab, die die Animation oder Zeichnung vermitteln soll.

Die Animierung parametrisierter Graphen ist ebenfalls möglich. (Siehe *Parametrisierte Zeichnungen* auf Seite 101.)

```
> animate( [ a*cos(u), sin(u), u=0..2*Pi ], a=0..2 );
```

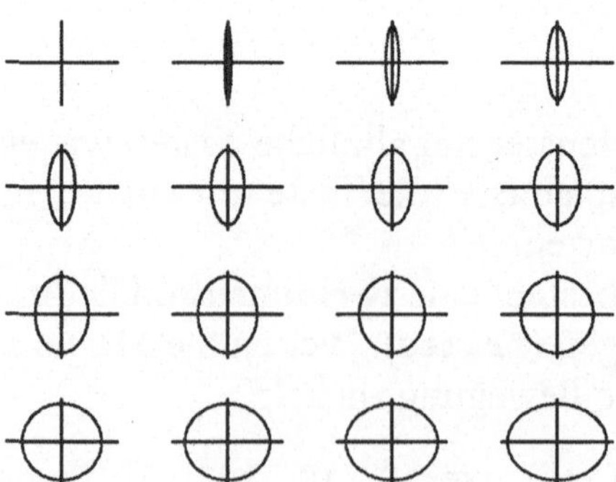

Die Option **coords** weist **animate** an, ein anderes als das kartesische (gewöhnliche) Koordinatensystem zu verwenden.

```
> animate( theta*t, theta=0..8*Pi, t=1..4, coords=polar );
```

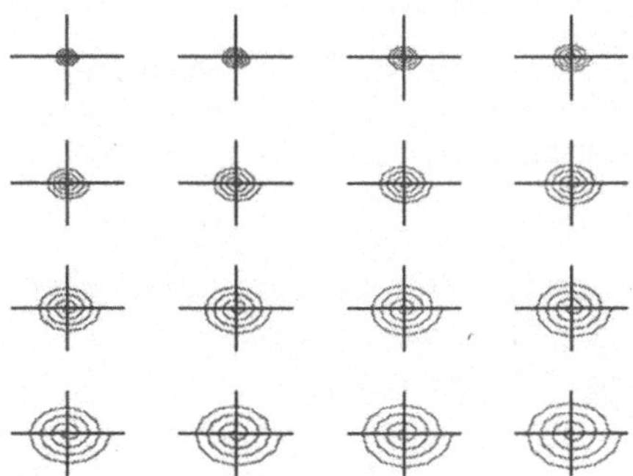

Es ist schwierig, Animationen in einem Buch zu zeigen, da Standbilder nicht das gleiche graphische Verhalten vermitteln können wie jene in einem Film. Sie sollten deshalb die hier vorgeschlagenen Befehle selbst in Maple eingeben, um ein besseres Verständnis zu erhalten.

Animation in drei Dimensionen

Verwenden Sie `animate3d`, um Oberflächen im dreidimensionalen Raum zu animieren. Sie können den Befehl `animate3d` folgendermaßen benutzen:

> `animate3d(` *z-Ausdruck*, *x=Bereich*, *y=Bereich*, *Zeit=Bereich* `)`

Es folgt ein Beispiel einer dreidimensionalen Animation.

```
> animate3d( cos(t*x)*sin(t*y),
>            x=-Pi..Pi, y=-Pi..Pi, t=1..2 );
```

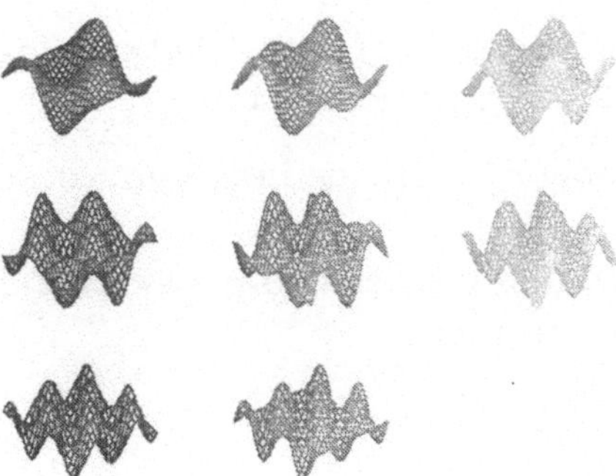

Eine dreidimensionale Animation besteht standardmäßig aus acht Zeichnungen. Wie bei den zweidimensionalen Animationen legt die Option `frames` fest, wie viele Einzelbilder Maple erzeugen soll.

```
> animate3d( cos(t*x)*sin(t*y), x=-Pi..Pi, y=-Pi..Pi, t=1..2,
>     frames=16 );
```

Der Abschnitt *Parametrisierte Zeichnungen* auf Seite 117 beschreibt dreidimensionale parametrisierte Zeichnungen. Sie können auch diese animieren.

```
> animate3d( [s*time, t-time, s*cos(t*time)],
>     s=1..3, t=1..4, time=2..4,
>     style=patch, axes=boxed);
```

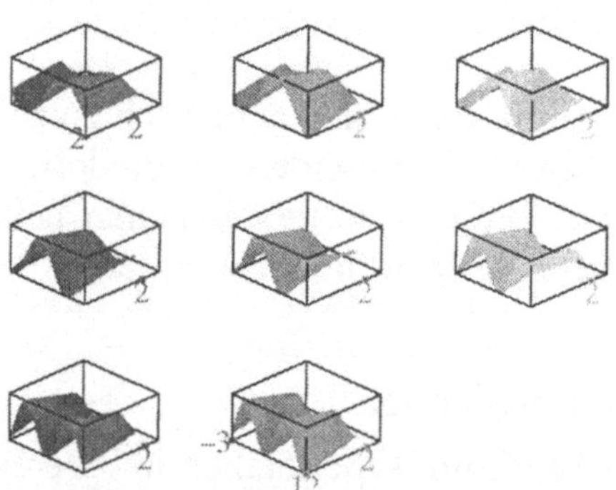

Um eine Funktion in einem anderen Koordinatensystem als dem kartesischen zu animieren, sollten Sie die Option `coords` setzen. Verwenden Sie die Einstellung `coords=spherical` für sphärische Koordinaten.

```
> animate3d( (1.3)^theta * sin(t*phi), theta=-1..2*Pi,
>    phi=0..Pi, t=1..8, coords=spherical );
```

Setzen Sie `coords=cylindrical` für zylindrische Koordinaten.

```
> animate3d( sin(theta)*cos(z*t), theta=1..3, z=1..4,
>     t=1/4..7/2, coords=cylindrical );
```

Siehe `?plots,changecoords` für eine Liste von Koordinatensystemen, die Maple bekannt sind.

Bitte beachten Sie, daß die Berechnung vieler Einzelbilder manchmal viel Zeit und Speicher erfordert.

4.4 Annotationen für Zeichnungen

Das Hinzufügen von Textannotationen zu Zeichnungen ist in vielfältiger Weise möglich. Die Option `title` gibt den angegebenen Titel im Zeichenfenster zentriert und im oberen Teil aus.

```
> plot( sin(x), x=-2*Pi..2*Pi, title=Plot of Sine );
```

Plot of Sine

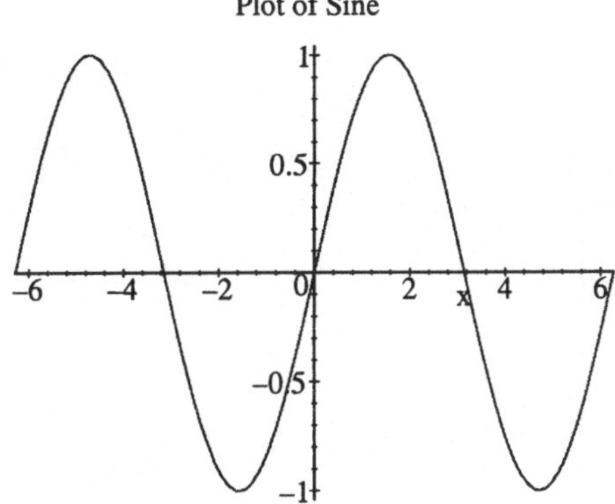

Beachten Sie, daß Sie ein einfaches rückwärtiges Anführungszeichen (`) an beiden Enden des Textes setzen müssen, wenn Sie den Titel angeben. Dies ist sehr wichtig. Maple verwendet einfache rückwärtige Anführungszeichen zum Abgrenzen von Zeichenketten. Es betrachtet alles, was zwischen den einfachen rückwärtigen Anführungszeichen erscheint, als nicht weiter zu bearbeitendes Textstück. Sie können Schriftart, Stil und Größe des Titels mit der Option `titlefont` spezifizieren. Siehe `?plot,options` oder `?plot3d,options`.

```
> with(plots):
> sphereplot( 1, theta=0..2*Pi, phi=0..Pi,
>    scaling=constrained, title=The Sphere,
>    titlefont=[TIMES, BOLD, 16] );
```

The Sphere

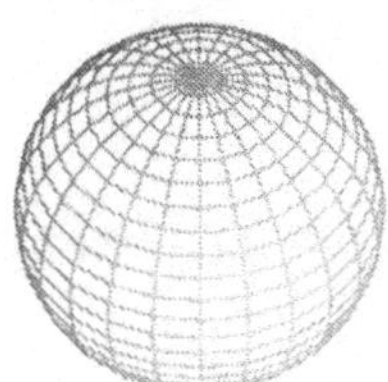

Die Option `labels` ermöglicht Ihnen die Beschriftung der Achsen, und die Option `labelsfont` gibt Ihnen Kontrolle über Schriftart und Stil der Beschriftung. Beachten Sie, daß die Beschriftungen nicht den Variablen des gezeichneten Ausdrucks entsprechen müssen.

```
> plot( x^2, x=0..4, labels=[time, velocity] );
```

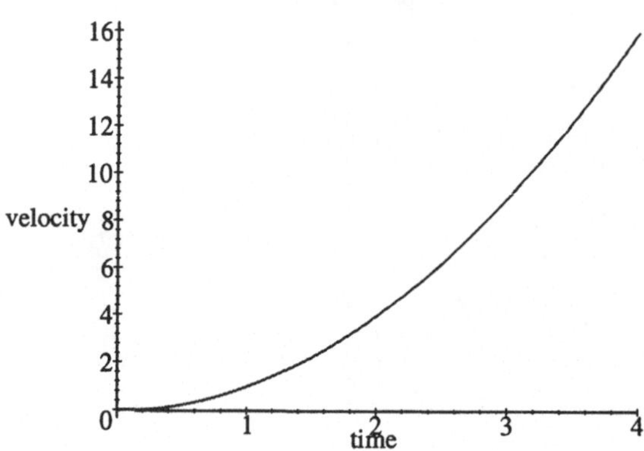

Beschriftungen können Sie nur dann ausgeben, wenn Ihre Zeichnung die Achsen anzeigt. Bei dreidimensionalen Graphen enthält die Standardeinstellung keine Achsen; fordern Sie die Achsen explizit an.

```
> plot3d( sin(x*y), x=-1..1, y=-1..1,
>     labels=[length, width, height], axes=FRAMED );
```

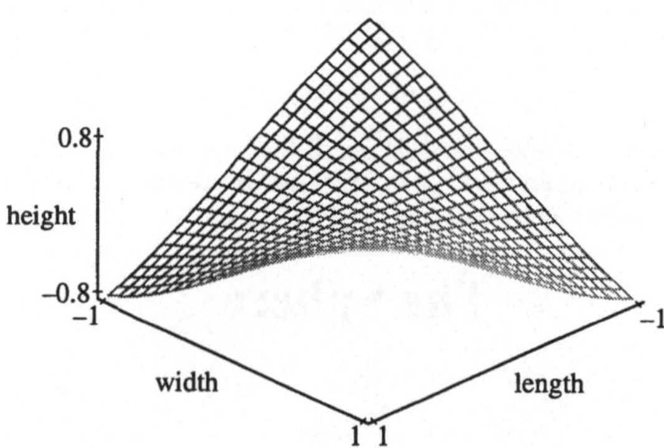

Siehe auch *Setzen von Text in Zeichnungen* auf Seite 132.

4.5 Zusammengesetzte Zeichnungen

Maple ermöglicht Ihnen, verschiedene Zeichnungen simultan anzuzeigen, nachdem Sie den einzelnen Zeichnungen Namen zugewiesen haben. Da die Strukturen für Zeichnungen üblicherweise groß sind, sollten Sie die Zuweisungen mit Doppelpunkt (statt Strichpunkt) beenden.

```
> my_plot := plot( sin(x), x=-10..10 ):
```

Nun können Sie die Zeichnungen zur späteren Anwendung wie jeden anderen Ausdruck speichern. Zeigen Sie die Zeichnung mit dem im Paket `plots` definierten Befehl `display` an.

```
> with(plots):
> display( my_plot );
```

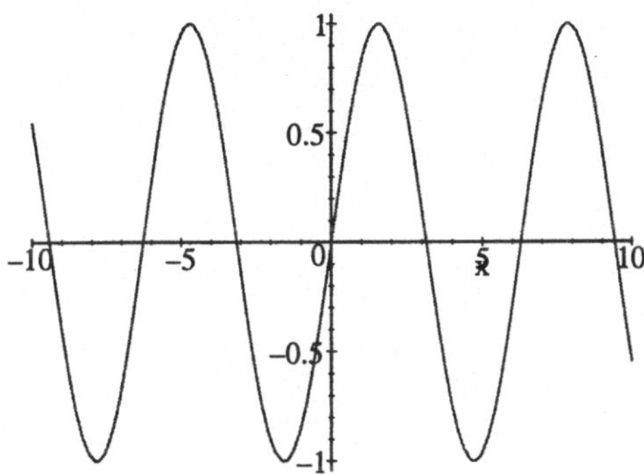

Der Befehl `display` kann verschiedene Zeichnungen gleichzeitig darstellen. Geben Sie einfach eine Liste von Zeichnungen an.

```
> a := plot( [ sin(t), exp(t)/20, t=-Pi..Pi ] ):
> b := polarplot( [ sin(t), exp(t), t=-Pi..Pi ] ):
> display( [a,b] );
```

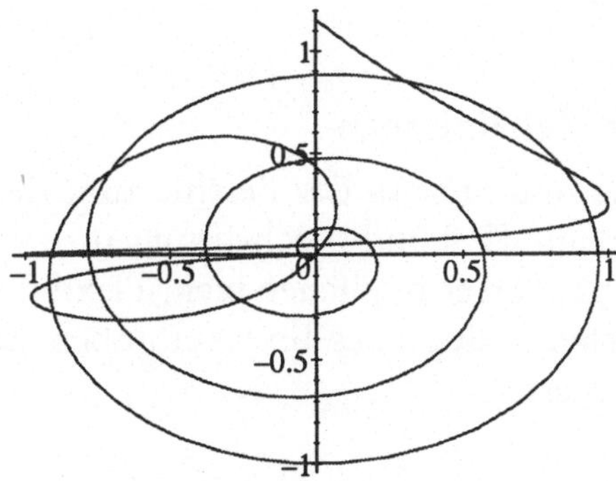

Diese Technik ermöglicht Ihnen, verschiedenartige Zeichnungen im gleichen Koordinatensystem anzuzeigen. Sie können auch dreidimensionale Zeichnungen und Animationen anzeigen.

```
> c := sphereplot( 1, theta=0..2*Pi, phi=0..Pi ):
> d := cylinderplot( 0.5, theta=0..2*Pi, z=-2..2 ):
> display( [c,d], scaling=constrained );
```

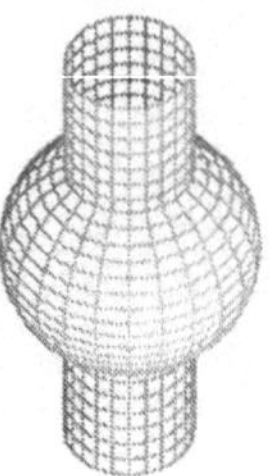

```
> e := animate( m*x, x=-1..1, m=-1..1 ):
```

```
> display( [b,e] );
```

Wenn Sie zwei oder mehrere Animationen mit `display` zusammen anzeigen möchten, stellen Sie sicher, daß sie die gleiche Anzahl von Einzelbildern (`frames`) haben.

```
> f := animate3d( sin(x+y+t), x=0..2*Pi, y=0..2*Pi, t=0..5,
>       frames=20 ):
> g := animate3d( t, x=0..2*Pi, y=0..2*Pi, t=-1.5..1.5,
>       frames=20):
```

```
> display( [f,g] );
```

Setzen von Text in Zeichnungen

Die Optionen `title` und `labels` der Befehle zum Zeichnen ermöglichen Ihnen, Ihre Graphen mit Titel und Beschriftungen zu versehen. Die Befehle `textplot` und `textplot3d` ermöglichen mehr Flexibilität, indem Sie Ihnen die Angabe der exakten Position des Textes erlauben. Beide Befehle werden im Paket `plots` definiert.

```
> with(plots):
```

Sie können `textplot` und `textplot3d` folgendermaßen verwenden:

```
textplot( [ x-Koord, y-Koord, Text ] );
textplot3d( [ x-Koord, y-Koord, z-Koord, Text] );
```

Zum Beispiel:

```
> a := plot( sin(x), x=-Pi..Pi ):
> b := textplot( [ Pi/2, 1, Local Maximum ] ):
> c := textplot( [ -Pi/2, -1, Local Minimum ] ):
> display( [a,b,c], title=The Sine Curve );
```

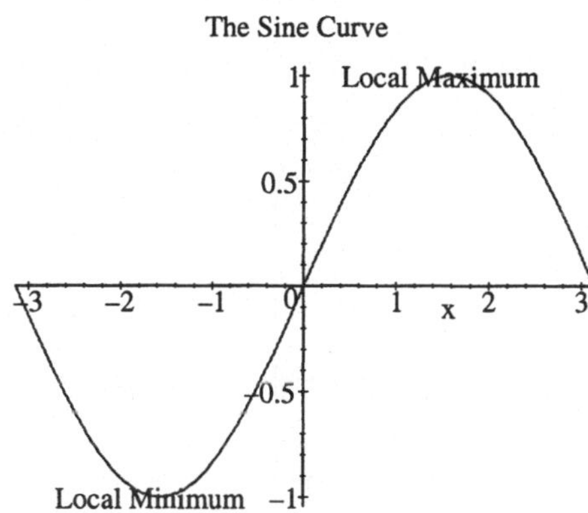

Siehe `?plots,textplot` für Details zur Feineinstellung des Setzens von Text. Verwenden Sie die Option `font` zur Angabe der Schriftart, die `textplot` und `textplot3d` benutzen sollen.

```
> d := plot3d( x^2-y^2, x=-1..1, y=-1..1 ):
> e := textplot3d( [0, 0, 0, A Saddle Point],
>       font=[TIMES, 9], color=black ):
> display( [d,e], orientation=[68,45] );
```

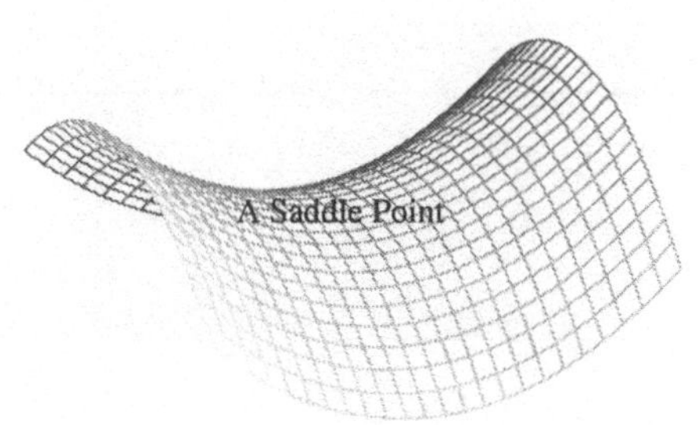

4.6 Spezialtypen von Zeichnungen

Das Paket `plots` enthält viele Routinen zur Generierung spezieller Graphiktypen.

Hier ist eine Auswahl von Beispielen; siehe `?plots,`*command* für weitere Erklärungen zu einem bestimmten Zeichenbefehl.

```
> with(plots):
```

Zeichnen Sie implizit definierte Funktionen mit `implicitplot`.

```
> implicitplot( x^2+y^2=1, x=-1..1, y=-1..1 );
```

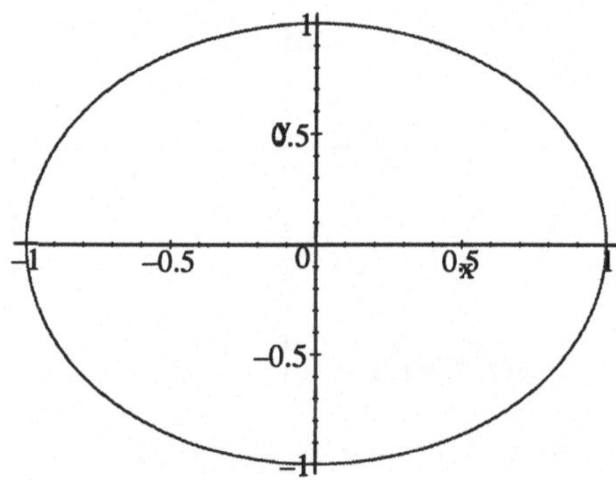

Nachfolgend ist die Zeichnung des Bereichs, der die Ungleichung $x+y < 5$, $0 < x$ und $x \leq 4$ erfüllt.

```
> inequal( {x+y<5, 0<x, x<=4}, x=-1..5, y=-10..10,
>    optionsexcluded=(color=yellow) );
```

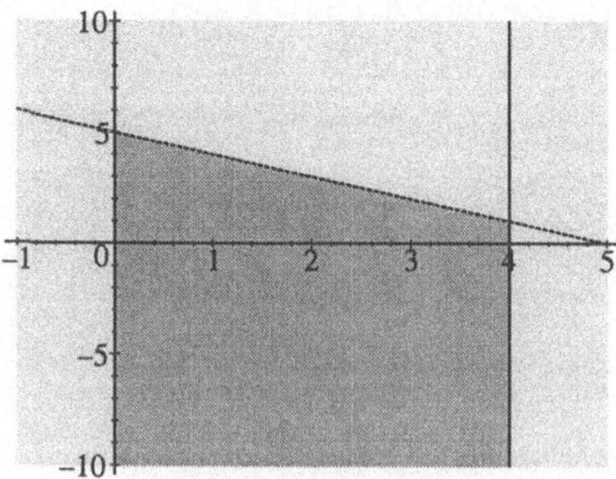

Hier hat die vertikale Achse eine logarithmische Skala.

```
> logplot( 10^x, x=0..10 );
```

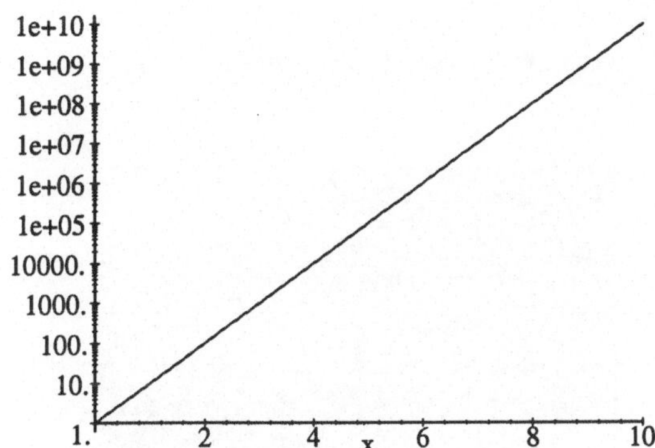

Eine Zeichnung mit `semilogplot` hat eine logarithmische horizontale Achse.

```
> semilogplot( 2^(sin(x)), x=1..10 );
```

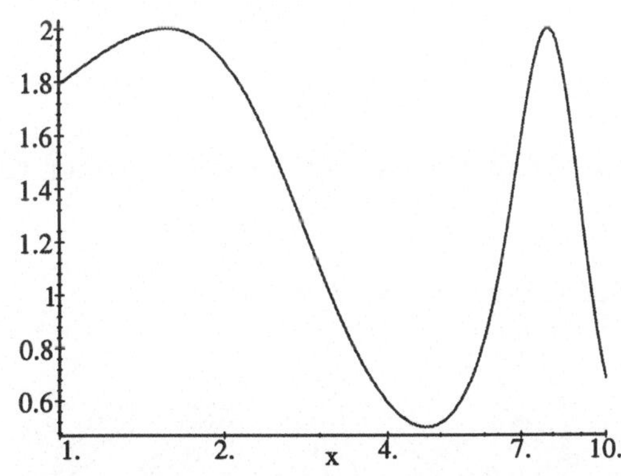

Maple kann auch Zeichnungen erzeugen, in denen beide Achsen logarithmische Skalen haben.

```
> loglogplot( x^17, x=1..7 );
```

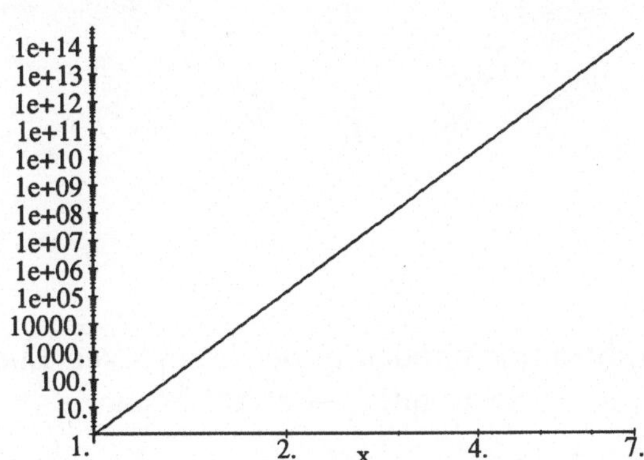

In der Zeichnung mit `densityplot` deutet leichteres Schattieren einen größeren Funktionswert an.

```
> densityplot( sin(x*y), x=-1..1, y=-1..1 );
```

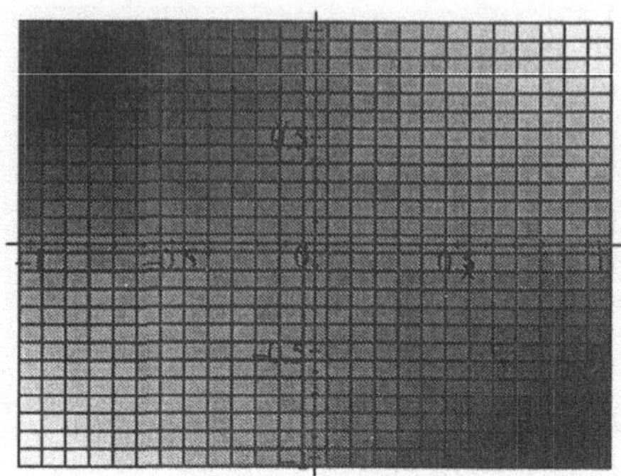

Entlang der folgenden Kurven ist $\sin(xy)$ wie in einer topographischen Karte konstant.

```
> contourplot(sin(x*y),x=-3..3,y=-3..3);
```

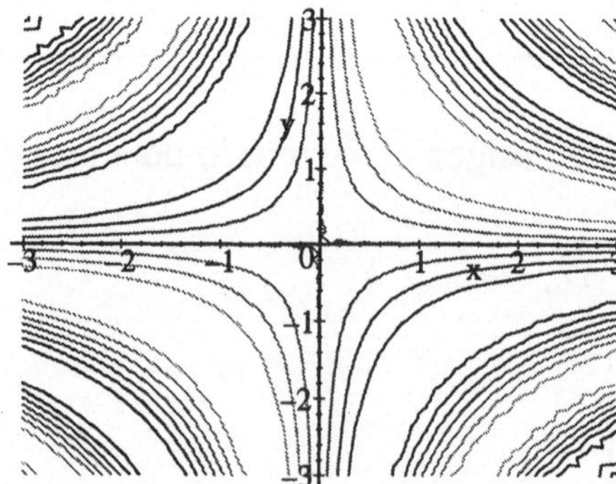

Ein rechteckiges Drahtrahmenmodell in der komplexen Ebene wird zum folgenden Graphen, wenn Sie es mit $z \mapsto z^2$ abbilden.

```
> conformal( z^2, z=0..2+2*I );
```

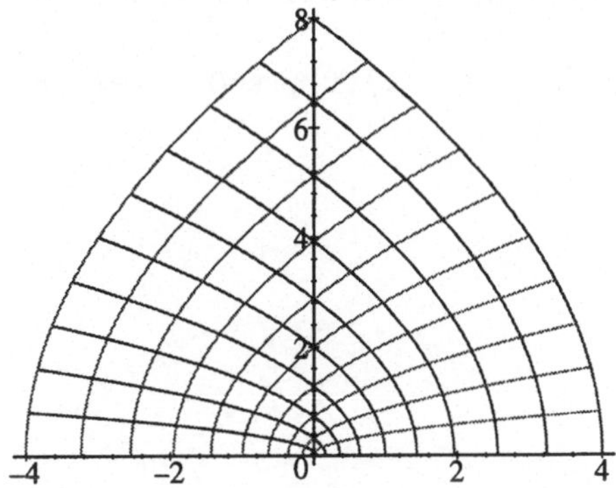

Der Befehl `fieldplot` zeichnet den gegebenen Vektor für viele `x`- und `y`-Werte, d.h. es zeichnet ein Vektorfeld wie zum Beispiel ein magnetisches Feld.

```
> fieldplot( [y*cos(x*y), x*cos(x*y)], x=-1..1, y=-1..1);
```

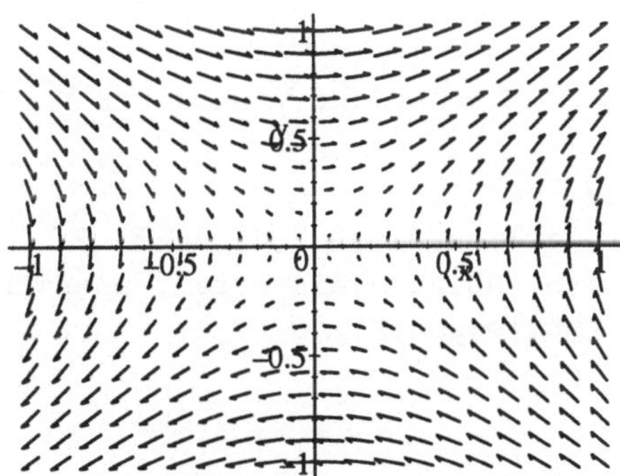

Maple kann Kurven im dreidimensionalen Raum zeichnen.

```
> spacecurve( [cos(t),sin(t),t], t=0..4*Pi );
```

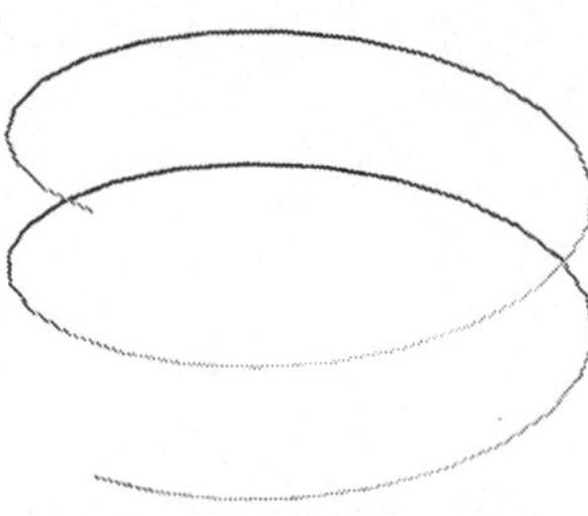

Hier bläht Maple die obige Raumkurve auf, um einen Tubus zu formen.

```
> tubeplot( [cos(t),sin(t),t], t=0..4*Pi, radius=0.5 );
```

Der Befehl `matrixplot` zeichnet die Werte einer Matrix.

```
> A := linalg[hilbert](8):
> B := linalg[toeplitz]([1,2,3,4,-4,-3,-2,-1]):
> matrixplot( A+B, heights=histogram, axes=frame,
>    gap=0.25, style=patch);
```

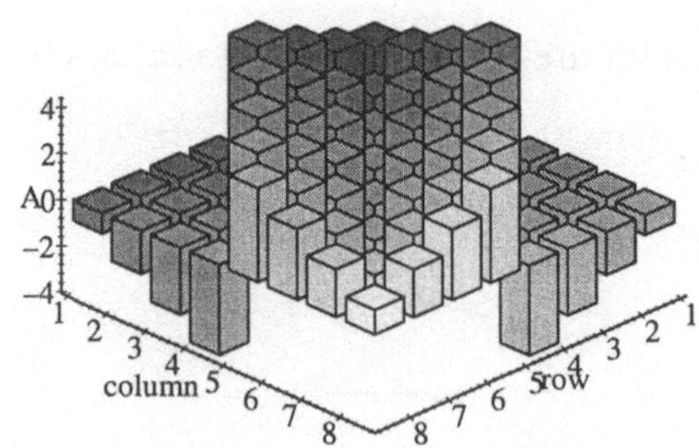

Es folgt ein Beispiel für ein Wurzeldiagramm in der Gaußschen Ebene.

```
> rootlocus( (s^5-1)/(s^2+1), s, -5..5, style=point,
```

```
>     adaptive=false );
```

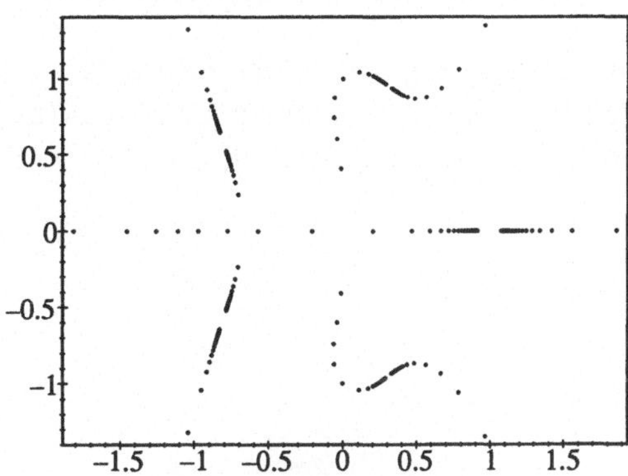

Die Eingabe von ?plots liefert Ihnen eine Auflistung weiterer verfügbarer Typen von Zeichnungen.

4.7 Manipulieren von graphischen Objekten

Das Paket plottools enthält Befehle zur Erzeugung graphischer Objekte und Manipulation Ihrer Zeichnungen. Laden Sie dieses Paket, bevor Sie die Befehle verwenden.

```
> with(plottools):
```

Die Objekte des Pakets plottools werden nicht von selbst angezeigt; Sie müssen den im Paket plots definierten Befehl display verwenden, den Sie ebenfalls laden müssen.

```
> with(plots):
```

Nun sind Sie bereit für ein Beispiel.

```
> display( dodecahedron(), scaling=constrained, style=patch );
```

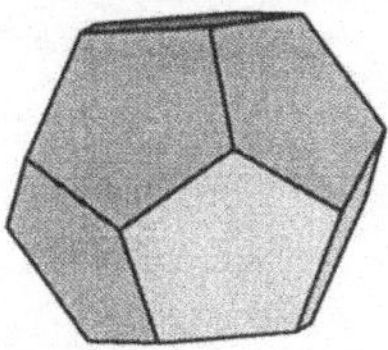

Geben Sie einen Objektnamen an.

```
> s1 := sphere( [3/2,1/4,1/2], 1/4, color=red):
```

Beachten Sie, daß die Zuweisung mit einem Doppelpunkt endet; wenn Sie ein Semikolon verwenden, gibt Maple eine große Struktur für Zeichnungen aus. Sie müssen erneut `display` verwenden, um die Zeichnung zu sehen.

```
> display( s1 );
```

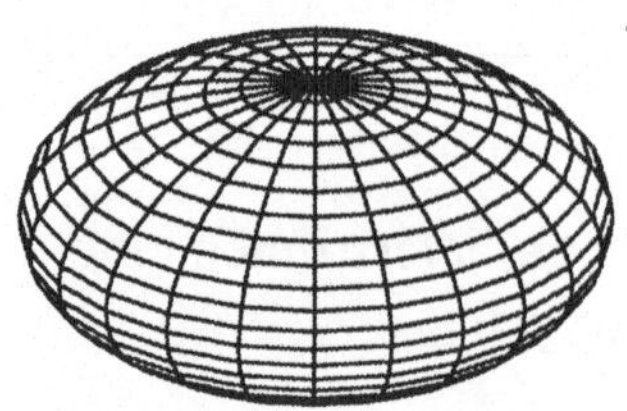

Setzen Sie eine zweite Kugel in das Bild, und fügen Sie Achsen ein.

```
> s2 := sphere( [3/2,-1/4,1/2], 1/4, color=red):
> display( [s1, s2], axes=normal );
```

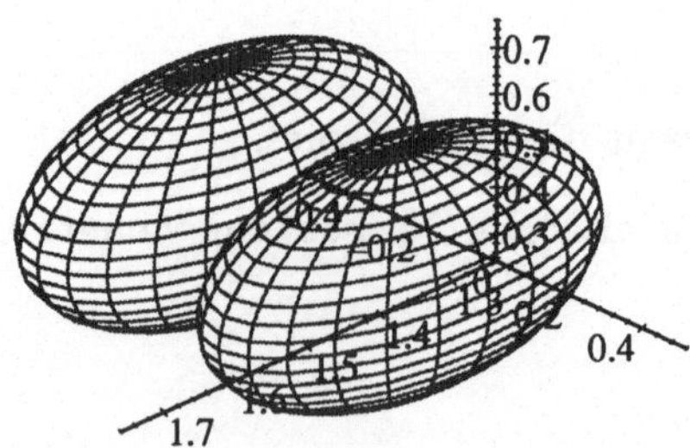

Mit dem Paket `plottools` können Sie auch Kegel erzeugen.

```
> c := cone([0,0,0], 1/2, 2, color=khaki):
```

```
> display( c, axes=normal );
```

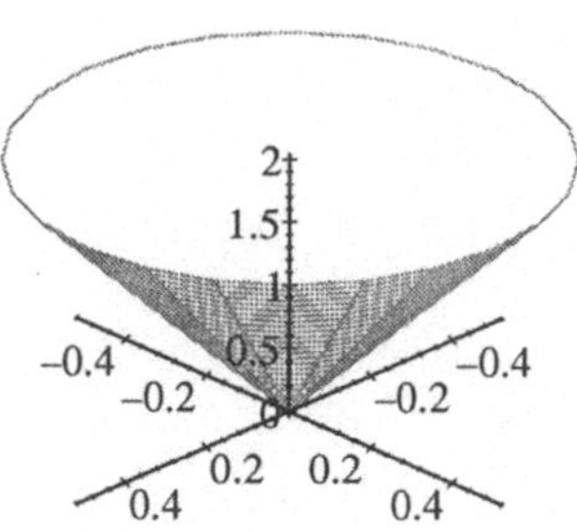

Experimentieren Sie mit den Rotationsmöglichkeiten von Objekten in Maple.

```
> c2 := rotate( c, 0, Pi/2, 0 ):
> display( c2, axes=normal );
```

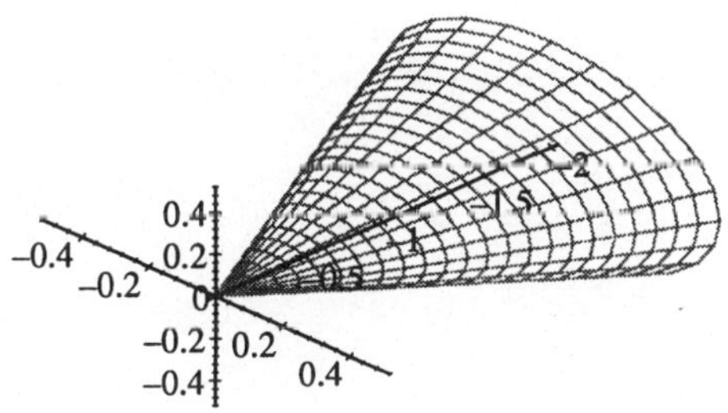

Die Verschiebung von Objekten ist eine weitere Option.

```
> c3 := translate( c2, 3, 0, 1/4 ):
> display( c3, axes=normal );
```

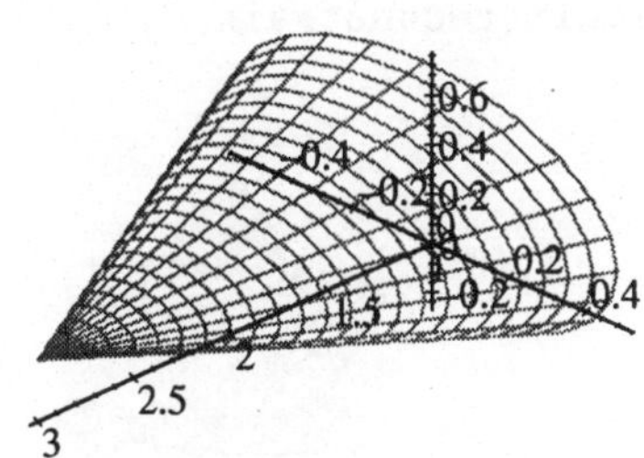

Der Befehl hemisphere erzeugt eine Halbkugel. Sie können den Radius und die Koordinaten des Mittelpunkts spezifizieren. Lassen Sie ansonsten die runden Klammern leer, um die Voreinstellung zu akzeptieren.

```
> cup := hemisphere():
> display( cup );
```

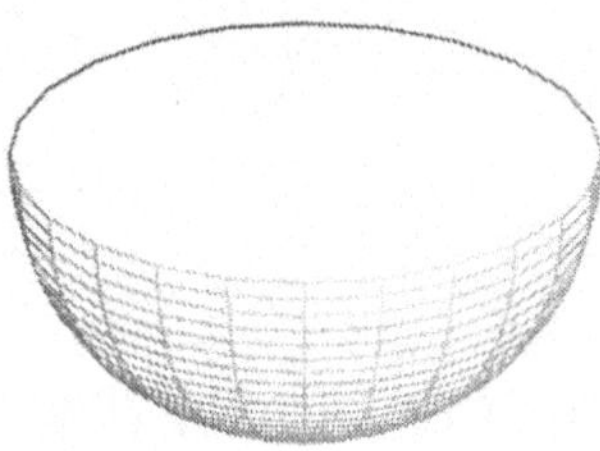

```
> cap := rotate( cup, Pi, 0, 0 ):
> display( cap );
```

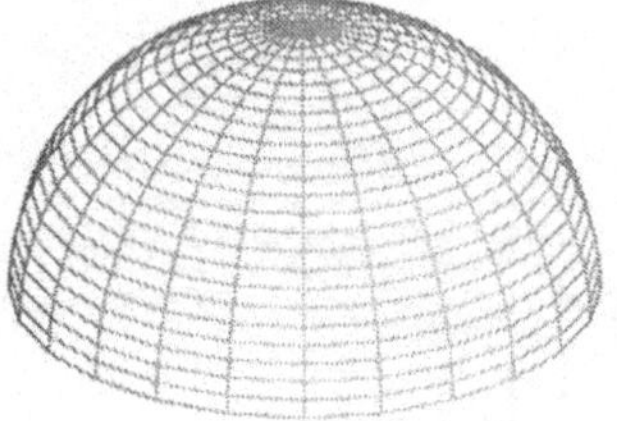

Alle Seiten des früher in diesem Abschnitt erwähnten Dodekaeders sind Fünfecke. Wenn Sie den Mittelpunkt jedes Fünfecks mit dem Befehl stellate erhöhen, wird das resultierende Objekt *sternförmiger* Dodekaeder bezeichnet.

```
> a := stellate( dodecahedron() ):
> display( a, scaling=constrained, style=patch );
```

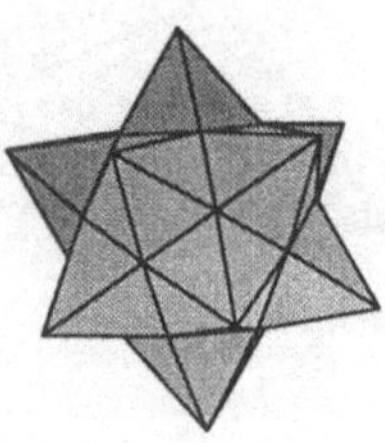

```
> stelhs := stellate(cap, 2):
```

```
> display( stelhs );
```

Statt einen sternförmigen Dodekaeder zu erzeugen, können Sie zum Beispiel die inneren drei Viertel jedes Fünfecks ausschneiden.

```
> a := cutout( dodecahedron(), 3/4 ):
> display(  a, scaling=constrained, orientation=[45, 30] );
```

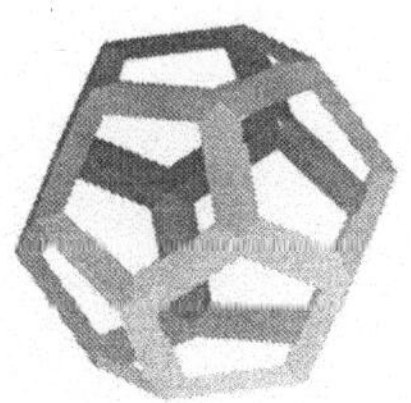

```
> hedgehog := [s1, s2, c3, stelhs]:
> display( hedgehog, scaling=constrained,
>    style=patchnogrid );
```

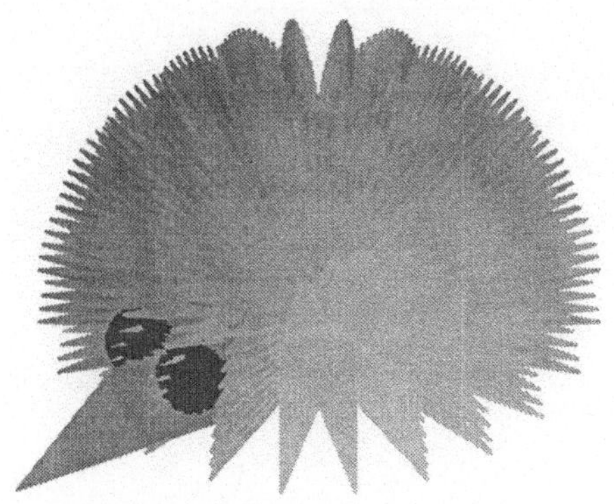

4.8 Zusammenfassung

Dieses Kapitel betrachtete Maples Fähigkeiten zum zwei- und dreidimensionalen Zeichnen, einschließlich der explizit, parametrisiert oder implizit gegebenen Funktionen. Kartesisch, polar, sphärisch und zylindrisch sind einige wenige der vielen Koordinatensysteme, die Maple handhaben kann. Außerdem können Sie einen Graphen animieren und zum besseren Verständnis seiner Beschaffenheit auf eine Vielzahl von Arten schattieren.

Verwenden Sie die Befehle des Pakets `plots`, um verschiedene Graphen von Funktionen und Ausdrücken anzuzeigen. Einige der speziellen Typen von Zeichnungen, die Sie mit Hilfe dieser Befehle erzeugen können, sind Kontur-, Dichte- und logarithmische Zeichnungen. Die Befehle des Pakets `plottools` erzeugen und manipulieren Objekte. Solche Befehle ermöglichen Ihnen zum Beispiel das Verschieben, Rotieren und die sternförmige Umwandlung eines graphischen Objekts.

FARBTAFELN

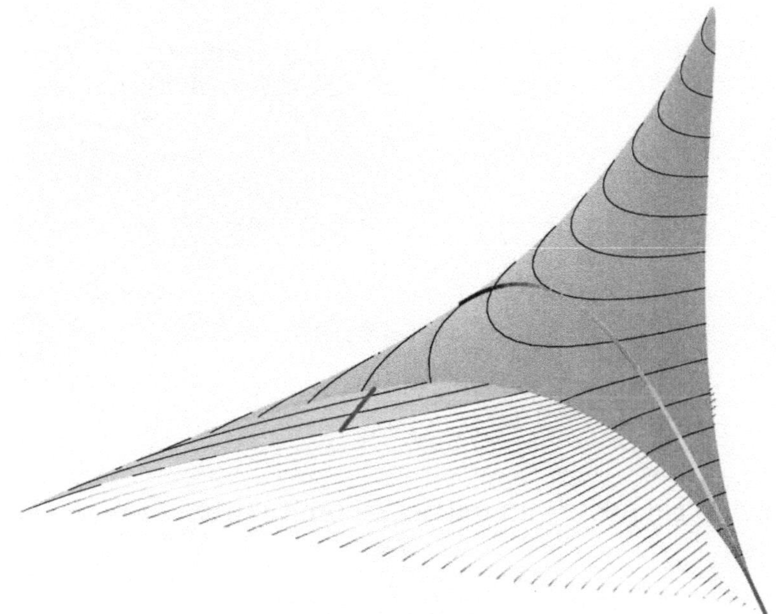

Tafel 1 · Lösung einer partiellen Differentialgleichung

Tafel 2 · Ein Apfel in einem Käfig

Tafel 3 · Ein Ausschnitt mit Schachbrettmuster

Tafel 4 · Ein bunter Baum

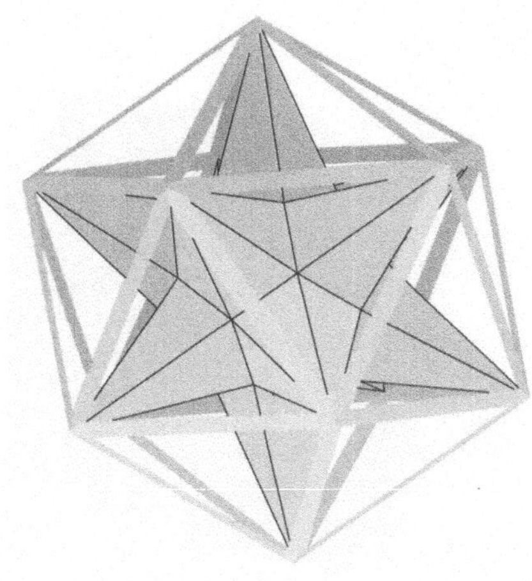

Tafel 5 · Verschachtelte Polyeder

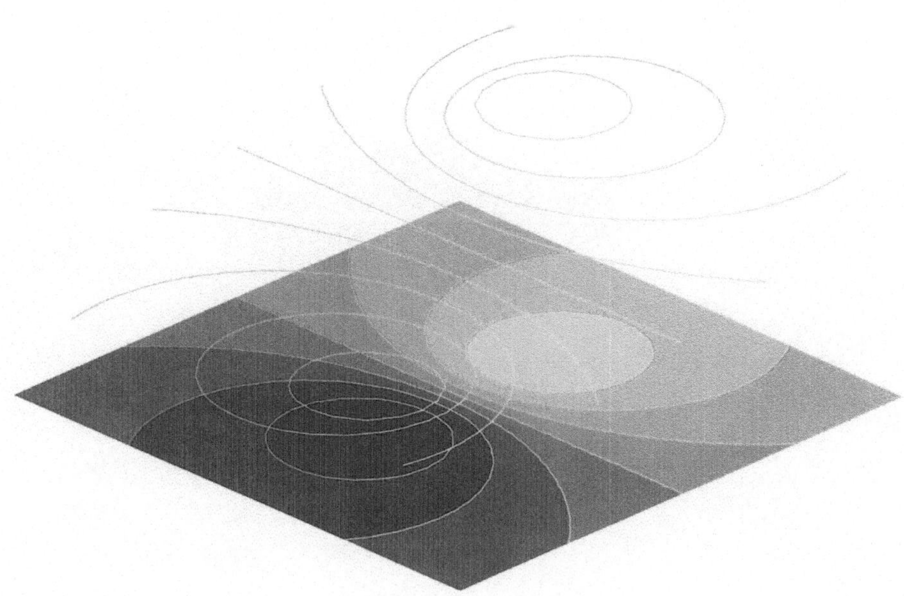

Tafel 6 · Projektionen von Höhenlinien

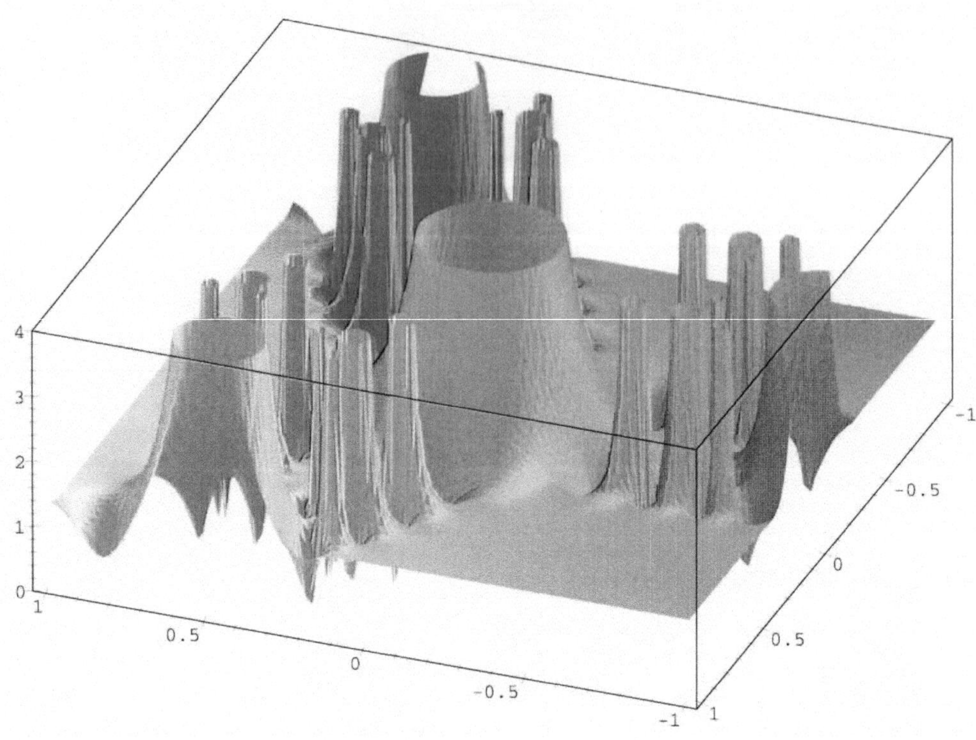

Tafel 7 · Eine komplexe Oberfläche

Tafel 8 · Ein kreatives Unternehmen

KAPITEL 5

Auswertung und Vereinfachung

Bei der Benutzung von Maple wird ein beachtlicher Teil der Zeit und der Arbeit auf die Manipulation von Ausdrücken verwandt. Es gibt viele Gründe zum Manipulieren von Ausdrücken, von der Umwandlung ausgegebener Ergebnisse in eine bekannte Form zum Vergleichen von Antworten bis zur Umwandlung von Ausdrücken in eine Form, mit der die Maple-Routinen arbeiten können.

Das Thema Vereinfachung erweist sich als überraschend schwierig beim symbolischen Rechnen. Sie müssen zuerst festlegen, was Sie unter einer „einfachen" Form verstehen wollen, um Vereinfachung definieren zu können.

Maple stellt eine Reihe von Hilfsmitteln für die Arbeit mit Ausdrücken zur Verfügung, um sowohl mathematische als auch strukturelle Umformungen auszuführen. Mathematische Umformungen sind solche, die einer bekannten mathematischen Operation wie zum Beispiel der Faktorisierung eines Polynoms oder dem Rationalmachen des Nenners eines Bruchs entsprechen. Strukturelle Umformungen werden von Maple bereit gestellt, damit Sie Zugriff haben auf Teile von Datenstrukturen, die Ausdrücke und andere Arten von Objekten darstellen, und diese auch verändern können.

5.1 Mathematische Umformungen

Wenn Sie Gleichungen von Hand lösen, führen Sie in der Regel eine Reihe von algebraischen Umformungen durch. Sie können diese Schritte auch mit Maple ausführen.

```
> eq := 4*x + 17 = 23;
```

$$eq := 4\,x + 17 = 23$$

Hier müssen Sie von beiden Seiten der Gleichung 17 abziehen. Dazu subtrahieren Sie die Gleichung `17=17` von `eq`. Passen sie auf, daß Sie dabei Klammern um die unbenannte Gleichung setzen.

```
> eq - ( 17 = 17 );
```

$$4\,x = 6$$

Nun teilen Sie durch 4.

```
> " / 4;
```

$$x = \frac{3}{2}$$

Die folgenden Abschnitte beschäftigen sich mit vielen ausgefeilteren Umformungen.

Polynome als Summen schreiben

Summen sind im allgemeinen einfacher zu verstehen als Produkte, daher werden Sie es vielleicht für nützlich halten, ein Polynom als eine Summe von Produkten auszuschreiben. Dies macht der Befehl **expand**.

```
> poly := (x+1)*(x+2);
```

$$poly := (x + 1)\,(x + 2)$$

```
> expand( poly );
```

$$x^2 + 3\,x + 2$$

Der Befehl **expand** multipliziert den Zähler eines Bruchs aus.

```
> expand( (x+1)*(y^2-2*y+1) / z / (y-1) );
```

$$\frac{x\,y^2}{z\,(y-1)} - 2\,\frac{x\,y}{z\,(y-1)} + \frac{x}{z\,(y-1)} + \frac{y^2}{z\,(y-1)} - 2\,\frac{y}{z\,(y-1)} + \frac{1}{z\,(y-1)}$$

Benutzen Sie den Befehl `normal`, um gemeinsame Faktoren zu kürzen; siehe *Faktorisierte Normalform* auf Seite 153.

Der Befehl **expand** kennt auch Regeln für viele häufig vorkommende mathematische Funktionen.

```
> expand( sin(2*x) );
```

$$2\sin(x)\cos(x)$$

```
> ln( abs(x^2)/(1+abs(x)) );
```

$$\ln\left(\frac{|x|^2}{1+|x|}\right)$$

```
> expand(");
```

$$2\ln(|x|)-\ln(1+|x|)$$

Der Befehl `combine` kennt dieselben Regeln, wendet sie aber in umgekehrter Richtung an. Siehe *Zusammenfassen von Termen* auf Seite 152.

Sie können Teilausdrücke, die Sie *nicht* verändern wollen, als ein Argument von `expand` angeben.

```
> expand( (x+1)*(y+z) );
```

$$x\,y+x\,z+y+z$$

```
> expand( (x+1)*(y+z), x+1 );
```

$$(x+1)\,y+(x+1)\,z$$

Sie können die Umformung über einem speziellen Bereich vornehmen.

```
> poly := (x+2)^2*(x-2);
```

$$poly := (x+2)^2\,(x-2)$$

```
> expand( poly );
```

$$x^3+2\,x^2-4\,x-8$$

```
> " mod 3;
```

$$x^3+2\,x^2+2\,x+1$$

Es ist jedoch effizienter, den Befehl `Expand` zu benutzen.

```
> Expand( poly ) mod 3;
```

$$x^3+2\,x^2+2\,x+1$$

Wenn Sie `Expand` mit `mod` benutzen, führt Maple alle Zwischenschritte in modularer Arithmetik durch. Sie können auch Ihre eigenen `expand`-Prozeduren schreiben; siehe `?expand` für weitere Einzelheiten.

Zusammenfassen der Koeffizienten gleicher Potenzen

Ein Ausdruck wie $x^2 + 2x + 1 - ax + b - cx^2$ ist oft leichter zu lesen, wenn Sie die Koeffizienten von x^2, x sowie die konstanten Glieder mit dem Befehl `collect` zusammenfassen.

```
> collect( x^2 + 2*x + 1 - a*x + b - c*x^2, x );
```

$$(1 - c)\,x^2 + (2 - a)\,x + b + 1$$

Das zweite Argument von `collect` bestimmt, bezüglich welcher Variablen zusammengefaßt werden soll.

```
> poly := x^2 + 2*y*x - 3*y + y^2*x^2;
```

$$poly := x^2 + 2\,y\,x - 3\,y + y^2\,x^2$$

```
> collect( poly, x );
```

$$(1 + y^2)\,x^2 + 2\,y\,x - 3\,y$$

```
> collect( poly, y );
```

$$y^2\,x^2 + (2\,x - 3)\,y + x^2$$

Sie können entweder bezüglich von Variablen oder bezüglich unausgewerteter Funktionsaufrufe zusammenfassen.

```
> trig_expr := sin(x)*cos(x) + sin(x) + y*sin(x);
```

$$trig\_expr := \sin(x)\,\cos(x) + \sin(x) + y\,\sin(x)$$

```
> collect( trig_expr, sin(x) );
```

$$(\cos(x) + 1 + y)\,\sin(x)$$

```
> DE := diff(f(x),x,x)*sin(x) - diff(f(x),x)*sin(f(x)) +
>    sin(x)*diff(f(x),x) + sin(f(x))*diff(f(x),x,x);
```

$$DE := \left(\frac{\partial^2}{\partial x^2}\,\mathrm{f}(x)\right)\sin(x) - \left(\frac{\partial}{\partial x}\,\mathrm{f}(x)\right)\sin(\mathrm{f}(x))$$
$$+ \sin(x)\left(\frac{\partial}{\partial x}\,\mathrm{f}(x)\right) + \sin(\mathrm{f}(x))\left(\frac{\partial^2}{\partial x^2}\,\mathrm{f}(x)\right)$$

```
> collect( DE, diff );
```

$$(-\sin(\mathrm{f}(x)) + \sin(x))\left(\frac{\partial}{\partial x}\,\mathrm{f}(x)\right) + (\sin(x) + \sin(\mathrm{f}(x)))\left(\frac{\partial^2}{\partial x^2}\,\mathrm{f}(x)\right)$$

Sie können aber keine Summen oder Produkte vorgeben.

```
> big_expr := z*x*y + 2*x*y + z;
```

$$big\_expr := z\,x\,y + 2\,y\,x + z$$

```
> collect( big_expr, x*y );
Error, (in collect) cannot collect, y*x
```

Führen Sie stattdessen vorher eine Ersetzung durch. In dem Fall oben erreichen Sie Ihr Ziel, indem Sie eine Hilfsvariable für x*y ersetzen und dann bezüglich dieser zusammenfassen.

```
> subs( x=xyprod/y, big_expr );
```

$$z\,xyprod + 2\,xyprod + z$$

```
> collect( ", xyprod );
```

$$(z+2)\,xyprod + z$$

```
> subs( xyprod=x*y, " );
```

$$(z+2)\,y\,x + z$$

Ersetzen auf Seite 177 erklärt den Gebrauch des Befehls subs.

Falls Sie die Koeffizienten bezüglich mehr als einer Variablen auf einmal zusammenfassen wollen, haben Sie zwei Optionen zur Auswahl: rekursive oder distributive Form. Bei der rekursiven Form wird zuerst bezüglich der ersten angegebenen Variablen zusammengefaßt, dann bezüglich der nächsten und so weiter. Diese Option ist die Standardeinstellung.

```
> poly := x*y + z*x*y + y*x^2 - z*y*x^2 + x + z*x;
```

$$poly := y\,x + z\,x\,y + y\,x^2 - z\,y\,x^2 + x + z\,x$$

```
> collect( poly, [x,y] );
```

$$(1-z)\,y\,x^2 + ((1+z)\,y + 1 + z)\,x$$

Die distributive Form sammelt die Koeffizienten aller Variablen auf einmal.

```
> collect( poly, [x,y], distributed );
```

$$(1+z)\,y\,x + (1+z)\,x + (1-z)\,y\,x^2$$

Der Befehl `collect` sortiert die Terme nicht; benutzen Sie dafür den Befehl `sort`. Siehe *Sortieren algebraischer Ausdrücke* auf Seite 158.

Faktorisieren von Polynomen und rationalen Funktionen

Es kann sein, daß Sie ein Polynom als ein Produkt von Termen möglichst kleinen Grads schreiben wollen. Faktorisieren Sie Polynome mit dem Befehl `factor`.

```
> factor( x^2-1 );
```

$$(x-1)(x+1)$$

```
> factor( x^3+y^3 );
```

$$(x+y)(x^2-yx+y^2)$$

Sie können auch rationale Funktionen faktorisieren. Der Befehl `factor` faktorisiert sowohl Zähler als auch Nenner und kürzt dann gemeinsame Faktoren.

```
> rat_expr := (x^16 - y^16) / (x^8 - y^8);
```

$$rat\_expr := \frac{x^{16}-y^{16}}{x^8-y^8}$$

```
> factor( rat_expr );
```

$$x^8+y^8$$

```
> rat_expr := (x^16 - y^16) / (x^7 - y^7);
```

$$rat\_expr := \frac{x^{16}-y^{16}}{x^7-y^7}$$

```
> factor(rat_expr);
```

$$\frac{(x+y)(x^2+y^2)(x^4+y^4)(x^8+y^8)}{x^6+yx^5+y^2x^4+y^3x^3+y^4x^2+y^5x+y^6}$$

Angeben eines algebraischen Zahlkörpers Der Befehl `factor` faktorisiert ein Polynom über dem durch die Koeffizienten vorgegebenen Ring. Das folgende Polynom hat ganzzahlige Koeffizienten, daher haben auch die Terme in der faktorisierten Form ganzzahlige Koeffizienten.

```
> poly := x^5 - x^4 - x^3 + x^2 - 2*x + 2;
```

$$poly := x^5-x^4-x^3+x^2-2x+2$$

```
> factor( poly );
```

$$(x-1)(x^2-2)(x^2+1)$$

In dem nächsten Beispiel gehört $\sqrt{2}$ zu den Koeffizienten. Beachten Sie die Unterschiede im Ergebnis.

```
> expand( sqrt(2)*poly );
```

$$\sqrt{2}x^5-\sqrt{2}x^4-\sqrt{2}x^3+\sqrt{2}x^2-2\sqrt{2}x+2\sqrt{2}$$

```
> factor( " );
```

$$-\sqrt{2}(x^2+1)(x+\sqrt{2})(-x+\sqrt{2})(x-1)$$

Sie können den Koeffizientenkörper explizit erweitern, indem Sie `factor` ein zweites Argument übergeben.

```
> poly := x^4 - 5*x^2 + 6;
```

$$poly := x^4 - 5\,x^2 + 6$$

```
> factor( poly );
```

$$(x^2 - 2)\,(x^2 - 3)$$

```
> factor( poly, sqrt(2) );
```

$$-(x^2 - 3)\,(x + \sqrt{2})\,(-x + \sqrt{2})$$

```
> factor( poly, { sqrt(2), sqrt(3) } );
```

$$-(x - \sqrt{3})\,(x + \sqrt{3})\,(x + \sqrt{2})\,(-x + \sqrt{2})$$

Sie können die Erweiterung auch mittels `RootOf` angeben. Dabei stellt `RootOf(x^2-2)` eine beliebige Lösung von $x^2 - 2 = 0$ dar, daß heißt entweder $\sqrt{2}$ oder $-\sqrt{2}$.

```
> factor( poly, RootOf(x^2-2) );
```

$$-(x^2 - 3)\,(x + \mathrm{RootOf}(\_Z^2 - 2))\,(-x + \mathrm{RootOf}(\_Z^2 - 2))$$

Siehe `?evala` für weitere Informationen über das Rechnen in algebraischen Zahlkörper.

Faktorisieren in speziellen Bereichen Benutzen Sie den Befehl `Factor`, um einen Ausdruck über den ganzen Zahlen modulo p für eine beliebige Primzahl p zu faktorisieren. Die Syntax ist ähnlich zu der des Befehls `Expand`.

```
> Factor( x^2+3*x+3 ) mod 7;
```

$$(x + 6)\,(x + 4)$$

Der Befehl `Factor` erlaubt ebenfalls algebraische Körpererweiterungen.

```
> Factor( x^3+1 ) mod 5;
```

$$(x + 1)\,(x^2 + 4\,x + 1)$$

```
> Factor( x^3+1, RootOf(x^2+x+1) ) mod 5;
```

$$(x + 1)\,(x + 4\,\mathrm{RootOf}(\_Z^2 + \_Z + 1) + 4)$$
$$(x + \mathrm{RootOf}(\_Z^2 + \_Z + 1))$$

Für Einzelheiten über den verwendeten Algorithmus, über das Faktorisieren multivariater Polynome oder über das Faktorisieren über einem algebraischen Zahlkörper siehe `?Factor`.

Entfernen rationaler Exponenten

Man betrachtet es im allgemeinen als besser, wenn im Nenner rationaler Ausdrücke keine Brüche als Exponenten auftreten. Der Befehl `rationalize` entfernt Wurzeln aus dem Nenner durch die Multiplikation mit einem geeigneten Faktor.

```
> 1 / ( 2 + root[3](2) );
```

$$\frac{1}{2+2^{1/3}}$$

```
> rationalize( " );
```

$$\frac{2}{5}-\frac{1}{5}2^{1/3}+\frac{1}{10}2^{2/3}$$

```
> (x^2+5) / (x + x^(5/7));
```

$$\frac{x^2+5}{x+x^{5/7}}$$

```
> rationalize( " );
```

$$-\frac{(x^2+5)\,(-x^{6/7}+x^{12/7}+x^{4/7}-x^{10/7}-x^{2/7}+x^{8/7}-x^2)}{x^3+x}$$

Das Ergebnis von `rationalize` ist oft länger als der ursprüngliche Ausdruck.

Zusammenfassen von Termen

Der Befehl `combine` wendet eine Reihe von Umformungsregeln für verschiedene mathematische Funktionen an.

```
> combine( sin(x)^2 + cos(x)^2 );
```

$$1$$

```
> combine( sin(x)*cos(x) );
```

$$\frac{1}{2}\sin(2\,x)$$

```
> combine( exp(x)^2 * exp(y) );
```

$$e^{(2\,x+y)}$$

```
> combine( (x^a)^2 );
```

$$x^{(2\,a)}$$

Um zu sehen, wie `combine` zu dem Ergebnis kommt, geben Sie `infolevel[combine]` einen positiven Wert.

```
> infolevel[combine] := 1;
```

$$infolevel_{combine} := 1$$

```
> expr := Int(1, x) + Int(x^2, x);
```

$$expr := \int 1\,dx + \int x^2\,dx$$

```
> combine( expr );
combine:   combining with respect to   combine/cmbplus
combine:   combining with respect to   combine/linear
combine:   combining with respect to   combine/Int
combine:   combining with respect to   combine/linear
combine:   combining with respect to   combine/range
combine:   combining with respect to   combine/Int
combine:   combining with respect to   combine/linear
combine:   combining with respect to   combine/range
combine:   combining with respect to   combine/range
combine:   combining with respect to   combine/Int
combine:   combining with respect to   combine/linear
combine:   combining with respect to   combine/int
combine:   combining with respect to   combine/linear
combine:   combining with respect to   combine/range
combine:   combining with respect to   combine/Int
combine:   combining with respect to   combine/linear
combine:   combining with respect to   combine/range
combine:   combining with respect to   combine/int
combine:   combining with respect to   combine/linear
combine:   combining with respect to   combine/range
combine:   combining with respect to   combine/Int
combine:   combining with respect to   combine/linear
combine:   combining with respect to   combine/range
combine:   combining with respect to   combine/range
```

$$\int x^2 + 1\,dx$$

Der Befehl `expand` wendet die meisten dieser Regeln in die umgekehrte Richtung an. Siehe *Polynome als Summen schreiben* auf Seite 146.

Faktorisierte Normalform

Wenn ein Ausdruck Brüche enthält, ist es oft nützlich, den Ausdruck als einen großen Bruch zu schreiben und gemeinsame Faktoren von Zähler und Nenner zu kürzen. Der Befehl `normal` führt diese Operation aus, die oft zu einfacheren Ausdrücken führt.

```
> normal( x + 1/x );
```

$$\frac{x^2+1}{x}$$

```
> expr := x/(x+1) + 1/x + 1/(1+x);
```

$$expr := \frac{x}{x+1} + \frac{1}{x} + \frac{1}{x+1}$$

```
> normal( expr );
```

$$\frac{x+1}{x}$$

```
> expr := (x^2 - y^2) / (x-y)^3;
```

$$expr := \frac{x^2-y^2}{(x-y)^3}$$

```
> normal( expr );
```

$$\frac{x+y}{(x-y)^2}$$

Der Befehl `normal` multipliziert den Zähler aus.

```
> expr := (x - 1/x) / (x-2);
```

$$expr := \frac{x-\frac{1}{x}}{x-2}$$

```
> normal( expr );
```

$$\frac{x^2-1}{x\,(x-2)}$$

Benutzen Sie als zweites Argument `expanded`, wenn Sie wollen, daß `normal` auch den Nenner ausmultipliziert.

```
> normal( expr, expanded );
```

$$\frac{x^2-1}{x^2-2\,x}$$

Der Befehl `normal` arbeitet rekursiv über Funktionen, Mengen und Listen.

```
> normal( [ expr, exp(x+1/x) ] );
```

$$\left[\frac{x^2-1}{x\,(x-2)}, e^{\left(\frac{x^2+1}{x}\right)}\right]$$

```
> big_expr := sin( (x*(x+1)-x)/(x+2) )^2
>           + cos( (x^2)/(-x-2) )^2;
```

$$big\_expr := \sin\left(\frac{(x+1)\,x-x}{x+2}\right)^2 + \cos\left(\frac{x^2}{-x-2}\right)^2$$

```
> normal( big_expr );
```

$$\sin\left(\frac{x^2}{x+2}\right)^2 + \cos\left(\frac{x^2}{x+2}\right)^2$$

Beachten Sie bei dem letzten Beispiel, daß `normal` nicht weiß, wie trigonometrische Ausdrücke vereinfacht werden. Der Befehl `combine` kann viele mathematische Funktionen vereinfachen. Siehe *Zusammenfassen von Termen* auf Seite 152.

Ein Spezialfall Da es den Zähler des Resultats ausmultipliziert, ist `normal` weniger praktisch, wenn die ausmultiplizierte Form des Zählers nicht so einfach ist wie die faktorisierte Form.

```
> expr := (x^25-1) / (x-1);
```

$$expr := \frac{x^{25}-1}{x-1}$$

```
> normal( expr );
```

$$x^4 + x^5 + x^7 + x^{11} + x^9 + x^8 + x^6 + x^{10} + 1 + x^2 + x + x^{16} + x^{12}$$
$$+ x^{14} + x^{19} + x^{17} + x^{15} + x^{18} + x^3 + x^{24} + x^{22} + x^{23} + x^{21} + x^{20}$$
$$+ x^{13}$$

Um den gemeinsamen Faktor $(x - 1)$ zu kürzen, ohne den Zähler auszumultiplizieren, benutzen Sie `factor`. Siehe *Faktorisieren von Polynomen und rationalen Funktionen* auf Seite 149.

```
> factor(expr);
```

$$(x^4 + x^3 + x^2 + x + 1)\,(x^{20} + x^{15} + x^{10} + x^5 + 1)$$

Obwohl der Befehl `normal` sehr nützlich ist, kann die Normalisierung von Ausdrücken sehr rechenintensiv sein und ergibt nicht immer eine einfachere Form.

Vereinfachen von Ausdrücken

Die Ergebnisse von Vereinfachungsrechnungen von Maple können sehr kompliziert sein. Der Befehl `simplify` wendet eine Reihe von Umformungen an und versucht so, einen einfacheren Ausdruck zu finden.

```
> expr := 4^(1/2) + 3;
```

$$expr := \sqrt{4} + 3$$

```
> simplify( expr );
```

$$5$$

```
> expr := cos(x)^5 + sin(x)^4 + 2*cos(x)^2
>     - 2*sin(x)^2 - cos(2*x);
```

$$expr := \cos(x)^5 + \sin(x)^4 + 2\cos(x)^2 - 2\sin(x)^2 - \cos(2\,x)$$

```
> simplify( expr );
```

$$\cos(x)^5 + \cos(x)^4$$

Maple kennt Vereinfachungsregeln für trigonometrische Ausdrücke, für logarithmische und exponentielle Ausdrücke, für Ausdrücke mit Wurzeln oder Potenzen, für Ausdrücke mit `RootOf` und für verschiedene spezielle Funktionen.

Wenn Sie eine spezielle Vereinfachungsregel als Argument in dem Befehl `simplify` angeben, dann benutzt er nur diese eine Regel (oder diese Regelklasse).

```
> expr := ln(3*x) + sin(x)^2 + cos(x)^2;
```

$$expr := \ln(3\,x) + \sin(x)^2 + \cos(x)^2$$

```
> simplify( expr, trig );
```

$$\ln(3\,x) + 1$$

```
> simplify( expr, ln );
```

$$\ln(3) + \ln(x) + \sin(x)^2 + \cos(x)^2$$

```
> simplify( expr );
```

$$\ln(3) + \ln(x) + 1$$

Siehe `?simplify` für eine Liste der eingebauten Vereinfachungsregeln.

Vereinfachen mit Annahmen

Maple weigert sich unter Umständen, eine offensichtliche Vereinfachung vorzunehmen, weil Maple die Variable in einer allgemeinen Weise behandelt, obwohl Sie wissen, daß sie gewisse spezielle Eigenschaften besitzt.

```
> expr := sqrt( (x*y)^2 );
```

$$expr := \sqrt{x^2\,y^2}$$

```
> simplify( expr );
```

$$\sqrt{x^2\,y^2}$$

Die Option `assume=`*Eigenschaft* teilt `simplify` mit, anzunehmen, daß die Unbekannten in dem Ausdruck diese *Eigenschaft* haben.

```
> simplify( expr, assume=real );
```

$$\operatorname{signum}(x)\,x\,\operatorname{signum}(y)\,y$$

```
> simplify( expr, assume=positive );
```

$$x\,y$$

Sie können auch die allgemeine `assume`-Funktion benutzen, um Annahmen über einzelne Variablen vorzugeben. Siehe *Setzen von Annahmen* auf Seite 160.

Vereinfachen mit Nebenbedingungen

Manchmal können Sie einen Ausdruck mit Ihrer eigenen speziellen Umformung vereinfachen. Der Befehl `simplify` erlaubt Ihnen, dies mit der Hilfe von *Nebenbedingungen* zu machen.

```
> expr := x*y*z + x*y + x*z + y*z;
```

$$expr := x\,y\,z + x\,y + x\,z + y\,z$$

```
> simplify( expr, { x*z=1 } );
```

$$y + 1 + x\,y + y\,z$$

Sie können eine oder mehrere Nebenbedingungen als Menge oder Liste angeben. `simplify` benutzt die angegebenen Gleichungen als zusätzliche erlaubte Vereinfachungen.

Eine andere Möglichkeit der Kontrolle des Vereinfachungsvorgangs ist die Vorgabe der Reihenfolge, in der `simplify` die Vereinfachung durchführen soll.

```
> expr := x^3 + y^3;
```

$$expr := x^3 + y^3$$

```
> siderel := x^2 + y^2 = 1;
```

$$siderel := x^2 + y^2 = 1$$

```
> simplify( expr, {siderel}, [x,y] );
```

$$y^3 + x - x\,y^2$$

```
> simplify( expr, {siderel}, [y,x] );
```

$$x^3 - y\,x^2 + y$$

Im ersten Fall macht Maple die Ersetzung $x^2 = 1 - y^2$ in dem Ausdruck und versucht dann, Ersetzungen des Terms y^2 vorzunehmen. Da es keine findet, bricht es ab.

Im zweiten Fall macht Maple die Ersetzung $y^2 = 1 - x^2$ in dem Ausdruck und versucht dann, Ersetzungen des Terms x^2 vorzunehmen. Da es keine findet, bricht es ab.

Die Grundlage der Arbeitsweise von `simplify` bilden polynomiale Umformungen mit Gröbner-Basen. Für weitere Einzelheiten, wie das funktioniert, siehe die Hilfeseite `?simplify,siderels`.

Sortieren algebraischer Ausdrücke

Maple gibt die Terme eines Polynoms in der Reihenfolge aus, in der das Polynom erzeugt wurde. Vielleicht wollen Sie das Polynom nach absteigendem Grad ordnen. Der Befehl `sort` macht das möglich.

```
> poly := 1 + x^4 - x^2 + x + x^3;
```

$$poly := 1 + x^4 - x^2 + x + x^3$$

```
> sort( poly );
```

$$x^4 + x^3 - x^2 + x + 1$$

Beachten Sie, daß `sort` algebraische Ausdrücke im Platz umordnet, das heißt, das ursprüngliche Polynom wird durch das sortierte ersetzt.

```
> poly;
```

$$x^4 + x^3 - x^2 + x + 1$$

Sie können multivariate Polynome auf zwei Arten sortieren, in der Totalgradordnung oder in der lexikographischen Ordnung. Die Voreinstellung ist Totalgradordnung, was die Terme nach absteigendem Grad sortiert. Innerhalb dieser Ordnung werden Terme gleichen Grades nach der lexikographischen Ordnung sortiert (mit anderen Worten, *a* kommt vor *b* und so weiter).

```
> sort( x+x^3 + w^5 + y^2 + z^4, [w,x,y,z] );
```

$$w^5 + z^4 + x^3 + y^2 + x$$

```
> sort( x^3*y + y^2*x^2, [x,y] );
```

$$x^3 y + x^2 y^2$$

```
> sort( x^3*y + y^2*x^2 + x^4, [x,y] );
```

$$x^4 + x^3 y + x^2 y^2$$

Beachten Sie, daß die Reihenfolge der Variablen in der Liste die Ordnung bestimmt.

```
> sort( x^3*y + y^2*x^2, [x,y] );
```

$$x^3 y + x^2 y^2$$

```
> sort( x^3*y + y^2*x^2, [y,x] );
```

$$y^2 x^2 + y x^3$$

Sie können auch den ganzen Ausdruck lexikographisch sortieren, indem Sie den Befehl `sort` mit der Option `plex` aufrufen.

```
> sort( x + x^3 + w^5 + y^2 + z^4, [w,x,y,z], plex );
```

$$w^5 + x^3 + x + y^2 + z^4$$

Wieder wird die Ordnung bestimmt durch die Reihenfolge, in der Sie die Unbekannten beim Aufruf von `sort` angeben.

```
> sort( x + x^3 + w^5 + y^2 + z^4, [x,y,z,w], plex );
```

$$x^3 + x + y^2 + z^4 + w^5$$

Der Befehl `sort` kann auch Listen sortieren. Siehe *Sortieren von Listen* auf Seite 168.

Umwandlungen zwischen äquivalenten Formen

Sie können viele mathematische Funktionen in mehreren äquivalenten Formen schreiben. Zum Beispiel können Sie $\sin(x)$ durch die Exponentialfunktion ausdrücken. Die Möglichkeiten des Befehls `convert` schließen solchen Umformungen ein.

```
> convert( sin(x), exp );
```

$$-\frac{1}{2} i \left(e^{(i\,x)} - \frac{1}{e^{(i\,x)}} \right)$$

```
> convert( cot(x), sincos );
```

$$\frac{\cos(x)}{\sin(x)}$$

```
> convert( arccos(x), ln );
```

$$-i\ \ln(x + i\sqrt{-x^2+1})$$

```
> convert( binomial(n,k), factorial );
```

$$\frac{n!}{k!\,(n-k)!}$$

Das Argument parfrac zeigt Partialbrüche an.

```
> convert( (x^5+1) / (x^4-x^2), parfrac, x );
```

$$x + \frac{1}{x-1} - \frac{1}{x^2}$$

Sie können convert auch dazu benutzen, eine Gleitkommazahl durch einen Bruch zu nähern.

```
> convert( .3284879342, rational );
```

$$\frac{19615}{59713}$$

Beachten Sie, daß die verschiedenen Umformungen nicht unbedingt zueinander invers sind.

```
> convert( tan(x), exp );
```

$$-\frac{i\,((e^{(i\,x)})^2 - 1)}{(e^{(i\,x)})^2 + 1}$$

```
> convert( ", trig );
```

$$-\frac{i\,((\cos(x) + i\ \sin(x))^2 - 1)}{(\cos(x) + i\ \sin(x))^2 + 1}$$

Der Befehl simplify zeigt, daß dieser Ausdruck gleich $\tan(x)$ ist.

```
> simplify( " );
```

$$\frac{\sin(x)}{\cos(x)}$$

Sie können den Befehl convert auch für strukturelle Umformungen von Maple-Objekten einsetzen. Siehe *Ändern des Typs eines Ausdrucks* auf Seite 180.

5.2 Setzen von Annahmen

Die *Annahmefunktion* besteht aus einem Satz von Routinen zum Handhaben von Eigenschaften von Unbekannten. assume hilft Maple, besser mit Vereinfachungen symbolischer Ausdrücke umzugehen, insbesondere bei Funktionen mit mehreren Ästen wie zum Beispiel der Quadratwurzel.

```
> sqrt(a^2);
```

$$\sqrt{a^2}$$

Maple kann dies nicht vereinfachen, da das Ergebnis unterschiedlich ist für positive und negative Werte von a. Wenn jedoch Annahmen über den Wert von a vorgegeben sind, ist es Maple möglich, den Ausdruck zu vereinfachen.

```
> assume( a>0 );
> sqrt(a^2);
```

$$a\tilde{}$$

Die Tilde (~) an einer Variablen zeigt, daß eine Annahme über sie gemacht wurde. Neue Annahmen ersetzen alte.

```
> assume( a<0 );
> sqrt(a^2);
```

$$-a\tilde{}$$

Benutzen Sie den Befehl `about`, um Informationen über die Annahmen über eine Unbekannte zu erhalten.

```
> about(a);

Originally a, renamed a~:
  is assumed to be: RealRange(-infinity,Open(0))
```

Benutzen Sie den Befehl `additionally`, um weitere Annahmen über Unbekannte zu machen.

```
> assume(m, nonneg);
> additionally( m<=0 );
> about(m);

Originally m, renamed m~:
  is assumed to be: 0
```

Viele Funktionen benutzen die Annahmen über eine Unbekannte. Der Befehl `frac` liefert den gebrochenen Teil einer Zahl.

```
> frac(n);
```

$$\mathrm{frac}(n)$$

```
> assume(n, integer);
> frac(n);
```

$$0$$

Der folgende Grenzwert hängt von b ab.

```
> limit(b*x, x=infinity);
```

$$\mathrm{signum}(b)\,\infty$$

```
> assume( b>0 );
> limit(b*x, x=infinity);
```

$$\infty$$

Sie können `infolevel` benutzen, um Maple Einzelheiten über die Aktionen eines Befehls ausgeben zu lassen.

```
> infolevel[int] := 2;
```

$$infolevel_{int} := 2$$

```
> int( exp(c*x), x=0..infinity );
```

```
Definite integration: Can't determine if the integral \
is convergent.
Need to know the sign of --> -c
Will now try indefinite integration and then take limi\
ts.
int/indef:   first-stage indefinite integration
int/indef2:   second-stage indefinite integration
int/indef2:   applying derivative-divides
int/indef:   first-stage indefinite integration
```

$$\lim_{x\to\infty} \frac{e^{(c\,x)}}{c} - \frac{1}{c}$$

Der Befehl `int` benötigt das Vorzeichen von `c` (oder genauer gesagt von `-c`).

```
> assume( c>0 );
> int( exp(c*x), x=0..infinity );
```

```
int/cook/nogo1:   Given Integral   Int(exp(x),x = 0
.. infinity)
Fits into this pattern:
Int(exp(-Ucplex*x^S1-U2*x^S2)*x^N*ln(B*x^DL)^M*cos(C1*
x^R)/((A0+A1*x^D)^P),x = t1 .. t2)
int/cook/IIntd1:
--> U must be <= 0 for converging integral
--> will use limit to find if integral is +infinity
--> or - infinity or undefined
```

$$\infty$$

Logarithmen haben mehrere Äste. Für allgemeine komplexe Werte von x ist $\ln(e^x)$ verschieden von x.

```
> ln( exp( 3*Pi*I ) );
```

$$i\,\pi$$

Daher vereinfacht Maple das Folgende nicht, es sei denn, daß es annimmt, daß x reell ist.

```
> ln(exp(x));
```

$$\ln(e^x)$$

```
> assume(x, real);
> ln(exp(x));
```

$$x\tilde{}$$

Sie können den Befehl is benutzen, um die Eigenschaften von Unbekannten abzufragen.

```
> is( c>0 );
```

true

```
> is(x, complex);
```

true

```
> is(x, real);
```

true

Im nächsten Beispiel nimmt Maple immer noch an, daß die Variable a negativ ist.

```
> eq := xi^2 = a;
```

$$eq := \xi^2 = a\tilde{}$$

```
> solve( eq, {xi} );
```

$$\{\xi = i\,\sqrt{-a\tilde{}}\}, \{\xi = -i\,\sqrt{-a\tilde{}}\}$$

Um Annahmen, die Sie über einen Namen gemacht haben, zu widerrufen, geben Sie einfach den Namen wieder frei. Der Ausdruck eq bezieht sich jedoch immer noch auf a~.

```
> eq;
```

$$\xi^2 = a\tilde{}$$

Sie müssen die Annahmen über a *innerhalb von* eq *entfernen, bevor* Sie die Annahmen über a entfernen. Entfernen Sie also zuerst die Annahmen über a innerhalb von eq.

```
> eq := subs( a='a', eq );
```

$$eq := \xi^2 = a$$

Dann geben Sie a frei.

```
> a := 'a';
```

$$a := a$$

Siehe ?assume für weitere Informationen.

5.3 Strukturelle Umformungen

Zu den strukturellen Umformungen gehört das Auswählen und Ändern von Teilen eines Objekts, wobei Kenntnisse über die Struktur oder die interne Darstellung eines Objekts ausgenutzt werden, anstelle des Arbeitens mit dem Objekt als ein rein mathematischer Ausdruck. In den speziellen Fällen von Listen und Mengen ist das Auswählen eines Elements sehr einfach.

```
> L := { Z, Q, R, C, H, O };
```

$$L := \{O, Q, R, H, C, Z\}$$

```
> L[3];
```

$$R$$

Elemente von Listen und Mengen auszuwählen ist einfach, weshalb auch das Arbeiten mit ihnen einfach ist. Was die Teile eines allgemeinen Ausdrucks sind, ist schwieriger zu definieren. Trotzdem sind viele der Befehle zur Behandlung von Listen und Mengen auch auf allgemeine Ausdrücke anwendbar.

Abbilden einer Funktion auf eine Liste oder eine Menge

Vielleicht möchten Sie eine Funktion oder einen Befehl auf jedes Element eines Objekts anstatt auf das Objekt als Ganzes anwenden. Diese Situation tritt häufig bei Mengen und Listen auf. Der Befehl map ermöglicht Ihnen, dies zu tun.

```
> f( [a, b, c] );
```

$$\mathrm{f}([a, b, c])$$

```
> map( f, [a, b, c] );
```

$$[\mathrm{f}(a), \mathrm{f}(b), \mathrm{f}(c)]$$

```
> map( expand, { (x+1)*(x+2), x*(x+2) } );
```

$$\{x^2 + 2x, x^2 + 3x + 2\}$$

```
> map( x->x^2, [a, b, c] );
```

$$[a^2, b^2, c^2]$$

Wenn Sie map mehr als zwei Argumente geben, gibt es die zusätzlichen Argumente an die Funktion weiter.

```
> map( f, [a, b, c], p, q );
```

$$[\mathrm{f}(a, p, q), \mathrm{f}(b, p, q), \mathrm{f}(c, p, q)]$$

```
> map( diff, [ (x+1)*(x+2), x*(x+2) ], x );
```

$$[2x + 3, 2x + 2]$$

Der Befehl map2 ist eng verwandt mit map. Während map die Elemente der Liste oder der Menge als erstes Argument an die Funktion weitergibt, übergibt map2 sie als zweites Argument.

```
> map2( f, p, [a,b,c], q, r );
```

$$[\mathrm{f}(p, a, q, r), \mathrm{f}(p, b, q, r), \mathrm{f}(p, c, q, r)]$$

Sie können map2 benutzen, um alle partiellen Ableitungen eines Ausdrucks aufzuzählen.

```
> map2( diff, x^y/z, [x,y,z] );
```

$$\left[\frac{x^y\, y}{x\, z}, \frac{x^y \ln(x)}{z}, -\frac{x^y}{z^2}\right]$$

Sie können sogar map2 zusammen mit map einsetzen, wenn Sie sie auf Unterelemente anwenden.

```
> map2( map, { [a,b], [c,d], [e,f] }, p, q );
```

$$\{[\mathrm{a}(p, q), \mathrm{b}(p, q)], [\mathrm{c}(p, q), \mathrm{d}(p, q)], [\mathrm{e}(p, q), \mathrm{f}(p, q)]\}$$

Sie können den Befehl seq, der Folgen erzeugt, in ähnlicher Weise wie map einsetzen. Hier erzeugt seq eine Folge, indem es die Funktion f auf die Elemente einer Menge und einer Liste anwendet.

```
> seq( f(i), i={a,b,c} );
```

$$\mathrm{f}(a), \mathrm{f}(b), \mathrm{f}(c)$$

```
> seq( f(p, i, q, r), i=[a,b,c] );
```

$$\mathrm{f}(p, a, q, r), \mathrm{f}(p, b, q, r), \mathrm{f}(p, c, q, r)$$

Hier ist das Pascalsche Dreieck.

```
> L := [ seq( i, i=0..5 ) ];
```

$$L := [0, 1, 2, 3, 4, 5]$$

```
> [ seq( [ seq( binomial(n,m), m=L ) ], n=L ) ];
```

$$[[1, 0, 0, 0, 0, 0], [1, 1, 0, 0, 0, 0], [1, 2, 1, 0, 0, 0], [1, 3, 3, 1, 0, 0], [1, 4, 6, 4, 1, 0], [1, 5, 10, 10, 5, 1]]$$

```
> map( print, " );
```

$$[1, 0, 0, 0, 0, 0]$$
$$[1, 1, 0, 0, 0, 0]$$
$$[1, 2, 1, 0, 0, 0]$$
$$[1, 3, 3, 1, 0, 0]$$
$$[1, 4, 6, 4, 1, 0]$$
$$[1, 5, 10, 10, 5, 1]$$
$$[]$$

Die Befehle `add` und `mul` arbeiten wie `seq`, nur erzeugen sie Summen beziehungsweise Produkte anstelle von Folgen.

```
> add( i^2, i=[5, y, sin(x), -5] );
```

$$50 + y^2 + \sin(x)^2$$

Die Befehle `map`, `map2`, `seq`, `add` und `mul` können auch mit allgemeineren Ausdrücken arbeiten. Siehe *Die Teile eines Ausdrucks* auf Seite 170.

Elemente von Listen oder Mengen auswählen

Sie können gewisse Elemente einer Liste oder einer Menge auswählen, wenn Sie eine Funktion haben, die angibt, welche Elemente auszuwählen sind. Diese Funktion muß boolesche Werte liefern. Die folgende Funktion gibt `true` zurück, wenn ihr Argument größer als drei ist.

```
> large := x -> is(x > 3);
```

$$large := x \to \mathrm{is}(3 < x)$$

Sie können jetzt den Befehl `select` benutzen, um die Elemente einer Liste oder eine Menge auszuwählen, für die `large` `true` wird.

```
> L := [ 8, 2.95, Pi, sin(9) ];
```

$$L := [8, 2.95, \pi, \sin(9)]$$

```
> select( large, L );
```

$$[8, \pi]$$

In ähnlicher Weise entfernt der Befehl `remove` alle Elemente von `L`, für die `large` `true` wird.

```
> remove( large, L );
```

$$[2.95, \sin(9)]$$

Sie können den Befehl `type` benutzen, um den Typ eines Ausdrucks zu bestimmen.

```
> type( 3, numeric );
```

$$true$$

```
> type( cos(1), numeric );
```

$$false$$

`select` übergibt hier das dritte Argument, `numeric`, an den Befehl `type`.

```
> select( type, L, numeric );
```

$$[8, 2.95]$$

Siehe *Die Teile eines Ausdrucks* auf Seite 170 für weitere Informationen über Typen und wie Sie `select` und `remove` auch auf einen allgemeinen Ausdruck anwenden können.

Zusammensetzen zweier Listen

Manchmal müssen Sie zwei Listen auf eine bestimmte Weise zusammenfügen. Hier ist eine Liste von x-Werten und eine Liste von y-Werten.

```
> X := [ seq( ithprime(i), i=1..6 ) ];
```

$$X := [2, 3, 5, 7, 11, 13]$$

```
> Y := [ seq( binomial(6, i), i=1..6 ) ];
```

$$Y := [6, 15, 20, 15, 6, 1]$$

Um die y-Werte über den x-Werten aufzutragen, erstellen Sie eine Liste von Listen: `[ [x1,y1], [x2,y2], ... ]`. Das heißt, bauen Sie für jedes Wertepaar eine zweielementige Liste.

```
> pair := (x,y) -> [x, y];
```

$$pair := (x, y) \to [x, y]$$

Der Befehl zip kann die Listen X und Y gemäß der zweistelligen Funktion pair zusammensetzen.

```
> P := zip( pair, X, Y );
```

$$P := [[2, 6], [3, 15], [5, 20], [7, 15], [11, 6], [13, 1]]$$

```
> plot( P );
```

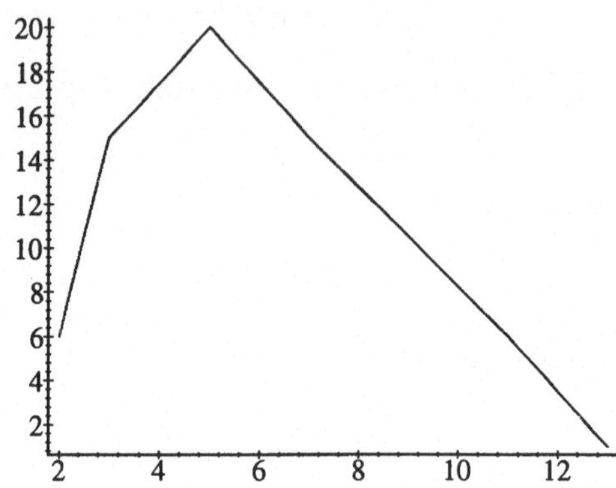

Falls die beiden Listen unterschiedlich lang sind, gibt zip eine Liste zurück mit derselben Länge wie die kürzere der beiden.

```
> zip( (x,y) -> x.y, [a,b,c,d,e,f], [1,2,3] );
```

$$[a1, b2, c3]$$

Sie können bei zip ein viertes Argument angeben. Dann ist das Ergebnis genauso lang wie die längere der beiden übergebenen Listen. Das vierte Argument wird für die fehlenden Werte eingesetzt.

```
> zip( (x,y) -> x.y, [a,b,c,d,e,f], [1,2,3], 99 );
```

$$[a1, b2, c3, d99, e99, f99]$$

```
> zip( igcd, [7657,342,876], [34,756,213,346,123], 6! );
```

$$[1, 18, 3, 2, 3]$$

Der Befehl zip kann auch auf Vektoren angewandt werden. Siehe ?zip für weitere Informationen.

Sortieren von Listen

Eine Liste ist eine grundlegende ordnungserhaltende Datenstruktur in Maple. Die Elemente einer Listen bleiben in derselben Reihenfolge wie bei der Erzeugung der Liste. Mit dem Befehl sort können Sie eine Kopie der Liste in einer anderen Reihenfolge erzeugen. Unter anderem sortiert `sort` Listen in aufsteigender Ordnung. Es sortiert eine Liste von Zahlen in numerischer Reihenfolge.

```
> sort( [1,3,2,4,5,3,6,3,6] );
```

$$[1, 2, 3, 3, 3, 4, 5, 6, 6]$$

Der Befehl `sort` sortiert auch eine Liste von Zeichenketten in lexikographischer Ordnung.

```
> sort( [Mary, has, a, little, lamb] );
```

$$[Mary, a, has, lamb, little]$$

Wenn Sie Zahlen und Zeichenketten mischen oder eine Liste andere Ausdrücke als Zahlen oder Zeichenkette enthält, benutzt `sort` die Maschinenadressen, die von der Sitzung abhängig sind.

```
> sort( [x, 1, a] );
```

$$[1, a, x]$$

```
> sort( [-5, 10, sin(34)] );
```

$$[-5, 10, \sin(34)]$$

Beachten Sie, daß für Maple π nicht numerisch ist.

```
> sort( [4.3, Pi, 2/3] );
```

$$\left[\pi, 4.3, \frac{2}{3}\right]$$

Sie können eine boolesche Funktion angeben, um eine Ordnung für die Liste zu definieren. Die boolesche Funktion muß zwei Argumente nehmen und `true` zurückgeben, wenn das erste Argument vor dem zweiten kommen soll. Sie können dies benutzen, um eine Liste in absteigender Reihenfolge zu sortieren.

```
> sort( [3.12, 1, 1/2], (x,y) -> evalb( x>y ) );
```

$$\left[3.12, 1, \frac{1}{2}\right]$$

Der Befehl `is` kann Konstanten wie π und $\sin(5)$ mit reinen Zahlen vergleichen.

```
> bf := (x,y) -> is( x < y );
```

$$bf := (x, y) \to \mathrm{is}(x < y)$$

```
> sort( [4.3, Pi, 2/3, sin(5)], bf );
```

$$\left[\sin(5), \frac{2}{3}, \pi, 4.3\right]$$

Sie können auch Zeichenketten nach ihrer Länge sortieren.

```
> shorter := (x,y) -> evalb( length(x) < length(y) );
```

$$shorter := (x, y) \to \text{evalb}(\text{length}(x) < \text{length}(y))$$

```
> sort( [Mary, has, a, little, lamb], shorter );
```

$$[a, has, lamb, Mary, little]$$

Maple verfügt über keine andere eingebaute Methode zum Sortieren von aus Zeichenketten und Zahlen gemischten Listen als nach der Maschinenadresse. Um solche Liste zu sortieren, können Sie Folgendes machen.

```
> big_list := [1,d,3,5,2,a,c,b,9];
```

$$big\_list := [1, d, 3, 5, 2, a, c, b, 9]$$

Bilden Sie zwei Listen aus der ursprünglichen, eine mit den Zahlen und eine mit den Zeichenketten.

```
> list1 := select( type, big_list, string );
```

$$list1 := [d, a, c, b]$$

```
> list2 := select( type, big_list, numeric );
```

$$list2 := [1, 3, 5, 2, 9]$$

Dann sortieren Sie beide Listen unabhängig voneinander.

```
> list1 := sort(list1);
```

$$list1 := [a, b, c, d]$$

```
> list2 := sort(list2);
```

$$list2 := [1, 2, 3, 5, 9]$$

Zum Schluß setzen Sie die beiden Listen hintereinander.

```
> sorted_list := [ op(list1), op(list2) ];
```

$$sorted\_list := [a, b, c, d, 1, 2, 3, 5, 9]$$

Der Befehl `sort` kann auch algebraische Ausdrücke sortieren. Siehe *Sortieren algebraischer Ausdrücke* auf Seite 158.

Elemente von Listen oder Mengen auswählen auf Seite 166 gibt weitere Informationen über die Befehle in diesem Beispiel.

Die Teile eines Ausdrucks

Um einen Ausdruck im Detail manipulieren zu können, müssen Sie einzelne Teile ansprechen. Drei einfache Fälle betreffen Gleichungen, Bereiche und Brüche. Der Befehl `lhs` wählt die linke Seite einer Gleichung aus.

```
> eq := a^2 + b^ 2 = c^2;
```

$$eq := a^2 + b^2 = c^2$$

```
> lhs( eq );
```

$$a^2 + b^2$$

Entsprechend wählt `rhs` die rechte Seite aus.

```
> rhs( eq );
```

$$c^2$$

Die Befehle `lhs` und `rhs` funktionieren auch für Bereiche.

```
> lhs( 2..5 );
```

$$2$$

```
> rhs( 2..5 );
```

$$5$$

```
> eq := x = -2..infinity;
```

$$eq := x = -2..\infty$$

```
> lhs( eq );
```

$$x$$

```
> rhs( eq );
```

$$-2..\infty$$

```
> lhs( rhs(eq) );
```

$$-2$$

```
> rhs( rhs(eq) );
```

$$\infty$$

Die Befehle `numer` und `denom` liefern den Zähler beziehungsweise den Nenner eines Bruchs .

```
> numer( 2/3 );
```

$$2$$

```
> denom( 2/3 );
```

$$3$$

```
> fract := ( 1+sin(x)^3-y/x) / ( y^2 - 1 + x );
```

$$fract := \frac{1 + \sin(x)^3 - \frac{y}{x}}{y^2 - 1 + x}$$

```
> numer( fract );
```

$$x + \sin(x)^3\, x - y$$

```
> denom( fract );
```

$$x\,(y^2 - 1 + x)$$

Betrachten Sie den Ausdruck

```
> expr := 3 + sin(x) + 2*cos(x)^2*sin(x);
```

$$expr := 3 + \sin(x) + 2\,\cos(x)^2\,\sin(x)$$

Der Befehl `whattype` zeigt an, daß `expr` eine Summe ist.

```
> whattype( expr );
```

$$+$$

Benutzen Sie den Befehl op, um die Terme einer Summe oder allgemeiner die Operanden eines Ausdrucks aufzulisten.

```
> op( expr );
```

$$3, \sin(x), 2\,\cos(x)^2\,\sin(x)$$

`expr` besteht aus drei Termen. Benutzen Sie den Befehl nops, um die Zahl der Operanden eines Ausdrucks festzustellen.

```
> nops( expr );
```

$$3$$

Da `op(expr)` eine Folge liefert, können Sie zum Beispiel wie folgt den dritten Operanden auswählen.

```
> term3 := op(expr)[3];
```

$$term3 := 2\,\cos(x)^2\,\sin(x)$$

`term3` ist ein Produkt von drei Faktoren.

```
> whattype( term3 );
```

$$*$$

```
> nops( term3 );
```

$$3$$

```
> op( term3 );
```

$$2, \cos(x)^2, \sin(x)$$

Holen Sie den zweiten Faktor von `term3` auf die folgende Art heraus.

```
> factor2 := op(term3)[2];
```

$$factor2 := \cos(x)^2$$

Es handelt sich um eine Exponentiation.

```
> whattype( factor2 );
```

$$\hat{}$$

`factor2` hat zwei Operanden.

```
> op( factor2 );
```

$$\cos(x), 2$$

Der erste Operand ist eine Funktion und hat nur einen Operanden.

```
> op1 := op(factor2)[1];
```

$$op1 := \cos(x)$$

```
> whattype( op1 );
```

$$function$$

```
> op( op1 );
```

$$x$$

x ist eine Zeichenkette.

```
> whattype( op(op1) );
```

$$string$$

Da Sie x keinen Wert zugewiesen haben, besitzt es nur einen Operanden, nämlich sich selbst.

```
> nops( op(op1) );
```

$$1$$

```
> op( op(op1) );
```

$$x$$

Sie können das Ergebnis der Suche nach den Operanden der Operanden eines Ausdrucks graphisch in Form eines sogenannten *Ausdrucksbaums* darstellen. Der Ausdrucksbaum für `expr` sieht wie folgt aus.

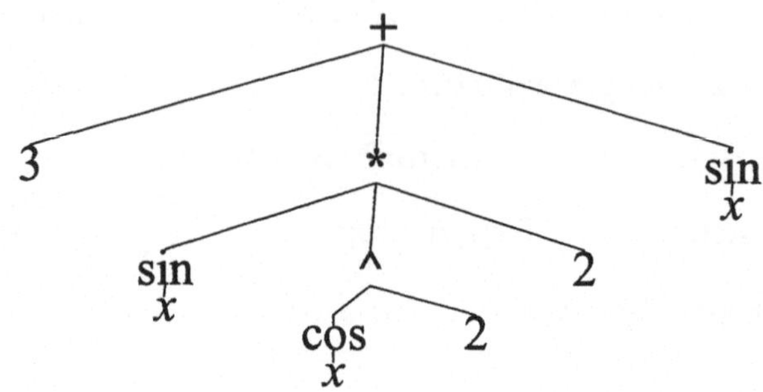

Die Operanden einer Liste oder einer Menge sind die Elemente.

```
> op( [a,b,c] );
```

$$a, b, c$$

```
> op( {d,e,f} );
```

$$f, d, e$$

Abbilden einer Funktion auf eine Liste oder eine Menge auf Seite 164 beschreibt, wie der Befehl `map` eine Funktion auf alle Elemente einer Liste oder einer Menge anwendet. `map` kann auch auf allgemeine Ausdrücke angewandt werden.

```
> map( f, x^2 );
```

$$\mathrm{f}(x)^{\mathrm{f}(2)}$$

Auch die Befehle `select` und `remove`, die in *Elemente von Listen oder Mengen auswählen* auf Seite 166 beschrieben sind, funktionieren bei allgemeinen Ausdrücken.

```
> large := z -> evalb( is(z>3) = true );
```

$$large := z \rightarrow \mathrm{evalb}(\mathrm{is}(3 < z) = true)$$

```
> remove( large, 5+8*sin(x) - exp(9) );
```

$$8\sin(x) - e^9$$

Maple verfügt über eine Reihe von Befehlen, die nützlich sind als boolesche Funktion in einem Aufruf von `select` oder `remove`. Der Befehl `has` bestimmt, ob ein Ausdruck einen gegebenen Teilausdruck enthält.

```
> has( x*exp(cos(t^2)), t^2 );
```

$$true$$

```
> has( x*exp(cos(t^2)), cos );
```

$$true$$

In einer der Lösungen der folgenden Menge von Gleichungen kommt RootOf vor.

```
> sol := { solve( { x^2*y^2 = b*y, x^2-y^2 = a*x }, {x,y} ) };
```

$$sol := \{\{y = 0, x = 0\}, \{y = 0, x = a\}, \{ x = \mathrm{RootOf}(\_Z^6 - b^2 - a\,\_Z^5), y = \frac{b}{\mathrm{RootOf}(\_Z^6 - b^2 - a\,\_Z^5)^2}\}\},$$

Sie können select und has benutzen, um diese Lösung auszuwählen.

```
> select( has, sol, RootOf );
```

$$\{\{x = \mathrm{RootOf}(\_Z^6 - b^2 - a\,\_Z^5), y = \frac{b}{\mathrm{RootOf}(\_Z^6 - b^2 - a\,\_Z^5)^2}\}\}$$

Sie können Teilausdrücke auch nach ihrem Typ auswählen oder entfernen. Der Befehl type bestimmt, ob ein Ausdruck von einem vorgegebenen Typ ist.

```
> type( 3+x, '+' );
```

$$true$$

Hier gibt der Befehl select sein drittes Argument, '+', weiter an type.

```
> expr := ( 3+x ) * x^2 * sin( 1+sqrt(Pi) );
```

$$expr := (3 + x)\,x^2\,\sin(1 + \sqrt{\pi})$$

```
> select( type, expr, '+' );
```

$$3 + x$$

Der Befehl hastype bestimmt, ob ein Ausdruck einen Teilausdruck von einem vorgegeben Typ besitzt.

```
> hastype( sin( 1+sqrt(Pi) ), '+' );
```

$$true$$

Sie können die Kombination `select(hastype,...)` benutzen, um diejenigen Operanden eines Ausdrucks auszuwählen, die einen bestimmten Typ enthalten.

```
> select( hastype, expr, '+' );
```

$$(3+x)\sin(1+\sqrt{\pi})$$

Wenn Sie an den Teilausdrücken eines bestimmten Typs interessiert sind und nicht an den Operanden, die sie enthalten, benutzen Sie den Befehl `indets`.

```
> indets( expr, '+' );
```

$$\{3+x, 1+\sqrt{\pi}\}$$

Die beiden `RootOfs` in `sol` oben sind von dem Typ `RootOf`. Da die beiden identisch sind, enthält die Menge, die `indets` zurückgibt, nur ein Element.

```
> indets( sol, RootOf );
```

$$\{\mathrm{RootOf}(\_Z^6 - b^2 - a\,\_Z^5)\}$$

Nicht alle Befehle verfügen über ihren eigenen Typ wie `RootOf`, aber Sie können den strukturierten Typ `specfunc(`*Typ*`,` *Name*`)`benutzen. Dieser Typ entspricht der Funktion *Name* mit Argumenten vom Typ *Typ*.

```
> type( diff(y(x), x), specfunc(anything, diff) );
```

$$true$$

Sie können dies benutzen, um alle Ableitungen in einer großen Differentialgleichung zu finden.

```
> DE := expand( diff( cos(y(t)+t)*sin(t*z(t)), t ) )
>     + diff(x(t), t);
```

$$\begin{aligned}DE := &-\sin(t\,\mathrm{z}(t))\sin(\mathrm{y}(t))\cos(t)\left(\frac{\partial}{\partial t}\mathrm{y}(t)\right)\\ &-\sin(t\,\mathrm{z}(t))\sin(\mathrm{y}(t))\cos(t)\\ &-\sin(t\,\mathrm{z}(t))\cos(\mathrm{y}(t))\sin(t)\left(\frac{\partial}{\partial t}\mathrm{y}(t)\right)\\ &-\sin(t\,\mathrm{z}(t))\cos(\mathrm{y}(t))\sin(t)+\cos(t\,\mathrm{z}(t))\cos(\mathrm{y}(t))\cos(t)\,\mathrm{z}(t)\\ &+\cos(t\,\mathrm{z}(t))\cos(\mathrm{y}(t))\cos(t)\,t\left(\frac{\partial}{\partial t}\mathrm{z}(t)\right)\\ &-\cos(t\,\mathrm{z}(t))\sin(\mathrm{y}(t))\sin(t)\,\mathrm{z}(t)\end{aligned}$$

$$- \cos(t\, z(t))\, \sin(y(t))\, \sin(t)\, t\, \left(\frac{\partial}{\partial t} z(t)\right) + \left(\frac{\partial}{\partial t} x(t)\right)$$

```
> indets( DE, specfunc(anything, diff) );
```

$$\left\{\frac{\partial}{\partial t} y(t), \frac{\partial}{\partial t} z(t), \frac{\partial}{\partial t} x(t)\right\}$$

Die folgenden Operanden von `DE` enthalten die Ableitungen.

```
> select( hastype, DE, specfunc(anything, diff) );
```

$$- \sin(t\, z(t))\, \sin(y(t))\, \cos(t)\, \left(\frac{\partial}{\partial t} y(t)\right)$$
$$- \sin(t\, z(t))\, \cos(y(t))\, \sin(t)\, \left(\frac{\partial}{\partial t} y(t)\right)$$
$$+ \cos(t\, z(t))\, \cos(y(t))\, \cos(t)\, t\, \left(\frac{\partial}{\partial t} z(t)\right)$$
$$- \cos(t\, z(t))\, \sin(y(t))\, \sin(t)\, t\, \left(\frac{\partial}{\partial t} z(t)\right) + \left(\frac{\partial}{\partial t} x(t)\right)$$

`DE` hat nur einen Operanden, der selbst eine Ableitung ist.

```
> select( type, DE, specfunc(anything, diff) );
```

$$\frac{\partial}{\partial t} x(t)$$

Maple erkennt viele Typen. Siehe `?type` für eine teilweise Liste und `?type, structured` für weitere Informationen über strukturierte Typen wie `specfunc`.

Ersetzen

Oft wollen Sie einen Wert für eine Variable einsetzen. Wenn Sie zum Beispiel das Problem „Berechne $f'(2)$ für $f(x) = \ln(\sin(xe^{\cos(x)}))$" lösen müssen, dann müssen Sie den Wert 2 für x in der Ableitung einsetzen. Der Befehl `diff` berechnet die Ableitung.

```
> y := ln( sin( x * exp(cos(x)) ) );
```

$$y := \ln(\sin(x\, e^{\cos(x)}))$$

```
> yprime := diff( y, x );
```

$$yprime := \frac{\cos(x\, e^{\cos(x)})\, (e^{\cos(x)} - x\, \sin(x)\, e^{\cos(x)})}{\sin(x\, e^{\cos(x)})}$$

Nun benutzen Sie den Befehl subs, um einen Wert für x in yprime einzusetzen.

```
> subs( x=2, yprime );
```

$$\frac{\cos(2\,e^{\cos(2)})\,(e^{\cos(2)} - 2\,\sin(2)\,e^{\cos(2)})}{\sin(2\,e^{\cos(2)})}$$

Der Befehl evalf liefert eine Gleitkommanäherung des Resultats.

```
> evalf( " );
```

$$-.1388047428$$

Der Befehl subs führt syntaktische, nicht mathematische Ersetzungen durch. Das bedeutet, daß Sie beliebige Teilausdrücke ersetzen können.

```
> subs( cos(x)=3, yprime );
```

$$\frac{\cos(x\,e^3)\,(e^3 - x\,\sin(x)\,e^3)}{\sin(x\,e^3)}$$

Aber Sie sind beschränkt auf Teilausdrücke, wie Maple sie sieht.

```
> expr := a * b * c * a^b;
```

$$expr := a\,b\,c\,a^b$$

```
> subs( a*b=3, expr );
```

$$a\,b\,c\,a^b$$

Für Maple stellt expr ein Produkt mit vier Faktoren dar.

```
> op( expr );
```

$$a, b, c, a^b$$

Das Produkt a*b ist kein Faktor in expr. Sie können die Ersetzung a*b=3 auf zwei Arten durchführen: lösen Sie den Teilausdruck nach einer der Variablen auf

```
> subs( a=3/b, expr );
```

$$3\,c\left(\frac{3}{b}\right)^b$$

Oder benutzen Sie simplify mit einer Nebenbedingung.

```
> simplify( expr, { a*b=3 } );
```

$$3\,c\,a^b$$

Beachten Sie, daß im ersten Fall a überall durch 3/b ersetzt wurde, während im zweiten Fall beide Variablen a und b im Ergebnis enthalten sind. Die Verwendung von simplify ist in der Regel vorzuziehen.

Sie können mehrere Ersetzungen mit einem Aufruf von subs ausführen.

```
> expr := z * sin( x^2 ) + w;
```

$$expr := z\ \sin(x^2) + w$$

```
> subs( x=sqrt(z), w=Pi, expr );
```

$$z\ \sin(z) + \pi$$

Der Befehl subs arbeitet die Ersetzungen von links nach rechts ab.

```
> subs( z=x, x=sqrt(z), expr );
```

$$\sqrt{z}\ \sin(z) + w$$

Wenn Sie eine Menge oder Liste von Ersetzungen vorgeben, führt subs diese gleichzeitig durch.

```
> subs( { z=x, x=sqrt(z) }, expr );
```

$$x\ \sin(z) + w$$

```
> subs( { x=sqrt(Pi), z=3 }, expr );
```

$$3\ \sin(\pi) + w$$

Beachten Sie, daß Sie das Ergebnis einer Ersetzung in der Regel explizit auswerten müssen.

```
> eval( " );
```

$$w$$

Benutzen Sie den Befehl subsop, um einen bestimmten Operanden eines Ausdrucks zu ersetzen.

```
> expr := 5^x;
```

$$expr := 5^x$$

```
> op( expr );
```

$$5, x$$

```
> subsop( 1=t, expr );
```

$$t^x$$

Der nullte Operand einer Funktion ist üblicherweise der Name der Funktion.

```
> expr := cos(x);
```

$$expr := \cos(x)$$

```
> subsop( 0=sin, expr );
```

$$\sin(x)$$

Die Teile eines Ausdrucks auf Seite 170 erklärt die Operanden eines Ausdrucks.

Ändern des Typs eines Ausdrucks

Mitunter wollen Sie den Typ eines Ausdrucks ändern. Hier ist die Taylor-Reihe für $\sin(x)$.

```
> f := sin(x);
```

$$f := \sin(x)$$

```
> t := taylor( f, x=0 );
```

$$t := x - \frac{1}{6}x^3 + \frac{1}{120}x^5 + \mathrm{O}(x^6)$$

Sie können eine Reihe nicht zeichnen, Sie müssen sie daher mit `convert(..., polynom)` zuerst in eine polynomiale Näherung umwandeln.

```
> p := convert( t, polynom );
```

$$p := x - \frac{1}{6}x^3 + \frac{1}{120}x^5$$

In ähnlicher Weise muß die Überschrift einer Zeichnung eine Zeichenkette sein und nicht ein allgemeiner Ausdruck. Sie können `convert(..., string)` benutzen, um einen Ausdruck in eine Zeichenkette umzuwandeln.

```
> p_txt := convert( p, string );
```

$$p\_txt := x - 1/6 * x\hat{}3 + 1/120 * x\hat{}5$$

```
> plot( p, x=-4..4, title=p_txt );
```

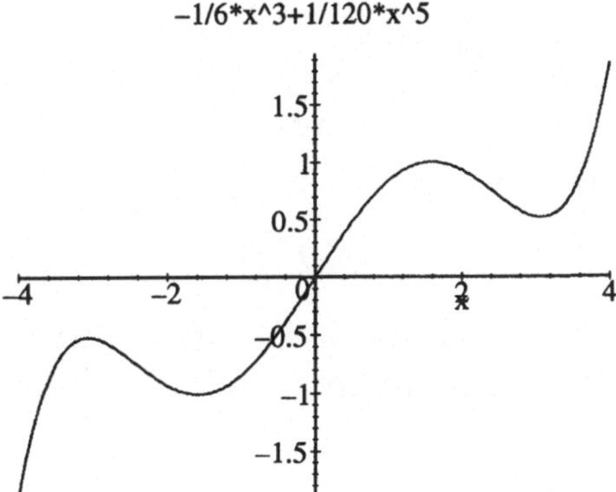

Der Befehl cat hängt alle seine Argumente aneinander, um eine neue Zeichenkette zu erzeugen.

```
> ttl := cat( convert( f, string ),
>             ` and its Taylor approximation `,
>             p_txt );
```

ttl :=

sin(x) and its Taylor approximation x − 1/6 ∗ x^3 + 1/120 ∗ x^5

```
> plot( [f, p], x=-4..4, title=ttl );
```

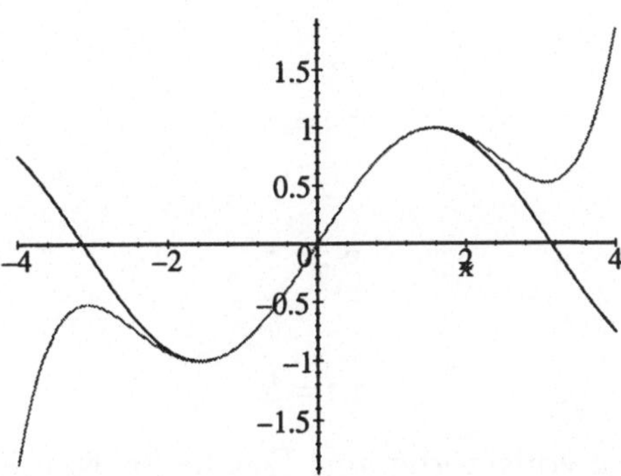

Sie können auch eine Liste in eine Menge oder eine Menge in eine Liste umwandeln.

```
> L := [1,2,5,2,1];
```

$$L := [1, 2, 5, 2, 1]$$

```
> S := convert( L, set );
```

$$S := \{5, 2, 1\}$$

```
> convert( S, list );
```

$$[5, 2, 1]$$

Der Befehl `convert` kann noch viele andere strukturelle oder mathematische Umformungen durchführen. Siehe `?convert` für weitere Informationen.

5.4 Auswertungsregeln

In einem Programm für symbolische Mathematik wie Maple stoßen Sie auf das Thema der *Auswertung*. Wenn Sie `x` den Wert `y` zuweisen, `y` den Wert `z` und `z` den Wert 5, welchen Wert sollte dann `x` haben?

Auswertungsebenen

Maple führt in der Regel eine vollständige Auswertung von Namen durch. Wenn Sie also einen Namen oder ein Symbol benutzen, überprüft Maple, ob der Name oder das Symbol einen zugewiesenen Wert hat. Falls ja, ersetzt Maple den Namen durch diesen Wert. Wenn der Wert selbst einen zugewiesenen Wert hat, führt Maple erneut eine Ersetzung aus. Dies geht rekursiv weiter, bis keine weiteren Ersetzungen mehr möglich sind.

```
> x := y;
```

$$x := y$$

```
> y := z;
```

$$y := z$$

```
> z := 5;
```

$$z := 5$$

Nun wertet Maple `x` vollständig aus. Das heißt, Maple ersetzt `x` durch `y`, `y` durch `z` und schließlich `z` durch 5.

```
> x;
```

$$5$$

Sie können den Befehl `eval` benutzen, um die Auswertung eines Ausdrucks steuern. Wenn Sie `eval` mit nur einem Argument aufrufen, dann wertet es dieses Argument vollständig aus.

```
> eval(x);
```

$$5$$

Ein zweites Argument für `eval` gibt an, wie weit Sie das erste Argument auswerten wollen.

```
> eval(x, 1);
```

$$y$$

```
> eval(x, 2);
```

$$z$$

```
> eval(x, 3);
```

$$5$$

Die wichtigsten Ausnahmen von dieser Regel der vollständigen Auswertung sind spezielle Datenstrukturen wie Tabellen, Matrizen und Prozeduren sowie das Verhalten lokaler Variablen innerhalb einer Prozedur.

Auswertung bis zum letzten Namen

Die Datenstrukturen `array`, `table`, `matrix` und `proc` zeigen ein besonderes Auswertungsverhalten, das *Auswertung bis zum letzten Namen* genannt wird.

```
> x := y;
```

$$x := y$$

```
> y := z;
```

$$y := z$$

```
> z := array( [ [1,2], [3,4] ] );
```

$$z := \begin{bmatrix} 1 & 2 \\ 3 & 4 \end{bmatrix}$$

Maple ersetzt `x` durch `y` und dann `y` durch `z`. Aber hier hört es auf, da die Auswertung des letzten Namens, `z`, ein Feld ergeben würde, also eine der vier besonderen Strukturen.

```
> x;
```

$$z$$

Maple benutzt die Auswertung bis zum letzten Namen für Felder, Tabellen, Matrizen und Prozeduren, weil diese Strukturen oft sehr umfangreich sind und die vollständige Auswertung unerwünschte Ausgaben in einer Maple-Sitzung erzeugt. Sie können die vollständige Auswertung durch einen expliziten Aufruf von `eval` erzwingen.

```
> eval(x);
```

$$\begin{bmatrix} 1 & 2 \\ 3 & 4 \end{bmatrix}$$

```
> add2 := proc(x,y) x+y; end;
```

$$add2 := \mathbf{proc}(x, y)\, x + y \;\mathbf{end}$$

```
> add2;
```

$$add2$$

Sie können leicht mit `eval` oder `print` die vollständige Auswertung erzwingen.

```
> eval(add2);
```

$$\mathbf{proc}(x, y)\, x + y \;\mathbf{end}$$

Beachten Sie, daß die vollständige Auswertung von Prozeduren aus der Maple-Bibliothek in der Standardeinstellung den Kode der Prozedur unterdrückt. Um dies zu verdeutlichen, laden Sie den Befehl `effectiverate` aus dem Paket `finance`.

```
> with(finance, effectiverate): effectiverate;
```

$$effectiverate$$

```
> eval(effectiverate);
```

proc(*Rate*, *N*)
  description '*effective rate when stated Rate is calcula*
  ted N times in a period,N can be infinity'
  end

Geben Sie der zum `interface` gehörenden Variablen `verboseproc` den Wert 2 und probieren Sie es erneut.

```
> interface( verboseproc=2 ); eval(effectiverate);
```

proc(*Rate*, *N*)
  option '*Copyright 1994 by Je'ro^me M. Lang*';
  description '*effective rate when stated Rate is calcula*
  ted N times in a period,N can be infinity'
    if $N = \infty$ **then** $\exp(Rate) - 1$ **else** $\left(1 + (Rate)/(N)\right)^N - 1$ **fi**
  end

Der Standardwert von verboseproc ist 1.

```
> interface( verboseproc=1 );
```

Die Hilfeseite ?interface erläutert die möglichen Werte von verboseproc und der anderen Variablen des interface.

Auswertung um einen Schritt

Lokale Variablen einer Prozedur benutzen Einschrittauswertung. Das bedeutet, wenn Sie einer lokalen Variablen einen Wert zuweisen, dann ist das Ergebnis der Auswertung der Wert, der diesem zuletzt zugewiesen wurde.

```
> test:=proc()
> local x, y, z;
> x := y;
> y := z;
> z := 5;
> x;
> end:
> test();
```

$$y$$

Vergleichen Sie diese Auswertung mit dem entsprechenden interaktiven Beispiel in *Auswertungsebenen* auf Seite 182. Vollständige Auswertung wird innerhalb einer Prozedur selten benötigt und kann zu Ineffizienz führen. Wenn Sie vollständige Auswertung in einer Prozedur brauchen, rufen Sie eval auf.

Befehle mit speziellen Auswertungsregeln

Die Befehle assigned und evaln Die Funktionen assigned und evaln werten ihre Argumente nur bis zu dem Punkt aus, an dem sie zu Namen werden.

```
> x := y;
```

$$x := y$$

```
> y := z;
```

$$y := z$$

```
> evaln(x);
```

$$x$$

Der Befehl assigned prüft, ob einem Namen ein Wert zugewiesen ist.

```
> assigned( x );
```

$$true$$

Der Befehl `seq` Der Befehl `seq` zum Erzeugen von Ausdrucksfolgen wertet seine Argumente nicht aus, so daß `seq` eine Variable als Laufvariable benutzen kann, selbst wenn sie einen zugewiesenen Wert besitzt.

```
> i := 2;
```

$$i := 2$$

```
> seq( i^2, i=1..5 );
```

$$1, 4, 9, 16, 25$$

```
> i;
```

$$2$$

Vergleichen Sie dies mit dem Verhalten von `sum`.

```
> sum( i^2, i=1..5 );
Error, (in sum) summation variable previously assigned
,                   second argument evaluates to, 2 = 1
.. 5
```

Sie können dieses Problem leicht lösen durch einfache Anführungszeichen.

Anführungszeichen und verzögerte Auswertung

Die Sprache von Maple unterstützt die Verwendung von einfachen Anführungszeichen, um die Auswertung um einen Schritt zu verzögern. Wird ein Name von einfachen Anführungszeichen (`'`) umschloßen, hindert dies Maple an der Auswertung des Namens.

```
> i := 4;
```

$$i := 4$$

```
> i;
```

$$4$$

```
> 'i';
```

$$i$$

Benutzen Sie diese Methode, um folgendes Problem zu vermeiden.

```
> i;
```

$$4$$

```
> sum( i^2, i=1..5 );

Error, (in sum) summation variable previously assigned
,                  second argument evaluates to, 4 = 1
.. 5

> sum( 'i^2', 'i'=1..5 );
```

$$55$$

```
> i;
```

$$4$$

Vollständige Auswertung eines Ausdrucks in Anführungszeichen entfernt eine Ebene von Anführungszeichen.

```
> x := 0;
```

$$x := 0$$

```
> '''x'+1'';
```

$$''x' + 1'$$

```
> ";
```

$$'x' + 1$$

```
> ";
```

$$x + 1$$

```
> ";
```

$$1$$

Einen Ausdruck in Anführungszeichen setzen verzögert die Auswertung, verhindert aber nicht automatische Vereinfachungen und die Arithmetik.

```
> '1-1';
```

$$0$$

```
> 'p+q-i-p+3*q';
```

$$4q - i$$

Wenn Sie eine einfache Variable mit Anführungszeichen umschließen, ist das Ergebnis der Name der Variable. Sie können dies ausnutzen, um Zuweisungen an eine Variable rückgängig zu machen.

```
> x := 1;
```

$$x := 1$$

```
> x;
```

$$1$$

```
> x := 'x';
```

$$x := x$$

```
> x;
```

$$x$$

Im allgemeinen müssen Sie jedoch den Befehl `evaln` benutzen.

```
> i := 4;
```

$$i := 4$$

```
> a[i] := 9;
```

$$a_4 := 9$$

Beachten Sie, daß `'a[i]'` `a[i]` ergibt und nicht `a[4]`.

```
> 'a[i]';
```

$$a_i$$

Sie müssen hier `evaln` benutzen, um die Zuweisung an `a[i]` rückgängig zu machen.

```
> evaln( a[i] );
```

$$a_4$$

```
> a[i] := evaln( a[i] );
```

$$a_4 := a_4$$

Variablen in Anführungszeichen als Funktionsargumente

Einige Maple-Befehle benutzen Namen als eine Methode, um neben dem normalen Rückgabewert weitere Informationen zurückzugeben.

```
> divide( x^2-1, x-1, 'q' );
```

$$true$$

Hier weist der Befehl `divide` den Quotienten dem globalen Namen q zu.

```
> q;
```

$$x + 1$$

Denken Sie daran, Namen in einfachen Anführungszeichen zu benutzen, um sicher zu gehen, daß Sie der Prozedur nicht eine Variable mit einem zugewiesenen Wert übergeben. Sie können die Anführungszeichen vermeiden, wenn Sie sicherstellen, daß der Name, den Sie benutzen, vorher keinen Wert zugewiesen bekommen hat.

```
> q := 2;
```

$$q := 2$$

```
> divide( x^2-y^2, x-y, q );
Error, wrong number (or type) of parameters in functio\
n divide
> q := evaln(q);
```

$$q := q$$

```
> divide( x^2-y^2, x-y, q );
```

$$true$$

```
> q;
```

$$y + x$$

Die Befehle `rem`, `quo`, `irem` und `iquo` zeigen ein ähnliches Verhalten.

Verketten von Namen

Verkettung stellt eine Methode dar, neue Variablennamen aus anderen zu bauen.

```
> a.b;
```

$$ab$$

Der Verkettungsoperator, „`.`“, veranlaßt die Auswertung auf seiner rechten Seite, aber nicht auf seiner linken.

```
> a := x;
```

$$a := x$$

```
> b := 2;
```

$$b := 2$$

```
> a.b;
```

$$a2$$

```
> c := 3;
```

$$c := 3$$

```
> a.b.c;
```

$$a23$$

Wenn die Auswertung eines Namens kein einfaches Symbol ergibt, wertet Maple eine Verkettung nicht aus.

```
> a := x;
```

$$a := x$$

```
> b := y+1;
```

$$b := y + 1$$

```
> new_name := a.b;
```

$$new\_name := a.(y + 1)$$

```
> y := 3;
```

$$y := 3$$

```
> new_name;
```

$$a4$$

Sie können verkettete Namen benutzen, um Ausdrücke zuzuweisen und zu erzeugen.

```
> i := 1;
```

$$i := 1$$

```
> a.i := 0;
```

$$a1 := 0$$

Hier benötigen Sie einfache Anführungszeichen.

```
> sum( 'a.k' * x^k, k=0..8 );
```

$$a0 + a2\,x^2 + a3\,x^3 + a4\,x^4 + a5\,x^5 + a6\,x^6 + a7\,x^7 + a8\,x^8$$

Wenn Sie die Anführungszeichen weglassen, wertet Maple `a.k` zu ak aus.

```
> sum( a.k * x^k, k=0..8 );
```

$$ak + ak\,x + ak\,x^2 + ak\,x^3 + ak\,x^4 + ak\,x^5 + ak\,x^6 + ak\,x^7 + ak\,x^8$$

Sie können die Verkettung auch einsetzen, um Zeichenketten für Überschriften in Graphiken zusammenzusetzen.

5.5 Zusammenfassung

In diesem Kapitel haben Sie gesehen, wie Sie viele Arten von Umformungen von Ausdrücken vornehmen können, vom Addieren zweier Ausdrücke bis zum Auswählen einzelner Teile eines allgemeinen Ausdrucks. Im allgemeinen sagt keine Regel, welche Form eines Ausdrucks die einfachste ist. Aber die Befehle, die Sie in diesem Kapitel gesehen haben, erlauben es Ihnen, Ausdrücke in viele verschiedene Formen umzuformen, oft in die, die *Sie* als die einfachste ansehen. Falls nicht, können Sie Nebenbedingungen benutzen, um Ihre eigenen Vereinfachungsregeln anzugeben, oder Annahmen treffen, um Maple zu sagen, daß gewisse Unbekannte gewisse Eigenschaften besitzen.

Sie haben auch gesehen, daß Maple in den meisten Fällen Variablen vollständig auswertet. Es existieren einige Ausnahmen, zu denen die Auswertung bis zum letzten Namen bei gewissen großen Datenstrukturen, die Einschrittauswertung bei lokalen Variablen in Prozeduren sowie die verzögerte Auswertung bei einfachen Anführungszeichen gehören.

KAPITEL 6

Beispiele aus der Analysis

Dieses Kapitel zeigt Beispiele, wie Maple Ihnen helfen kann, Probleme aus der Analysis aufzustellen und zu lösen. Der erste Abschnitt beschreibt elementare Konzepte wie die Ableitung oder das Integral, der zweite Abschnitt behandelt gewöhnliche Differentialgleichungen und der dritte Abschnitt beschäftigt sich mit partiellen Differentialgleichungen.

6.1 Einführung in die Infinitesimalrechnung

Dieser Abschnitt enthält eine Reihe von Beispielen, wie man in der Infinitesimalrechnung Ideen verdeutlichen und Probleme lösen kann. Das Paket `student` enthält viele Befehle, die in diesem Bereich besonders nützlich sind.

Die Ableitung

Dieser Abschnitt veranschaulicht die geometrische Bedeutung der Ableitung: die Steigung der Tangente. Dann zeigt er Ihnen, wie Sie die Wendepunkte einer Funktion finden.

Definieren Sie wie folgt die Funktion $f\colon x \mapsto \exp(\sin(x))$.

```
> f := x -> exp( sin(x) );
```

$$f := x \to e^{\sin(x)}$$

Finden Sie den Wert der Ableitung von f für $x0 = 1$.

```
> x0 := 1;
```

$$x0 := 1$$

$p0$ und $p1$ sind zwei Punkte auf dem Graphen von f.

```
> p0 := [ x0, f(x0) ];
```

$$p0 := [1, e^{\sin(1)}]$$

```
> p1 := [ x0+h, f(x0+h) ];
```

$$p1 := [1 + h, e^{\sin(1+h)}]$$

Der Befehl `slope` aus dem Paket `student` kann die Steigung der Sekante durch `p0` und `p1` berechnen.

```
> with(student): m := slope( p0, p1 );
```

$$m := -\frac{e^{\sin(1)} - e^{\sin(1+h)}}{h}$$

Falls $h = 1$, ist die Steigung

```
> subs( h=1, m );
```

$$-e^{\sin(1)} + e^{\sin(2)}$$

Der Befehl `evalf` liefert eine Gleitkommanäherung.

```
> evalf( " );
```

$$.162800903$$

Wenn h gegen Null geht, scheint die Steigung zu konvergieren.

```
> h_values := [ seq( 1/i^2, i=1..20 ) ];
```

$$h\_values := [1, \frac{1}{4}, \frac{1}{9}, \frac{1}{16}, \frac{1}{25}, \frac{1}{36}, \frac{1}{49}, \frac{1}{64}, \frac{1}{81}, \frac{1}{100}, \frac{1}{121}, \frac{1}{144}, \frac{1}{169}, \frac{1}{196}, \frac{1}{225}, \frac{1}{256}, \frac{1}{289}, \frac{1}{324}, \frac{1}{361}, \frac{1}{400}]$$

```
> seq( evalf(m), h=h_values );
```

$$.162800903, 1.053234750, 1.17430578, 1.21091762, 1.22680697, 1.23515485, 1.2400915, 1.2432565, 1.2454086, 1.2469391, 1.2480669, 1.2489216, 1.2495855, 1.2501111, 1.2505343, 1.2508805, 1.2511671, 1.2514069, 1.2516098, 1.2517828$$

Es folgt die Gleichung für die Sekante.

```
> y - p0[2] = m * ( x - p0[1] );
```

$$y - e^{\sin(1)} = -\frac{(e^{\sin(1)} - e^{\sin(1+h)})\,(x-1)}{h}$$

Der Befehl `isolate` wandelt die Gleichung in Punkt-Steigungsform um.

```
> isolate( ", y );
```

$$y = -\frac{(e^{\sin(1)} - e^{\sin(1+h)})\,(x-1)}{h} + e^{\sin(1)}$$

Sie müssen die Gleichung in eine Funktion umwandeln.

```
> secant := unapply( rhs("), x );
```

$$secant := x \to -\frac{(e^{\sin(1)} - e^{\sin(1+h)})\,(x-1)}{h} + e^{\sin(1)}$$

Sie können nun die Sekante und die Funktion gemeinsam für verschiedene Werte von h zeichnen. Erzeugen Sie zuerst eine Folge von Zeichnungen. Sie können die Steigung der Sekante als Überschrift benutzen.

```
> S := seq( plot( [f(x), secant(x)], x=0..4,
>                  view=[0..4, 0..4],
>                  title=convert(evalf(m), string) ),
>           h=h_values ):
```

Der Befehl `display` aus dem Paket `plots` kann die Zeichnungen in Folge ausgeben – das heißt, als eine Animation.

```
> with(plots):
```

```
> display( S, insequence=true, view=[0..4, 0..4] );
```

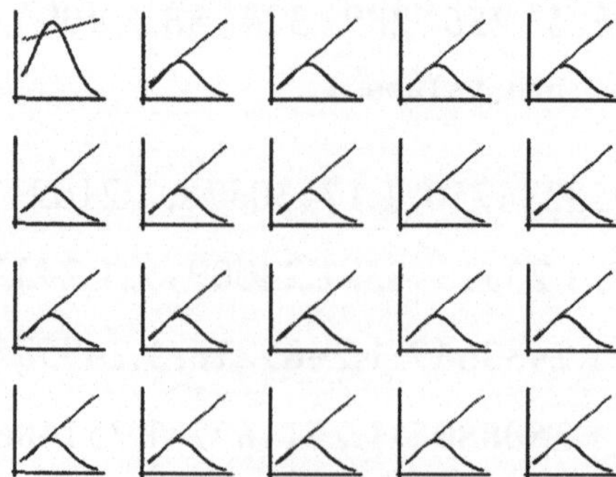

Im Grenzwert für h gegen Null ist die Steigung

```
> Limit( m, h=0 );
```

$$\lim_{h \to 0} -\frac{e^{\sin(1)} - e^{\sin(1+h)}}{h}$$

Der Wert dieses Ausdrucks ist

```
> value( " );
```

$$e^{\sin(1)} \cos(1)$$

Dieses Resultat ist natürlich der Wert von $f'(x0)$. Um das zu sehen, berechnen Sie zuerst die Ableitung von f.

```
> diff( f(x), x );
```

$$\cos(x)\, e^{\sin(x)}$$

Dann definieren Sie die Funktion $f1$ als die erste Ableitung von f.

```
> f1 := unapply( ", x );
```

$$f1 := x \to \cos(x)\, e^{\sin(x)}$$

Nun sehen Sie, daß $f1(x0)$ mit obigem Grenzwert übereinstimmt.

```
> f1(x0);
```

$$e^{\sin(1)} \cos(1)$$

Wenn Sie einmal ableiten können, können Sie es auch zweimal.

```
> diff( f(x), x, x );
```

$$-\sin(x)\, e^{\sin(x)} + \cos(x)^2\, e^{\sin(x)}$$

Definieren Sie die Funktion $f2$ als die zweite Ableitung von f.

```
> f2 := unapply( ", x );
```

$$f2 := x \to -\sin(x)\, e^{\sin(x)} + \cos(x)^2\, e^{\sin(x)}$$

Wenn Sie f gemeinsam mit seiner ersten und zweiten Ableitung zeichnen, sehen Sie, daß f immer dann ansteigt, wenn $f1$ positiv ist, und daß f immer dann konkav ist, wenn $f2$ negativ ist.

```
> plot( [f(x), f1(x), f2(x)], x=0..10 );
```

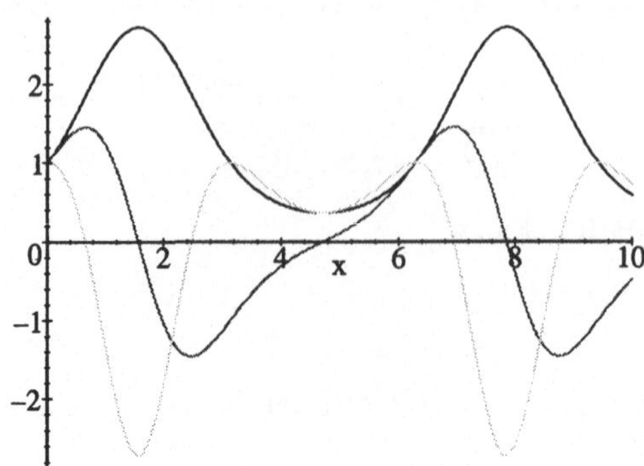

Der Graph von f hat dort einen Wendepunkt, wo die zweite Ableitung das Vorzeichen wechselt. Die zweite Ableitung kann nur dort das Vorzeichen wechseln, wo $f2(x)$ Null ist.

```
> sol := { solve( f2(x)=0, x ) };
```

$$sol := \left\{ -\arctan\left(2\,\frac{\frac{1}{2}\sqrt{5}-\frac{1}{2}}{\sqrt{-2+2\sqrt{5}}}\right)+\pi,\ \arctan\left(2\,\frac{\frac{1}{2}\sqrt{5}-\frac{1}{2}}{\sqrt{-2+2\sqrt{5}}}\right),\right.$$
$$\arctan\left(-\frac{1}{2}-\frac{1}{2}\sqrt{5},\ \frac{1}{2}\sqrt{-2-2\sqrt{5}}\right),$$
$$\left.\arctan\left(-\frac{1}{2}-\frac{1}{2}\sqrt{5},\ -\frac{1}{2}\sqrt{-2-2\sqrt{5}}\right)\right\}$$

Zwei dieser Lösungen sind komplex.

```
> evalf( sol );
```

$$\{.6662394325, 2.475353222,$$
$$-1.570796327 + 1.061275062\,i,$$
$$-1.570796327 - 1.061275062\,i\}$$

In diesem Beispiel interessieren nur die reellen Lösungen. Sie können sie mit dem Befehl `select` aus der Lösungsmenge auswählen.

```
> infl := select( type, sol, realcons );
```

$$infl := \left\{ -\arctan\left(2\,\frac{\frac{1}{2}\sqrt{5}-\frac{1}{2}}{\sqrt{-2+2\sqrt{5}}}\right)+\pi\ ,\ \arctan\left(2\,\frac{\frac{1}{2}\sqrt{5}-\frac{1}{2}}{\sqrt{-2+2\sqrt{5}}}\right)\right\}$$

```
> evalf( infl );
```

$$\{.6662394325\,,2.475353222\}$$

Sie können obigem Graphen entnehmen, daß $f2$ in der Tat bei diesen x-Werten das Vorzeichen wechselt.

```
> { seq( [x, f(x)], x=infl ) };
```

$$\left\{\left[-\arctan\left(2\,\frac{\frac{1}{2}\sqrt{5}-\frac{1}{2}}{\sqrt{-2+2\sqrt{5}}}\right)+\pi,\;e^{\left(2\,\frac{1/2\sqrt{5}-1/2}{\sqrt{-2+2\sqrt{5}}\sqrt{1+4\,\frac{(1/2\sqrt{5}-1/2)^2}{-2+2\sqrt{5}}}}\right)}\right],\right.$$
$$\left.\left[\arctan\left(2\,\frac{\frac{1}{2}\sqrt{5}-\frac{1}{2}}{\sqrt{-2+2\sqrt{5}}}\right),\,e^{\left(2\,\frac{1/2\sqrt{5}-1/2}{\sqrt{-2+2\sqrt{5}}\sqrt{1+4\,\frac{(1/2\sqrt{5}-1/2)^2}{-2+2\sqrt{5}}}}\right)}\right]\right\}$$

```
> evalf( " );
```

$$\{[2.475353222,\,1.855276958],$$
$$[.6662394325,\,1.855276958]\}$$

Da f periodisch ist, besitzt es natürlich unendlich viele Wendepunkte. Sie erhalten diese, indem Sie die beiden obigen Wendepunkte horizontal um Vielfache von 2π verschieben.

Approximation durch eine Taylor-Reihe

Dieser Abschnitt verdeutlicht, wie Sie Maple benutzen können, um den Fehlerterm einer Taylor-Reihe zu analysieren. Die Formel von Taylor lautet

```
> taylor( f(x), x=a );
```

$$\mathrm{f}(a)+\mathrm{D}(f)(a)\,(x-a)+\frac{1}{2}\,D^{(2)}(f)(a)\,(x-a)^2+\frac{1}{6}\,D^{(3)}(f)(a)$$
$$(x-a)^3+\frac{1}{24}\,D^{(4)}(f)(a)\,(x-a)^4+\frac{1}{120}\,D^{(5)}(f)(a)\,(x-a)^5+$$
$$\mathrm{O}((x-a)^6)$$

Sie können sie benutzen, um eine Funktion f in der Nähe von $x = a$ durch ein Polynom anzunähern.

```
> f := x -> exp( sin(x) );
```

$$f := x \to e^{\sin(x)}$$

```
> a := Pi;
```

$$a := \pi$$

```
> taylor( f(x), x=a );
```

$$1 - (x - \pi) + \frac{1}{2}(x - \pi)^2 - \frac{1}{8}(x - \pi)^4 + \frac{1}{15}(x - \pi)^5 + \mathrm{O}((x - \pi)^6)$$

Bevor Sie diese Näherung zeichnen, müssen Sie sie von einer Reihe in ein Polynom umwandeln.

```
> poly := convert( ", polynom );
```

$$poly := 1 - x + \pi + \frac{1}{2}(x - \pi)^2 - \frac{1}{8}(x - \pi)^4 + \frac{1}{15}(x - \pi)^5$$

Nun zeichnen Sie die Funktion f zusammen mit poly.

```
> plot( [f(x), poly], x=0..10, view=[0..10, 0..3] );
```

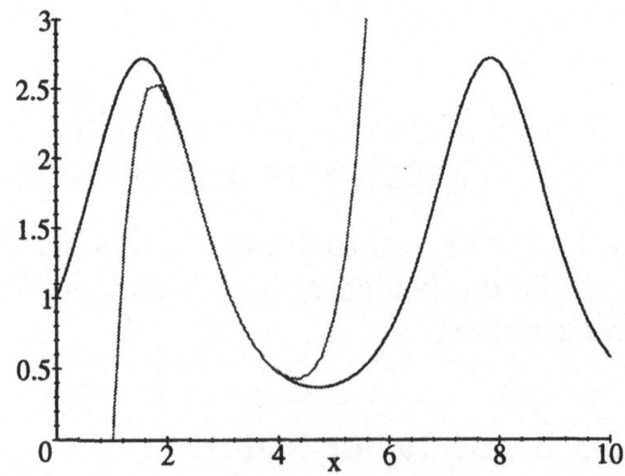

$(1/6!) f^{(6)}(\xi)(x - a)^6$ gibt den Fehler der Näherung an, wobei ξ eine Zahl zwischen x und a ist. Die sechste Ableitung von f ist

```
> diff( f(x), x$6 );
```

$$- \sin(x)\, e^{\sin(x)} + 16 \cos(x)^2 e^{\sin(x)} - 15 \sin(x)^2 e^{\sin(x)} + 75 \sin(x) \cos(x)^2 e^{\sin(x)} - 20 \cos(x)^4 e^{\sin(x)} - 15 \sin(x)^3 e^{\sin(x)} + 45 \sin(x)^2 \cos(x)^2 e^{\sin(x)} - 15 \sin(x) \cos(x)^4 e^{\sin(x)} + \cos(x)^6 e^{\sin(x)}$$

Definieren Sie die Funktion $f6$ als diese Ableitung.

```
> f6 := unapply( ", x );
```

$$\begin{aligned} f6 := x \rightarrow & -\sin(x)\, e^{\sin(x)} + 16\cos(x)^2 e^{\sin(x)} \\ & - 15\sin(x)^2 e^{\sin(x)} + 75\sin(x)\cos(x)^2 e^{\sin(x)} \\ & - 20\cos(x)^4 e^{\sin(x)} - 15\sin(x)^3 e^{\sin(x)} \\ & + 45\sin(x)^2\cos(x)^2 e^{\sin(x)} - 15\sin(x)\cos(x)^4 e^{\sin(x)} \\ & + \cos(x)^6 e^{\sin(x)} \end{aligned}$$

Das Folgende stellt den Fehler der Näherung dar.

```
> err := 1/6! * f6(xi) * (x - a)^6;
```

$$\begin{aligned} err := & \frac{1}{720}(-\sin(\xi)\, e^{\sin(\xi)} + 16\cos(\xi)^2 e^{\sin(\xi)} \\ & - 15\sin(\xi)^2 e^{\sin(\xi)} + 75\sin(\xi)\cos(\xi)^2 e^{\sin(\xi)} \\ & - 20\cos(\xi)^4 e^{\sin(\xi)} - 15\sin(\xi)^3 e^{\sin(\xi)} \\ & + 45\sin(\xi)^2\cos(\xi)^2 e^{\sin(\xi)} - 15\sin(\xi)\cos(\xi)^4 e^{\sin(\xi)} \\ & + \cos(\xi)^6 e^{\sin(\xi)})(x-\pi)^6 \end{aligned}$$

Die Zeichnung zeigt, daß der Fehler klein ist (im Betrag) für x zwischen 2 und 4.

```
> plot3d( abs( err ), x=2..4, xi=2..4,
>     style=patch, axes=boxed );
```

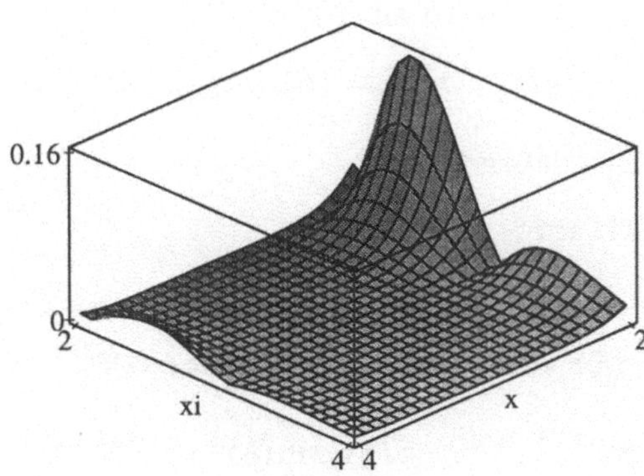

Um die Größe des Fehlers zu finden, brauchen Sie eine volle Analyse des Ausdrucks `err` für x zwischen 2 und 4 und ξ zwischen a und x; das heißt, in den beiden abgeschlossenen Gebieten, die von $x = 2, x = 4, \xi = a$

und $\xi = x$ begrenzt werden. Der Befehl curve aus dem Paket plottools kann diese beiden Gebiete anzeigen.

```
> with(plots): with(plottools):
> display( curve( [ [2,2], [2,a], [4,a], [4,4], [2,2] ] ),
>          labels=[x, xi] );
```

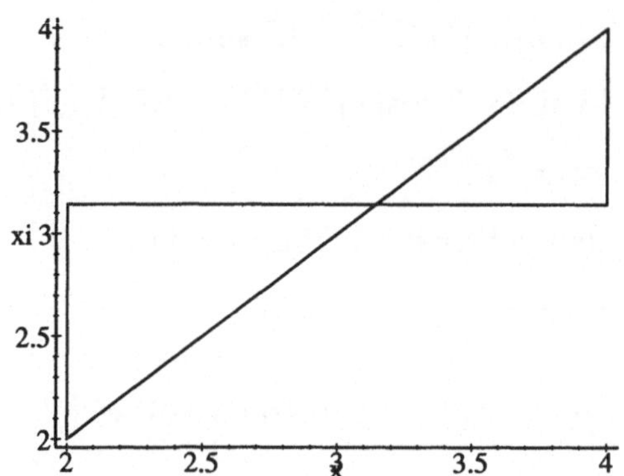

Die partiellen Ableitungen von err helfen Ihnen, Extrema von err in den beiden Gebieten zu finden. Dann müssen Sie sich um die vier Ränder kümmern. Die beiden partiellen Ableitungen von err sind

```
> err_x := diff(err, x);
```

$$
\begin{aligned}
err\_x := \frac{1}{120}(&-\sin(\xi)\,e^{\sin(\xi)} + 16\cos(\xi)^2\,e^{\sin(\xi)} \\
&- 15\sin(\xi)^2\,e^{\sin(\xi)} + 75\sin(\xi)\cos(\xi)^2\,e^{\sin(\xi)} \\
&- 20\cos(\xi)^4\,e^{\sin(\xi)} - 15\sin(\xi)^3\,e^{\sin(\xi)} \\
&+ 45\sin(\xi)^2\cos(\xi)^2\,e^{\sin(\xi)} - 15\sin(\xi)\cos(\xi)^4\,e^{\sin(\xi)} \\
&+ \cos(\xi)^6\,e^{\sin(\xi)})(x-\pi)^5
\end{aligned}
$$

```
> err_xi := diff(err, xi);
```

$$
\begin{aligned}
err\_xi := \frac{1}{720}(&-\cos(\xi)\,e^{\sin(\xi)} - 63\sin(\xi)\cos(\xi)\,e^{\sin(\xi)} \\
&+ 91\cos(\xi)^3\,e^{\sin(\xi)} - 210\sin(\xi)^2\cos(\xi)\,e^{\sin(\xi)} \\
&+ 245\sin(\xi)\cos(\xi)^3\,e^{\sin(\xi)} - 35\cos(\xi)^5\,e^{\sin(\xi)} \\
&- 105\sin(\xi)^3\cos(\xi)\,e^{\sin(\xi)} + 105\sin(\xi)^2\cos(\xi)^3\,e^{\sin(\xi)} \\
&- 21\sin(\xi)\cos(\xi)^5\,e^{\sin(\xi)} + \cos(\xi)^7\,e^{\sin(\xi)})(x-\pi)^6
\end{aligned}
$$

Die beiden partiellen Ableitungen sind Null an einem kritischen Punkt.

```
> sol := solve( {err_x=0, err_xi=0}, {x, xi} );
```

$$sol := \{\xi = \xi, x = \pi\}$$

An diesem kritischen Punkt ist der Fehler Null.

```
> subs( sol, err );
```

$$0$$

Sie müssen eine Menge von kritischen Werten sammeln. Der größte kritische Wert stellt dann eine Schranke für den maximalen Fehler dar.

```
> critical := { " };
```

$$critical := \{0\}$$

Die partielle Ableitung `err_xi` ist Null an einem kritischen Punkt auf einem der Ränder bei $x = 2$ beziehungsweise $x = 4$.

```
> sol := { solve( err_xi=0, xi ) };
```

$$\begin{aligned} sol := \{&\arctan(\mathrm{RootOf}(-56 - 161\,\_Z + 129\,\_Z^2 + 308\,\_Z^3 \\ &+ 137\,\_Z^4 + 21\,\_Z^5 + \_Z^6), \mathrm{RootOf}(\_Z^2 - 1 + \mathrm{RootOf}(-56 \\ &- 161\,\_Z + 129\,\_Z^2 + 308\,\_Z^3 + 137\,\_Z^4 + 21\,\_Z^5 \\ &+ \_Z^6)^2 - 1)), \frac{1}{2}\pi\} \end{aligned}$$

Nur die reellen Lösungen sind von Interesse.

```
> select( type, sol, realcons );
```

$$\left\{\frac{1}{2}\pi\right\}$$

Sie sollten die Lösungsmenge überprüfen, indem Sie die Funktion zeichnen.

```
> plot( subs(x=2, err_xi), xi=2..4 );
```

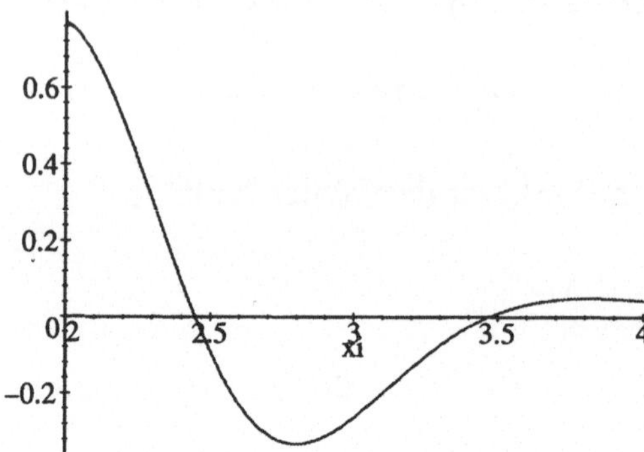

Es scheinen zwei Lösungen von `err_xi=0` zwischen 2 und 4 zu existieren, wo `solve` keine gefunden hat: $\pi/2$ ist kleiner als 2. Daher müssen Sie numerische Methoden einsetzen. Wenn $x = 2$, dann sollte ξ in dem Intervall von 2 bis a liegen.

```
> sol := fsolve( subs(x=2, err_xi), xi, 2..a );
```

$$sol := 2.446729125$$

An diesem Punkt ist der Fehler

```
> subs( x=2, xi=sol, err );
```

$$\begin{aligned}
&\frac{1}{720}(-\sin(2.446729125)\ \%1 + 16\cos(2.446729125)^2\ \%1\\
&\quad - 15\sin(2.446729125)^2\ \%1\\
&\quad + 75\sin(2.446729125)\cos(2.446729125)^2\ \%1\\
&\quad - 20\cos(2.446729125)^4\ \%1 - 15\sin(2.446729125)^3\ \%1\\
&\quad + 45\sin(2.446729125)^2\cos(2.446729125)^2\ \%1\\
&\quad - 15\sin(2.446729125)\cos(2.446729125)^4\ \%1\\
&\quad + \cos(2.446729125)^6\ \%1)(2-\pi)^6\\
&\quad \%1 := e^{\sin(2.446729125)}
\end{aligned}$$

was zu dem Folgenden ausgewertet werden kann.

```
> eval(");
```

$$.07333000221\,(2-\pi)^6$$

Nun fügen Sie diesen Wert zur Menge der kritischen Werten hinzu.

```
> critical := critical union {"};
```

$$critical := \{0, .07333000221\,(2-\pi)^6\}$$

Wenn $x = 4$, dann sollte ξ zwischen a und 4 liegen.

```
> sol := fsolve( subs( x=4, err_xi), xi, a..4 );
```

$$sol := 3.467295314$$

An diesem Punkt ist der Fehler

```
> subs( x=4, xi=sol, err );
```

$$\frac{1}{720}(-\sin(3.467295314)\,\%1 + 16\cos(3.467295314)^2\,\%1$$
$$-15\sin(3.467295314)^2\,\%1$$
$$+75\sin(3.467295314)\cos(3.467295314)^2\,\%1$$
$$-20\cos(3.467295314)^4\,\%1 - 15\sin(3.467295314)^3\,\%1$$
$$+45\sin(3.467295314)^2\cos(3.467295314)^2\,\%1$$
$$-15\sin(3.467295314)\cos(3.467295314)^4\,\%1$$
$$+\cos(3.467295314)^6\,\%1)(4-\pi)^6$$
$$\%1 := e^{\sin(3.467295314)}$$

```
> critical := critical union {"};
```

$$critical := \{0, .07333000221\,(2-\pi)^6, -.01542298121\,(4-\pi)^6\}$$

An dem Rand $\xi = a$ ist der Fehler

```
> B := subs( xi=a, err );
```

$$B := \frac{1}{720}(-\sin(\pi)\,e^{\sin(\pi)} + 16\cos(\pi)^2\,e^{\sin(\pi)}$$
$$-15\sin(\pi)^2\,e^{\sin(\pi)} + 75\sin(\pi)\cos(\pi)^2\,e^{\sin(\pi)}$$
$$-20\cos(\pi)^4\,e^{\sin(\pi)} - 15\sin(\pi)^3\,e^{\sin(\pi)}$$
$$+45\sin(\pi)^2\cos(\pi)^2\,e^{\sin(\pi)} - 15\sin(\pi)\cos(\pi)^4\,e^{\sin(\pi)}$$
$$+\cos(\pi)^6\,e^{\sin(\pi)})(x-\pi)^6$$

Die Ableitung, $B1$, von B ist Null an einem kritischen Punkt.

```
> B1 := diff( B, x );
```

$$B1 := -\frac{1}{40}(x-\pi)^5$$

```
> sol := { solve( B1=0, x ) };
```

$$sol := \{\pi\}$$

Am kritischen Punkt ist der Fehler

```
> subs( x=sol[1], B );
```

$$0$$

```
> critical := critical union { " };
```

$$critical := \{0, .07333000221\,(2-\pi)^6, -.01542298121\,(4-\pi)^6\}$$

An dem letzten Rand, $\xi = x$, ist

```
> B := subs( xi=x, err );
```

$$B := \frac{1}{720}(-\sin(x)\,e^{\sin(x)} + 16\cos(x)^2\,e^{\sin(x)} - 15\sin(x)^2\,e^{\sin(x)} + 75\sin(x)\cos(x)^2\,e^{\sin(x)} - 20\cos(x)^4\,e^{\sin(x)} - 15\sin(x)^3\,e^{\sin(x)} + 45\sin(x)^2\cos(x)^2\,e^{\sin(x)} - 15\sin(x)\cos(x)^4\,e^{\sin(x)} + \cos(x)^6\,e^{\sin(x)})(x-\pi)^6$$

Wieder müssen Sie schauen, wo die Ableitung Null ist.

```
> B1 := diff( B, x );
```

$$B1 := \frac{1}{720}(-\cos(x)\,e^{\sin(x)} - 63\sin(x)\cos(x)\,e^{\sin(x)} + 91\cos(x)^3\,e^{\sin(x)} - 210\sin(x)^2\cos(x)\,e^{\sin(x)} + 245\sin(x)\cos(x)^3\,e^{\sin(x)} - 35\cos(x)^5\,e^{\sin(x)} - 105\sin(x)^3\cos(x)\,e^{\sin(x)} + 105\sin(x)^2\cos(x)^3\,e^{\sin(x)} - 21\sin(x)\cos(x)^5\,e^{\sin(x)} + \cos(x)^7\,e^{\sin(x)})(x-\pi)^6 + \frac{1}{120}($$
$$-\sin(x)\,e^{\sin(x)} + 16\cos(x)^2\,e^{\sin(x)} - 15\sin(x)^2\,e^{\sin(x)} + 75\sin(x)\cos(x)^2\,e^{\sin(x)} - 20\cos(x)^4\,e^{\sin(x)}$$

$$- 15 \sin(x)^3 e^{\sin(x)} + 45 \sin(x)^2 \cos(x)^2 e^{\sin(x)}$$
$$- 15 \sin(x) \cos(x)^4 e^{\sin(x)} + \cos(x)^6 e^{\sin(x)})(x - \pi)^5$$

```
> sol := { solve( B1=0, x ) };
```

$$sol := \{\pi\}$$

Überprüfen der Lösung durch eine Zeichnung ist eine gute Idee.

```
> plot( B1, x=2..4 );
```

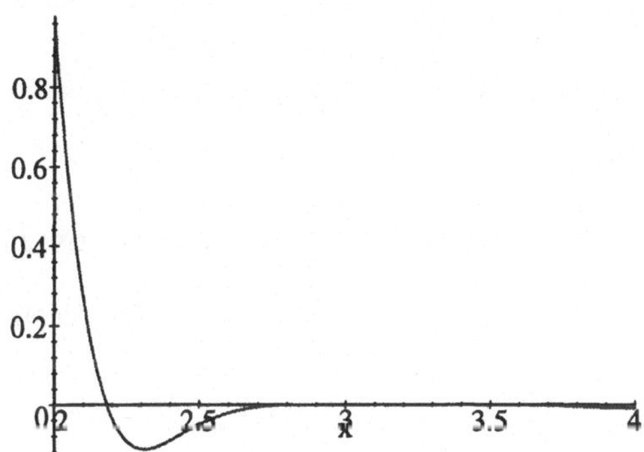

Der Graph von $B1$ zeigt, daß eine Lösung zwischen 2.1 und 2.3 existiert. solve kann diese Lösung nicht finden, so daß Sie auf numerische Methoden zurückgreifen müssen.

```
> fsolve( B1=0, x, 2.1..2.3 );
```

$$2.180293062$$

Fügen Sie die numerische Lösung zur Menge der symbolischen Lösungen hinzu.

```
> sol := sol union { " };
```

$$sol := \{\pi, 2.180293062\}$$

Das Folgende ist die Menge der maximalen Fehler an dem Rand $\xi = x$.

```
> { seq( B, x=sol ) };
```

$$\{.04005698602\,(2.180293062 - \pi)^6, 0\}$$

Nun erweitern Sie die Menge der großen Fehler.

```
> critical := critical union ";
```

$$critical := \{.04005698602\,(2.180293062 - \pi)^6$$
$$- .01542298121\,(4 - \pi)^6, 0, .07333000221\,(2 - \pi)^6\}$$

Zuletzt müssen Sie die Fehler an den vier Ecken der Menge der kritischen Werte hinzufügen.

```
> critical := critical union
>    { subs( xi=2, x=2, err ),
>      subs( xi=2, x=4, err ),
>      subs( xi=4, x=2, err ),
>      subs( xi=4, x=4, err ) };
```

$$
\begin{aligned}
\mathit{critical} := \{&\frac{1}{720}(-\sin(2)\,e^{\sin(2)} + 16\,\cos(2)^2\,e^{\sin(2)}\\
&- 15\,\sin(2)^2\,e^{\sin(2)} + 75\,\sin(2)\,\cos(2)^2\,e^{\sin(2)}\\
&- 20\,\cos(2)^4\,e^{\sin(2)} - 15\,\sin(2)^3\,e^{\sin(2)}\\
&+ 45\,\sin(2)^2\,\cos(2)^2\,e^{\sin(2)} - 15\,\sin(2)\,\cos(2)^4\,e^{\sin(2)}\\
&+ \cos(2)^6\,e^{\sin(2)})(4-\pi)^6,\ \frac{1}{720}(-\sin(4)\,e^{\sin(4)}\\
&+ 16\,\cos(4)^2\,e^{\sin(4)} - 15\,\sin(4)^2\,e^{\sin(4)}\\
&+ 75\,\sin(4)\,\cos(4)^2\,e^{\sin(4)} - 20\,\cos(4)^4\,e^{\sin(4)}\\
&- 15\,\sin(4)^3\,e^{\sin(4)} + 45\,\sin(4)^2\,\cos(4)^2\,e^{\sin(4)}\\
&- 15\,\sin(4)\,\cos(4)^4\,e^{\sin(4)} + \cos(4)^6\,e^{\sin(4)})(4-\pi)^6,\ \frac{1}{720}(\\
&- \sin(4)\,e^{\sin(4)} + 16\,\cos(4)^2\,e^{\sin(4)} - 15\,\sin(4)^2\,e^{\sin(4)}\\
&+ 75\,\sin(4)\,\cos(4)^2\,e^{\sin(4)} - 20\,\cos(4)^4\,e^{\sin(4)}\\
&- 15\,\sin(4)^3\,e^{\sin(4)} + 45\,\sin(4)^2\,\cos(4)^2\,e^{\sin(4)}\\
&- 15\,\sin(4)\,\cos(4)^4\,e^{\sin(4)} + \cos(4)^6\,e^{\sin(4)})(2-\pi)^6,\ \frac{1}{720}(\\
&- \sin(2)\,e^{\sin(2)} + 16\,\cos(2)^2\,e^{\sin(2)} - 15\,\sin(2)^2\,e^{\sin(2)}\\
&+ 75\,\sin(2)\,\cos(2)^2\,e^{\sin(2)} - 20\,\cos(2)^4\,e^{\sin(2)}\\
&- 15\,\sin(2)^3\,e^{\sin(2)} + 45\,\sin(2)^2\,\cos(2)^2\,e^{\sin(2)}\\
&- 15\,\sin(2)\,\cos(2)^4\,e^{\sin(2)} + \cos(2)^6\,e^{\sin(2)})(2-\pi)^6,\\
&.04005698602\,(2.180293062-\pi)^6,\\
&-.01542298121\,(4-\pi)^6,\ 0,\ .07333000221\,(2-\pi)^6\}
\end{aligned}
$$

Alles, was Sie jetzt noch machen müssen, ist das Maximum der Beträge der Elemente von `critical` zu finden. Bilden Sie zuerst den Befehl abs auf die Elemente von `critical` ab.

```
> map( abs, critical );
```

$$\{-\frac{1}{720}(-\sin(2)\,e^{\sin(2)} + 16\cos(2)^2\,e^{\sin(2)} - 15\sin(2)^2\,e^{\sin(2)}$$
$$+ 75\sin(2)\cos(2)^2\,e^{\sin(2)} - 20\cos(2)^4\,e^{\sin(2)}$$
$$- 15\sin(2)^3\,e^{\sin(2)} + 45\sin(2)^2\cos(2)^2\,e^{\sin(2)}$$
$$- 15\sin(2)\cos(2)^4\,e^{\sin(2)} + \cos(2)^6\,e^{\sin(2)})(4-\pi)^6,$$
$$.04005698602\,(2.180293062-\pi)^6, -\frac{1}{720}(-\sin(4)\,e^{\sin(4)}$$
$$+ 16\cos(4)^2\,e^{\sin(4)} - 15\sin(4)^2\,e^{\sin(4)}$$
$$+ 75\sin(4)\cos(4)^2\,e^{\sin(4)} - 20\cos(4)^4\,e^{\sin(4)}$$
$$- 15\sin(4)^3\,e^{\sin(4)} + 45\sin(4)^2\cos(4)^2\,e^{\sin(4)}$$
$$- 15\sin(4)\cos(4)^4\,e^{\sin(4)} + \cos(4)^6\,e^{\sin(4)})(4-\pi)^6,$$
$$.01542298121\,(4-\pi)^6, -\frac{1}{720}(-\sin(2)\,e^{\sin(2)}$$
$$+ 16\cos(2)^2\,e^{\sin(2)} - 15\sin(2)^2\,e^{\sin(2)}$$
$$+ 75\sin(2)\cos(2)^2\,e^{\sin(2)} - 20\cos(2)^4\,e^{\sin(2)}$$
$$- 15\sin(2)^3\,e^{\sin(2)} + 45\sin(2)^2\cos(2)^2\,e^{\sin(2)}$$
$$- 15\sin(2)\cos(2)^4\,e^{\sin(2)} + \cos(2)^6\,e^{\sin(2)})(2-\pi)^6, -\frac{1}{720}($$
$$- \sin 4)\,e^{\sin(4)} + 16\cos(4)^2\,e^{\sin(4)} - 15\sin(4)^2\,e^{\sin(4)}$$
$$+ 75\sin(4)\cos(4)^2\,e^{\sin(4)} - 20\cos(4)^4\,e^{\sin(4)}$$
$$- 15\sin(4)^3\,e^{\sin(4)} + 45\sin(4)^2\cos(4)^2\,e^{\sin(4)}$$
$$- 15\sin(4)\cos(4)^4\,e^{\sin(4)} + \cos(4)^6\,e^{\sin(4)})(2-\pi)^6, 0,$$
$$.07333000221\,(2-\pi)^6\}$$

Dann suchen Sie das größte Element. Der Befehl `max` erwartet eine Zahlenfolge, so daß Sie den Befehl op benutzen müssen, um die Menge der Werten in eine Folge umzuwandeln.

```
> max_error := max( op(") );
```

$$max\_error := .07333000221\,(2-\pi)^6$$

Dieser Wert ist ungefähr

```
> evalf( max_error );
```

$$.1623112756$$

Jetzt können Sie f, seine Näherung durch die Taylor-Reihe sowie ein Paar von Kurven, die das Fehlerband anzeigen, zeichnen.

```
> plot( [ f(x), poly, f(x)+max_error, f(x)-max_error ],
>         x=2..4,
>         color=[ red, blue, brown, brown ] );
```

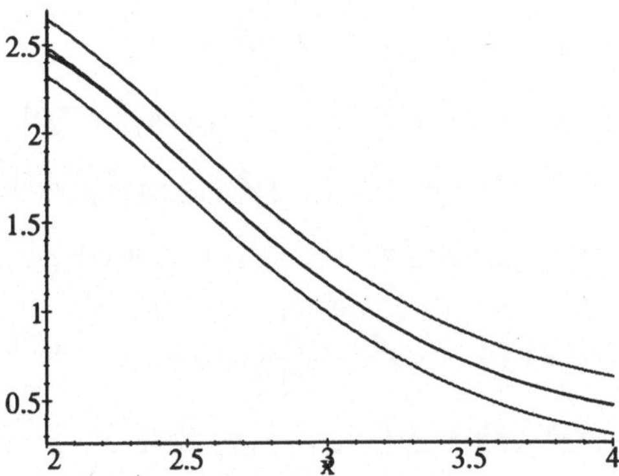

Die Zeichnung zeigt, daß der tatsächliche Fehler gut innerhalb der Fehlerschätzung bleibt.

Das Integral

Das Integral einer Funktion mißt die Fläche zwischen der x-Achse und dem Graphen der Funktion. Die Definition des Riemann-Integrals beruht auf dieser geometrischen Interpretation des Integrals.

```
> f := x -> 1/2 + sin(x);
```

$$f := x \to \frac{1}{2} + \sin(x)$$

Der Befehl `leftbox` aus dem Paket `student` zeichnet den Graphen von f zusammen mit 6 Rechtecken. Die Höhe jedes Rechtecks ist der Wert von f ausgewertet auf der linken Seite des Rechtecks.

```
> with(student):
```

```
> leftbox( f(x), x=0..10, 6 );
```

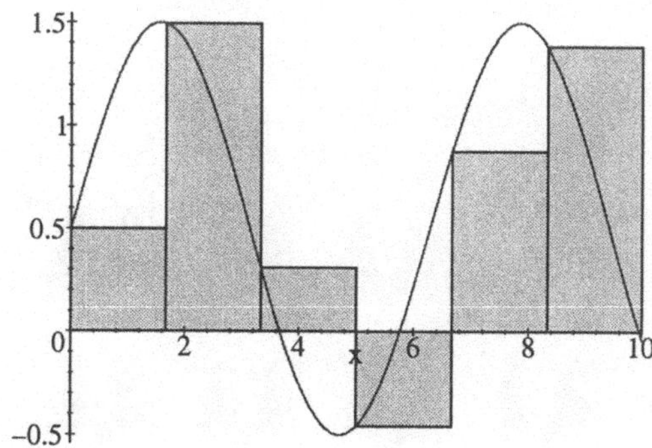

Der Befehl `leftsum` berechnet die Fläche der Rechtecke.

```
> leftsum( f(x), x=0..10, 6 );
```

$$\frac{5}{3}\left(\sum_{i=0}^{5}\left(\frac{1}{2}+\sin\left(\frac{5}{3}i\right)\right)\right)$$

Diese Zahl ist ungefähr

```
> evalf( " );
```

$$6.845601766$$

Die Näherung für die Fläche wird besser, je mehr Rechtecke Sie verwenden.

```
> boxes := [ seq( i^2, i=3..14 ) ];
```

$$boxes := [9, 16, 25, 36, 49, 64, 81, 100, 121, 144, 169, 196]$$

Berechnen Sie für jede Zahl in der List `boxes` den Wert von `leftsum`.

```
> seq( evalf( leftsum( f(x), x=0..10, n ) ), n=boxes );
```

$$6.948089404, 6.948819106, 6.923289160, 6.902789476,$$
$$6.888196449, 6.877830055, 6.870316621, 6.864739770,$$
$$6.860504862, 6.857222009, 6.854630207, 6.852550663$$

Sie können eine Überschrift für die Zeichnung von `leftbox` angeben. Zum Beispiel können Sie den Wert von `leftsum` als Überschrift benutzen.

```
> S := seq( leftbox( f(x), x=0..10, n,
>    title=convert( evalf( leftsum( f(x), x=0..10, n ) ),
>                   string ) ),
>      n=boxes ):
```

Der Befehl `display` aus dem Paket `plots` kann die Folge `S` von Zeichnungen als eine Animation darstellen.

```
> with(plots):
```

```
> display( S, insequence=true );
```

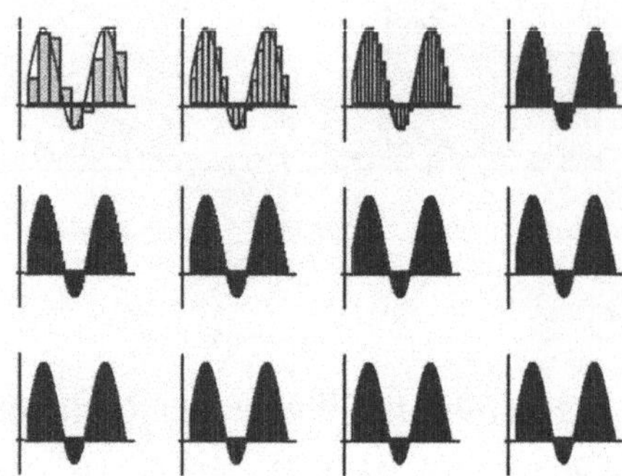

Im Grenzwert, wenn die Zahl der Rechtecke sehr groß wird, erhalten Sie das bestimmte Integral.

```
> Int( f(x), x=0..10 );
```

$$\int_0^{10} \frac{1}{2} + \sin(x)\, dx$$

Der Wert des Integrals ist

```
> value( " );
```

$$6 - \cos(10)$$

und als Gleitkommanäherung ist dieser Wert ungefähr

```
> evalf( " );
```

$$6.839071529$$

Das unbestimmte Integral von f ist

```
> Int( f(x), x );
```

$$\int \frac{1}{2} + \sin(x)\, dx$$

```
> value( " );
```

$$\frac{1}{2}x - \cos(x)$$

Definieren Sie die Funktion F als die Stammfunktion.

```
> F := unapply( ", x );
```

$$F := x \to \frac{1}{2}x - \cos(x)$$

Wählen Sie die Integrationskonstante so, daß $F(0) = 0$.

```
> F(x) - F(0);
```

$$\frac{1}{2}x - \cos(x) + 1$$

```
> F := unapply( ", x );
```

$$F := x \to \frac{1}{2}x - \cos(x) + 1$$

Wenn Sie F und die Rechtecke zusammen zeichnen, können Sie erkennen, daß F stärker steigt, wenn das entsprechende Rechteck größer ist.

```
> display( [ plot( F(x), x=0..10, color=blue ),
>            leftbox( f(x), x=0..10, 14 ) ] );
```

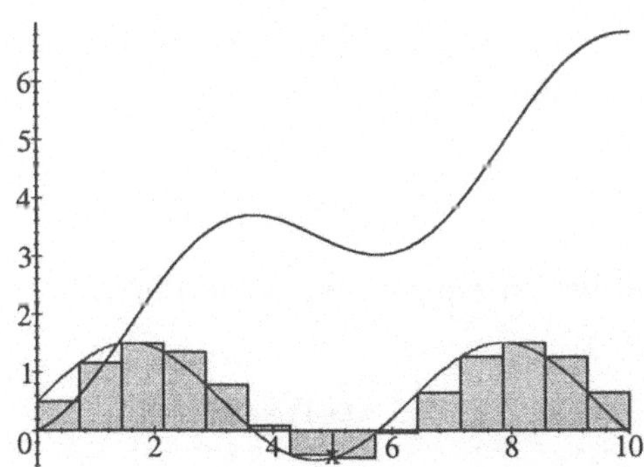

Das Paket `student` enthält auch Befehle zum Zeichnen und Summieren von Rechtecken, bei denen auf der rechten Seite oder in der Mitte des Rechtecks ausgewertet wird.

Gemischte partielle Ableitungen

Dieser Abschnitt beschreibt den Operator `D` für Ableitungen und gibt ein Beispiel für eine Funktion, deren gemischten partiellen Ableitungen verschieden sind.

Betrachten Sie die folgende Funktion.

```
> f := (x,y) -> x * y * (x^2-y^2) / (x^2+y^2);
```

$$f := (x, y) \to \frac{x\,y\,(x^2 - y^2)}{x^2 + y^2}$$

Die Funktion f ist im Punkt (0, 0) nicht definiert.

```
> f(0,0);
Error, (in f) division by zero
```

An dem Punkt $(x, y) = (r\cos(\theta), r\sin(\theta))$ ist der Funktionswert

```
> f( r*cos(theta), r*sin(theta) );
```

$$\frac{r^2 \cos(\theta) \sin(\theta) (r^2 \cos(\theta)^2 - r^2 \sin(\theta)^2)}{r^2 \cos(\theta)^2 + r^2 \sin(\theta)^2}$$

Wenn r gegen Null geht, passiert das Gleiche mit dem Funktionswert.

```
> Limit( ", r=0 );
```

$$\lim_{r \to 0} \frac{r^2 \cos(\theta) \sin(\theta) (r^2 \cos(\theta)^2 - r^2 \sin(\theta)^2)}{r^2 \cos(\theta)^2 + r^2 \sin(\theta)^2}$$

```
> value( " );
```

$$0$$

Sie können also f zu einer stetigen Funktion fortsetzen, indem Sie definieren, daß f Null ist in (0, 0).

```
> f(0,0) := 0;
```

$$\mathrm{f}(0, 0) := 0$$

Obige Zuweisung führt zu einem Eintrag in der Merktabelle von f. Hier ist der Graph von f.

```
> plot3d( f, -3..3, -3..3, style=patch );
```

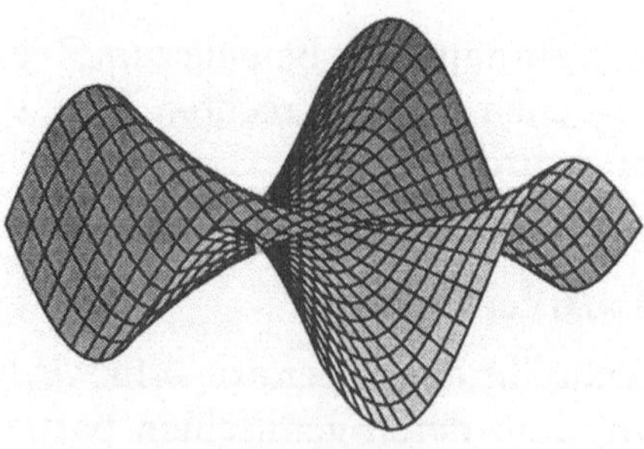

Die partielle Ableitung von f nach seinem ersten Argument, x, ist

```
> fx := D[1](f);
```

$$fx := (x, y) \to \frac{y\,(x^2 - y^2)}{x^2 + y^2} + 2\,\frac{x^2\,y}{x^2 + y^2} - 2\,\frac{x^2\,y\,(x^2 - y^2)}{(x^2 + y^2)^2}$$

Diese Formel stimmt nicht am Punkt (0, 0).

```
> fx(0,0);
```

```
Error, (in fx) division by zero
```

Daher müssen Sie die Definition der Ableitung über einen Grenzwert benutzen.

```
> fx(0,0) := limit( ( f(h,0) - f(0,0) )/h, h=0 );
```

$$\mathrm{fx}(0,0) := 0$$

Im Punkt $(x, y) = (r\cos(\theta), r\sin(\theta))$ ist der Wert von `fx`

```
> fx( r*cos(theta), r*sin(theta) );
```

$$\frac{r\sin(\theta)\,(r^2\cos(\theta)^2 - r^2\sin(\theta)^2)}{r^2\cos(\theta)^2 + r^2\sin(\theta)^2} + 2\,\frac{r^3\cos(\theta)^2\sin(\theta)}{r^2\cos(\theta)^2 + r^2\sin(\theta)^2}$$
$$-\,2\,\frac{r^3\cos(\theta)^2\sin(\theta)\,(r^2\cos(\theta)^2 - r^2\sin(\theta)^2)}{(r^2\cos(\theta)^2 + r^2\sin(\theta)^2)^2}$$

```
> combine( " );
```

$$\frac{3}{4}\,r\sin(3\,\theta) - \frac{1}{4}\,r\sin(5\,\theta)$$

Wenn der Abstand r von (x, y) zu $(0, 0)$ gegen Null geht, passiert das Gleiche mit $|fx(x, y) - fx(0, 0)|$.

```
> Limit( abs( " - fx(0,0) ), r=0 );
```

$$\lim_{r\to 0}\left|\frac{3}{4}\,r\sin(3\,\theta) - \frac{1}{4}\,r\sin(5\,\theta)\right|$$

```
> value( " );
```

$$0$$

Also ist fx stetig in $(0, 0)$.

Aufgrund der Symmetrie gelten die gleichen Argumente für die Ableitung von f nach y.

```
> fy := D[2](f);
```

$$fy := (x, y) \to \frac{x\,(x^2 - y^2)}{x^2 + y^2} - 2\,\frac{x\,y^2}{x^2 + y^2} - 2\,\frac{x\,y^2\,(x^2 - y^2)}{(x^2 + y^2)^2}$$

```
> fy(0,0) := limit( ( f(0,k) - f(0,0) )/k, k=0 );
```

$$\mathrm{fy}(0,0) := 0$$

Hier ist eine gemischte zweite Ableitung von f.

```
> fxy := D[1,2](f);
```

$$fxy := (x, y) \to \frac{x^2 - y^2}{x^2 + y^2} + 2\frac{x^2}{x^2 + y^2} - 2\frac{x^2(x^2 - y^2)}{(x^2 + y^2)^2}$$
$$- 2\frac{y^2}{x^2 + y^2} - 2\frac{y^2\,(x^2 - y^2)}{(x^2 + y^2)^2} + 8\frac{x^2\,y^2\,(x^2 - y^2)}{(x^2 + y2)^3}$$

Wieder gilt die Formel nicht in (0, 0).

```
> fxy(0,0);

Error, (in fxy) division by zero
```

Die Definition über den Grenzwert ergibt

```
> Limit( ( fx(0,k) - fx(0,0) )/k, k=0 );
```

$$\lim_{k \to 0} -1$$

```
> fxy(0,0) := value( " );
```

$$\mathrm{fxy}(0, 0) := -1$$

Die andere gemischte zweite Ableitung ist

```
> fyx := D[2,1](f);
```

$$fyx := (x, y) \to \frac{x^2 - y^2}{x^2 + y^2} + 2\frac{x^2}{x^2 + y^2} - 2\frac{x^2\,(x^2 - y^2)}{(x^2 + y^2)^2}$$
$$- 2\frac{y^2}{x^2 + y^2} - 2\frac{y^2\,(x^2 - y^2)}{(x^2 + y^2)^2} + 8\frac{x^2\,y^2\,(x^2 - y^2)}{(x^2 + y^2)^3}$$

In (0, 0) müssen Sie die Definition über den Grenzwert benutzen.

```
> Limit( ( fy(h, 0) - fy(0,0) )/h, h=0 );
```

$$\lim_{h \to 0} 1$$

```
> fyx(0,0) := value( " );
```

$$\mathrm{fyx}(0, 0) := 1$$

Beachten Sie, daß die beiden gemischten Ableitungen unterschiedlich sind in (0, 0).

```
> fxy(0,0) <> fyx(0,0);
```

$$-1 \neq 1$$

```
> evalb( " );
```

true

Die gemischten partiellen Ableitungen sind nur dann gleich, wenn sie stetig sind. Wenn Sie `fxy` zeichnen, können Sie sehen, daß es in (0, 0) nicht stetig ist.

```
> plot3d( fxy, -3..3, -3..3, style=patch );
```

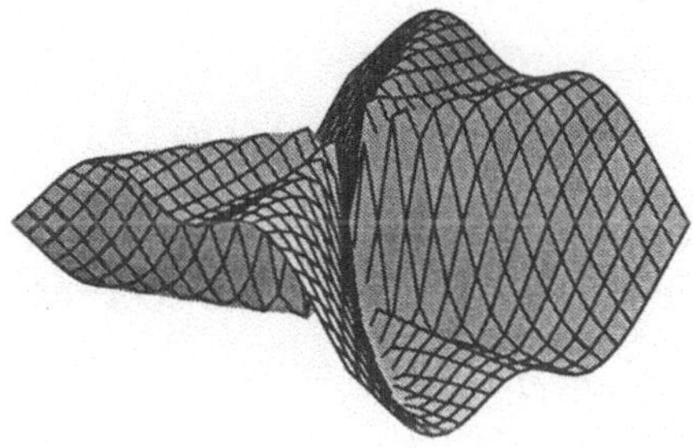

Maple kann Ihnen auch bei vielen anderen Problemen aus der Infinitesimalrechnung helfen. Die Hilfeseite `?student` ist eine gute Quelle der Inspiration.

6.2 Gewöhnliche Differentialgleichungen

Maple stellt Ihnen eine Vielzahl von Werkzeugen zum Lösen, Umformen und Zeichnen von gewöhnlichen Differentialgleichungen und von Systemen von Differentialgleichungen zur Verfügung.

Der Befehl `dsolve`

Der am häufigsten benutzte Befehl zum Untersuchen des Verhaltens gewöhnlicher Differentialgleichungen mit Maple ist `dsolve`. Sie können dieses sehr allgemein einsetzbare Werkzeug verwenden, um sowohl geschlossene als auch numerische Lösungen für eine Vielzahl von gewöhnlichen Differentialgleichungen zu erhalten. Die grundlegende Syntax von `dsolve` ist

`dsolve(`*Dgln*`,` *Varn*`)`

Hier ist *Dgln* eine Menge von Differentialgleichungen und Anfangswerten und *Varn* ist eine Menge von Variablen, für die gelöst werden soll.

Hier ist eine Differentialgleichung und eine Anfangsbedingung.

```
> eq := diff(v(t),t)+2*t = 0;
```

$$eq := \left(\frac{\partial}{\partial t}\,\mathrm{v}(t)\right) + 2\,t = 0$$

```
> ini := v(1) = 5;
```

$$ini := \mathrm{v}(1) = 5$$

Benutzen Sie `dsolve`, um die Lösung zu finden.

```
> dsolve( {eq, ini}, {v(t)} );
```

$$\mathrm{v}(t) = -t^2 + 6$$

Wenn Sie einige oder alle Anfangsbedingungen weglassen, liefert `dsolve` eine Lösung, die freie Konstanten der Form *_Cnumber* enthält.

```
> eq := diff(y(x),x$2) - y(x) = 1;
```

$$eq := \left(\frac{\partial^2}{\partial x^2}\,\mathrm{y}(x)\right) - \mathrm{y}(x) = 1$$

```
> dsolve( {eq}, {y(x)} );
```

$$\mathrm{y}(x) = -1 + \_C1\,e^x + \_C2\,e^{(-x)}$$

Um Anfangsbedingungen für die Ableitung einer Funktion anzugeben, benutzen Sie die folgende Schreibweise.

```
D(Fkt)(VarWert) = Wert
(D@@n)(Fkt)(VarWert) = Wert
```

Hier ist eine Differentialgleichung und einige Anfangsbedingungen, die eine Ableitung enthalten.

```
> de1 := diff(y(t),t$2) + 5*diff(y(t),t) + 6*y(t) = 0;
```

$$de1 := \left(\frac{\partial^2}{\partial t^2}\,\mathrm{y}(t)\right) + 5\left(\frac{\partial}{\partial t}\,\mathrm{y}(t)\right) + 6\,\mathrm{y}(t) = 0$$

```
> ini := y(0)=0, D(y)(0)=1;
```

$$ini := \mathrm{y}(0) = 0, \mathrm{D}(y)(0) = 1$$

Benutzen Sie wieder `dsolve`, um die Lösung zu finden.

```
> dsolve( {de1, ini}, {y(t)} );
```

$$\mathrm{y}(t) = e^{(-2\,t)} - e^{(-3\,t)}$$

Es kann auch passieren, daß `dsolve` eine Lösung in parametrischer Form, `[x=f(_T), y(x)=g(_T)]`, liefert, wobei `_T` der Parameter ist.

Die Option `explicit=true` Maple gibt manchmal die Lösung einer Differentialgleichung in impliziter Form zurück.

```
> de2:=t*diff(y(t),t) = y(t)*ln(t*y(t)) - y(t);
```

$$de2 := t\left(\frac{\partial}{\partial t}\,\mathrm{y}(t)\right) = \mathrm{y}(t)\,\ln(t\,\mathrm{y}(t)) - \mathrm{y}(t)$$

```
> dsolve( {de2}, {y(t)} );
```

$$t = \_C1\,\ln(t) + \_C1\,\ln(\mathrm{y}(t))$$

Benutzen Sie die Option `explicit=true`, damit Maple nach einer expliziten Lösung sucht.

```
> dsolve( {de2}, {y(t)}, explicit=true );
```

$$\mathrm{y}(t) = e^{\left(-\frac{-t+\_C1\,\ln(t)}{\_C1}\right)}$$

Es kann jedoch passieren, daß Maple nicht in der Lage ist, eine explizite Lösung zu finden.

Die Option `method=laplace` Der Einsatz der Laplace-Transformation reduziert bei Differentialgleichungen oft die Komplexität des Problems. Die Transformation bildet die Differentialgleichungen auf algebraische Gleichungen ab, die viel einfacher zu lösen sind. Die Schwierigkeit liegt in der Transformation der Gleichungen in den neuen Bereich und insbesondere in der Rücktransformation der Lösungen.

Mit der Laplace-Transformation können lineare gewöhnliche Differentialgleichungen beliebiger Ordnung behandelt werden. Falls Maple die Transformationen finden kann, gehen auch einige Fälle von linearen Gleichungen mit nicht-konstanten Koeffizienten. Die Methode ist ebenfalls einsetzbar bei Systemen gekoppelter Gleichungen.

Betrachten Sie folgendes Problem aus der klassischen Dynamik. Zwei Gewichte mit den Massen m beziehungsweise αm ruhen auf einer reibungsfreien Ebene und sind durch eine Feder mit der Federkonstanten k verbunden. Was sind die Bahnen der Gewichte, wenn auf das erste Gewicht eine äußere Kraft $u(t)$ in Form einer Stufenfunktion mit einem Einheitssprung zur Zeit $t = 1$ einwirkt? Die Bewegung des ersten Gewichts unterliegt dem zweiten Newtonschen Gesetz. Also muß die Masse m mal der Beschleunigung gleich der Summe der auf dieses Gewicht einwirkenden Kräfte sein, die äußere Kraft $u(t)$ eingeschlossen.

```
> eqn1 :=
>    alpha*m*diff(x[1](t),t$2) = k*(x[2](t) - x[1](t)) + u(t);
```

$$eqn1 := \alpha\, m \left(\frac{\partial^2}{\partial t^2} x_1(t)\right) = k\,(x_2(t) - x_1(t)) + \mathrm{u}(t)$$

Genauso für das zweite Gewicht.

```
> eqn2 := m*diff(x[2](t),t$2) = k*(x[1](t) - x[2](t));
```

$$eqn2 := m \left(\frac{\partial^2}{\partial t^2} x_2(t)\right) = k\,(x_1(t) - x_2(t))$$

Die äußere Kraft auf das erste Gewicht ist durch eine Stufenfunktion mit einer Einheitsstufe zur Zeit $t = 1$ gegeben.

```
> u := t -> Heaviside(t-1);
```

$$u := t \rightarrow \mathrm{Heaviside}(t-1)$$

Zur Zeit $t = 0$ sind beide Gewichte in Ruhe an ihren jeweiligen Positionen.

```
> ini := x[1](0) = 2, D(x[1])(0) = 0,
>        x[2](0) = 0, D(x[2])(0) = 0 ;
```

$$ini := x_1(0) = 2, \mathrm{D}(x_1)(0) = 0, x_2(0) = 0, \mathrm{D}(x_2)(0) = 0$$

Lösen Sie das Problem durch eine Laplace-Transformation.

```
> dsolve( {eqn1, eqn2, ini}, {x[1](t), x[2](t)},
>    method=laplace );
```

$$\Bigg\{x_1(t) = 2\cos\left(\sqrt{\frac{k\,(\alpha+1)}{m\,\alpha}}\,t\right)$$

$$+ 2\,\alpha\, k\left(\frac{1}{k\,(\alpha+1)} - \frac{\cos\left(\sqrt{\frac{k\,(\alpha+1)}{m\,\alpha}}\,t\right)}{k\,(\alpha+1)}\right) + \frac{\mathrm{Heaviside}(t-1)}{k\,(\alpha+1)}$$

$$- \frac{\mathrm{Heaviside}(t-1)\cos\left(\sqrt{\frac{k\,(\alpha+1)}{m\,\alpha}}\,(t-1)\right)}{k\,(\alpha+1)}$$

$$+ k\left(-\frac{\mathrm{Heaviside}(t-1)\, m\,\alpha}{k^2\,(\alpha+1)^2} + \frac{1}{2}\,\frac{\mathrm{Heaviside}(t-1)\,t^2}{k\,(\alpha+1)}\right.$$

$$-\frac{\mathrm{Heaviside}(t-1)\,t}{k\,(\alpha+1)}+\frac{1}{2}\,\frac{\mathrm{Heaviside}(t-1)}{k\,(\alpha+1)}$$

$$+\left.\frac{\mathrm{Heaviside}(t-1)\,m\,\alpha\,\cos\left(\sqrt{\frac{k\,(\alpha+1)}{m\,\alpha}}\,(t-1)\right)}{k^2\,(\alpha+1)^2}\right)\Big/m,$$

$$x_2(t)=2\,\alpha\,k\left(\frac{1}{k\,(\alpha+1)}-\frac{\cos\left(\sqrt{\frac{k\,(\alpha+1)}{m\,\alpha}}\,t\right)}{k\,(\alpha+1)}\right)$$

$$+k\left(-\frac{\mathrm{Heaviside}(t-1)\,m\,\alpha}{k^2\,(\alpha+1)^2}+\frac{1}{2}\,\frac{\mathrm{Heaviside}(t-1)\,t^2}{k\,(\alpha+1)}\right.$$

$$-\frac{\mathrm{Heaviside}(t-1)\,t}{k\,(\alpha+1)}+\frac{1}{2}\,\frac{\mathrm{Heaviside}(t-1)}{k\,(\alpha+1)}$$

$$+\left.\frac{\mathrm{Heaviside}(t-1)\,m\,\alpha\,\cos\left(\sqrt{\frac{k\,(\alpha+1)}{m\,\alpha}}\,(t-1)\right)}{k^2\,(\alpha+1)^2}\right)\Big/m\Bigg\}$$

Setzen Sie für die Konstanten Werte ein.

```
> ans := subs( alpha=1/10, m=1, k=1, " );
```

$$ans:=\{x_1(t)=\frac{20}{11}\cos(\sqrt{11}\,t)+\frac{2}{11}+\frac{155}{121}\mathrm{Heaviside}(t-1)$$

$$-\frac{100}{121}\mathrm{Heaviside}(t-1)\cos(\sqrt{11}\,(t-1))$$

$$+\frac{5}{11}\mathrm{Heaviside}(t-1)\,t^2-\frac{10}{11}\mathrm{Heaviside}(t-1)\,t,\,x_2(t)=$$

$$\frac{2}{11}-\frac{2}{11}\cos(\sqrt{11}\,t)+\frac{45}{121}\mathrm{Heaviside}(t-1)$$

$$+\frac{5}{11}\mathrm{Heaviside}(t-1)\,t^2-\frac{10}{11}\mathrm{Heaviside}(t-1)\,t$$

$$+\frac{10}{121}\mathrm{Heaviside}(t-1)\cos(\sqrt{11}\,(t-1))\}$$

Sie können obige Lösung auf die folgende Art in zwei Funktionen, zum Beispiel $y_1(t)$ und $y_2(t)$, umwandeln. Setzen Sie zuerst die Lösung in den Ausdruck `x[1](t)` ein, um $x_1(t)$ auszuwählen.

```
> subs( ans, x[1](t) );
```

$$\frac{20}{11}\cos(\sqrt{11}\,t)+\frac{2}{11}+\frac{155}{121}\text{Heaviside}(t-1)$$
$$-\frac{100}{121}\text{Heaviside}(t-1)\cos(\sqrt{11}\,(t-1))$$
$$+\frac{5}{11}\text{Heaviside}(t-1)\,t^2-\frac{10}{11}\text{Heaviside}(t-1)\,t$$

Dann wandeln Sie den Ausdruck mittels `unapply` in eine Funktion um.

```
> y[1] := unapply( ", t );
```

$$y_1 := t \to \frac{20}{11}\cos(\sqrt{11}\,t)+\frac{2}{11}+\frac{155}{121}\text{Heaviside}(t-1)$$
$$-\frac{100}{121}\text{Heaviside}(t-1)\cos(\sqrt{11}\,(t-1))$$
$$+\frac{5}{11}\text{Heaviside}(t-1)\,t^2-\frac{10}{11}\text{Heaviside}(t-1)\,t$$

Sie können auch beide Schritte auf einmal ausführen.

```
> y[2] := unapply( subs( ans, x[2](t) ), t );
```

$$y_2 := t \to \frac{2}{11}-\frac{2}{11}\cos(\sqrt{11}\,t)+\frac{45}{121}\text{Heaviside}(t-1)$$
$$+\frac{5}{11}\text{Heaviside}(t-1)\,t^2-\frac{10}{11}\text{Heaviside}(t-1)\,t$$
$$+\frac{10}{121}\text{Heaviside}(t-1)\cos(\sqrt{11}\,(t-1))$$

Jetzt können Sie die beiden Funktionen zeichnen.

```
> plot( [ y[1](t), y[2](t) ], t=-3..6 );
```

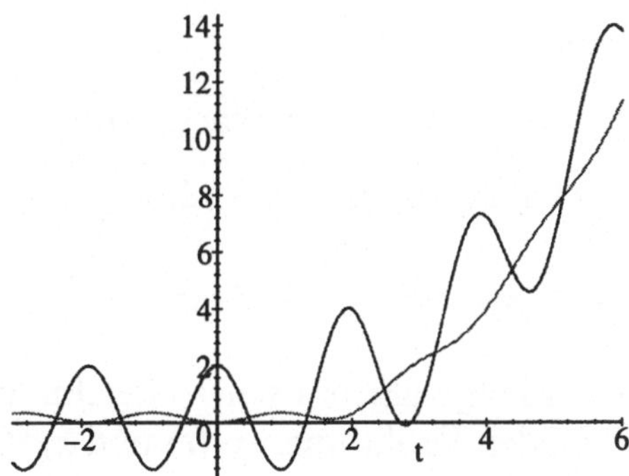

Anstatt `dsolve(..., method=laplace)` zu benutzen, können Sie natürlich die Laplace-Transformation auch von Hand durchführen. Das Paket `inttrans` definiert die Laplace-Transformation und ihre Inverse (sowie viele andere Integraltransformationen).

```
> with(inttrans);
```

$$[\mathit{addtable}, \mathit{fourier}, \mathit{fouriercos}, \mathit{fouriersin}, \mathit{hankel}, \mathit{hilbert},$$
$$\mathit{invfourier}, \mathit{invhilbert}, \mathit{invlaplace}, \mathit{laplace}, \mathit{mellin}]$$

Die Laplace-Transformatierten der beiden Differentialgleichungen `eqn1` und `eqn2` sind

```
> laplace( eqn1, t, s );
```

$$\alpha\, m\, (s\, (s\, \mathrm{laplace}(x_1(t), t, s) - x_1(0)) - \mathrm{D}(x_1)(0)) =$$
$$k\, (\mathrm{laplace}(x_2(t), t, s) - \mathrm{laplace}(x_1(t), t, s)) + \frac{e^{(-s)}}{s}$$

und

```
> laplace( eqn2, t, s );
```

$$m\, (s\, (s\, \mathrm{laplace}(x_2(t), t, s) - x_2(0)) - \mathrm{D}(x_2)(0)) =$$
$$k\, (\mathrm{laplace}(x_1(t), t, s) - \mathrm{laplace}(x_2(t), t, s))$$

Setzen Sie die Anfangsbedingungen in die aus den zwei Transformierten bestehende Menge ein.

```
> subs( ini, {", ""} );
```

$$\{m\,s^2\,\mathrm{laplace}(x_2(t),t,s) = k\,(\mathrm{laplace}(x_1(t),t,s) - \mathrm{laplace}(x_2(t),t,s)),$$
$$\alpha\,m\,s\,(s\,\mathrm{laplace}(x_1(t),t,s) - 2) = k\,(\mathrm{laplace}(x_2(t),t,s) - \mathrm{laplace}(x_1(t),t,s)) + \frac{e^{(-s)}}{s}\}$$

Jetzt müssen Sie diese Menge algebraischer Gleichungen für die Laplace-Transformierten der beiden Funktionen $x_1(t)$ und $x_2(t)$ lösen.

```
> sol := solve( ", { laplace(x[1](t),t,s),
>   laplace(x[2](t),t,s) } );
```

$$sol := \{\mathrm{laplace}(x_2(t),t,s) = \frac{k\,(2\,\alpha\,m\,s^2\,e^s + 1)}{e^s\,m\,s^3\,(\alpha\,m\,s^2 + \alpha\,k + k)},$$
$$\mathrm{laplace}(x_1(t),t,s) = \frac{(2\,\alpha\,m\,s^2\,e^s + 1)\,(m\,s^2 + k)}{e^s\,m\,s^3\,(\alpha\,m\,s^2 + \alpha\,k + k)}\}$$

Maple hat das algebraische Problem gelöst; jetzt brauchen Sie die inverse Laplace-Transformation, um die Funktionen $x_1(t)$ und $x_2(t)$ zurückzugewinnen.

```
> invlaplace( ", s, t );
```

$$\left\{x_2(t) = k\left(2\,\frac{\alpha\,m}{k\,(\alpha+1)} - 2\,\frac{\alpha\,m\,\cos\left(\sqrt{\frac{k\,(\alpha+1)}{m\,\alpha}}\,t\right)}{k\,(\alpha+1)}\right.\right.$$
$$- \frac{\mathrm{Heaviside}(t-1)\,m\,\alpha}{k^2\,(\alpha+1)^2} + \frac{1}{2}\,\frac{\mathrm{Heaviside}(t-1)\,t^2}{k\,(\alpha+1)}$$
$$- \frac{\mathrm{Heaviside}(t-1)\,t}{k\,(\alpha+1)} + \frac{1}{2}\,\frac{\mathrm{Heaviside}(t-1)}{k\,(\alpha+1)}$$
$$\left. + \frac{\mathrm{Heaviside}(t-1)\,m\,\alpha\,\cos\left(\sqrt{\frac{k\,(\alpha+1)}{m\,\alpha}}\,(t-1)\right)}{k^2\,(\alpha+1)^2}\right)\Big/ m,$$

$$x_1(t) = \left(2\,m\,\cos\left(\sqrt{\frac{k\,(\alpha+1)}{m\,\alpha}}\,t\right) + 2\,\frac{m\,\alpha}{\alpha+1}\right.$$

$$-2\frac{m\,\alpha\cos\left(\sqrt{\frac{k\,(\alpha+1)}{m\,\alpha}}\,t\right)}{\alpha+1}+\frac{m\,\mathrm{Heaviside}(t-1)}{k\,(\alpha+1)}$$
$$-\frac{m\,\mathrm{Heaviside}(t-1)\cos\left(\sqrt{\frac{k\,(\alpha+1)}{m\,\alpha}}\,(t-1)\right)}{k\,(\alpha+1)}$$
$$-\frac{\mathrm{Heaviside}(t-1)\,m\,\alpha}{k\,(\alpha+1)^2}+\frac{1}{2}\frac{\mathrm{Heaviside}(t-1)\,t^2}{\alpha+1}$$
$$-\frac{\mathrm{Heaviside}(t-1)\,t}{\alpha+1}+\frac{1}{2}\frac{\mathrm{Heaviside}(t-1)}{\alpha+1}$$
$$+\left.\frac{\mathrm{Heaviside}(t-1)\,m\,\alpha\cos\left(\sqrt{\frac{k\,(\alpha+1)}{m\,\alpha}}\,(t-1)\right)}{k\,(\alpha+1)^2}\right)\Bigg/m\Bigg\}$$

Setzen Sie für die Konstanten Werte ein.

```
> subs( alpha=1/10, m=1, k=1, " );
```

$$\{x_1(t)=\frac{20}{11}\cos(\sqrt{11}\,t)+\frac{2}{11}+\frac{155}{121}\mathrm{Heaviside}(t-1)$$
$$-\frac{100}{121}\mathrm{Heaviside}(t-1)\cos(\sqrt{11}\,(t-1))$$
$$+\frac{5}{11}\mathrm{Heaviside}(t-1)\,t^2-\frac{10}{11}\mathrm{Heaviside}(t-1)\,t,\,x_2(t)=$$
$$\frac{2}{11}-\frac{2}{11}\cos(\sqrt{11}\,t)+\frac{45}{121}\mathrm{Heaviside}(t-1)$$
$$+\frac{5}{11}\mathrm{Heaviside}(t-1)\,t^2-\frac{10}{11}\mathrm{Heaviside}(t-1)\,t$$
$$+\frac{10}{121}\mathrm{Heaviside}(t-1)\cos(\sqrt{11}\,(t-1))\}$$

Wie erwartet erhalten Sie dieselbe Lösung wie zuvor.

Die Option `type=series` Die Reihenmethode zum Lösen von Differentialgleichungen konstruiert auf folgende Art eine genäherte symbolische Lösung der Gleichungen. Maple findet eine Näherung der Differentialgleichungen durch Reihen. Diese wird dann symbolisch mit exakten Methoden gelöst. Diese Technik ist dann nützlich, wenn die normalen Algorithmen von Maple versagen, Sie aber trotzdem lieber eine symbolische als eine rein numerische Lösung haben. Die Reihenmethode kann oft bei nichtlinearen Gleichungen oder bei Gleichungen höherer Ordnung helfen. Bei der Reihenmethode nimmt Maple an, daß eine Lösung der Form

$$x^c \left(\sum_{i=0}^{\infty} a_i x^i \right)$$

existiert, wobei c eine rationale Zahl ist. Betrachten Sie folgende Differentialgleichung.

```
> eq := 2*x*diff(y(x),x,x) + diff(y(x),x) + y(x) = 0;
```

$$eq := 2\,x \left(\frac{\partial^2}{\partial x^2}\,\mathrm{y}(x) \right) + \left(\frac{\partial}{\partial x}\,\mathrm{y}(x) \right) + \mathrm{y}(x) = 0$$

Lassen Sie Maple die Gleichung lösen.

```
> dsolve( {eq}, {y(x)}, type=series );
```

$$\mathrm{y}(x) = \_C1\,\sqrt{x} \left(1 - \frac{1}{3}x + \frac{1}{30}x^2 - \frac{1}{630}x^3 + \frac{1}{22680}x^4 - \frac{1}{1247400}x^5 + \mathrm{O}(x^6)\right) + \_C2\left(1 - x + \frac{1}{6}x^2 - \frac{1}{90}x^3 + \frac{1}{2520}x^4 - \frac{1}{113400}x^5 + \mathrm{O}(x^6)\right)$$

Benutzen Sie subs, um die Lösung herauszuholen; wandeln Sie sie dann in ein Polynom um.

```
> subs(", y(x));
```

$$\_C1\,\sqrt{x} \left(1 - \frac{1}{3}x + \frac{1}{30}x^2 - \frac{1}{630}x^3 + \frac{1}{22680}x^4 - \frac{1}{1247400}x^5 + \mathrm{O}(x^6)\right) + \_C2\left(1 - x + \frac{1}{6}x^2 - \frac{1}{90}x^3 + \frac{1}{2520}x^4 - \frac{1}{113400}x^5 + \mathrm{O}(x^6)\right)$$

```
> poly := convert(", polynom);
```

$$poly := \_C1\,\sqrt{x} \left(1 - \frac{1}{3}x + \frac{1}{30}x^2 - \frac{1}{630}x^3 + \frac{1}{22680}x^4 - \frac{1}{1247400}x^5\right)$$

$$+\_C2\left(1-x+\frac{1}{6}x^2-\frac{1}{90}x^3+\frac{1}{2520}x^4-\frac{1}{113400}x^5\right)$$

Jetzt können Sie die Lösung für verschiedene Werte der freien Konstanten `_C1` und `_C2` zeichnen.

```
> [ seq( _C1=i, i=0..5 ) ];
```

$$[\_C1=0, \_C1=1, \_C1=2, \_C1=3, \_C1=4, \_C1=5]$$

```
> map( subs, ", _C2=1, poly );
```

$$[1-x+\frac{1}{6}x^2-\frac{1}{90}x^3+\frac{1}{2520}x^4-\frac{1}{113400}x^5,$$

$$\%1+1-x+\frac{1}{6}x^2-\frac{1}{90}x^3+\frac{1}{2520}x^4-\frac{1}{113400}x^5,$$

$$2\,\%1+1-x+\frac{1}{6}x^2-\frac{1}{90}x^3+\frac{1}{2520}x^4-\frac{1}{113400}x^5,$$

$$3\,\%1+1-x+\frac{1}{6}x^2-\frac{1}{90}x^3+\frac{1}{2520}x^4-\frac{1}{113400}x^5,$$

$$4\,\%1+1-x+\frac{1}{6}x^2-\frac{1}{90}x^3+\frac{1}{2520}x^4-\frac{1}{113400}x^5,$$

$$5\,\%1+1-x+\frac{1}{6}x^2-\frac{1}{90}x^3+\frac{1}{2520}x^4-\frac{1}{113400}x^5]$$

$$\%1:=\sqrt{x}\left(1-\frac{1}{3}x+\frac{1}{30}x^2-\frac{1}{630}x^3+\frac{1}{22680}x^4-\frac{1}{1247400}x^5\right)$$

```
> plot( ", x=1..10 );
```

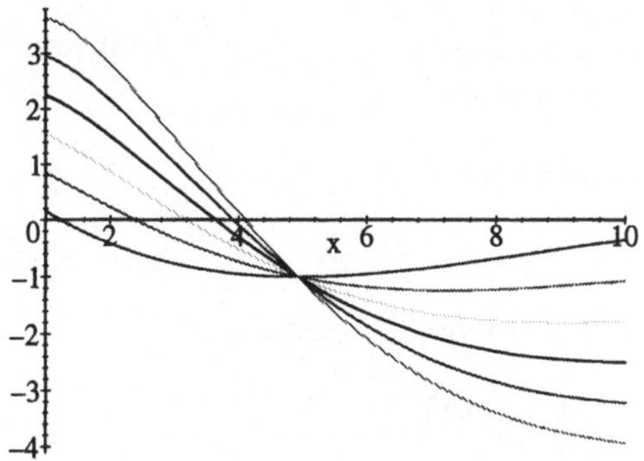

Die Option `type=numeric` Obwohl die Reihenmethoden zum Lösen von gewöhnlichen Differentialgleichungen gut verstanden sind und auch geeignet sind, genaue Näherungen für die abhängige Variable zu finden, zeigen sich doch Grenzen. Um ein Ergebnis zu erhalten, müssen die Reihen konvergieren; ferner muß Maple während des Lösungsprozesses viele Ableitungen berechnen und das kann teuer sein in Bezug auf Zeit und Speicherplatz. Aus diesen und anderen Gründen wurden numerische Lösungsverfahren entwickelt.

Hier ist ein Differentialgleichung und eine Anfangsbedingung.

```
> eq := x(t) * diff(x(t), t) = t^2;
```

$$eq := \mathrm{x}(t)\left(\frac{\partial}{\partial t}\mathrm{x}(t)\right) = t^2$$

```
> ini := x(1) = 2;
```

$$ini := \mathrm{x}(1) = 2$$

Die Ausgabe des Befehls `dsolve` mit der Option `numeric` ist eine Prozedur, die eine Liste von Gleichungen liefert, wenn Sie sie aufrufen.

```
> sol := dsolve( {eq, ini}, {x(t)}, type=numeric );
```

$$sol := \mathbf{proc}(rkf45\_x)\ \ldots\ \mathbf{end}$$

Die Lösung erfüllt die Anfangsbedingung.

```
> sol(1);
```

$$[t = 1, \mathrm{x}(t) = 2.]$$

```
> sol(0);
```

$$[t = 0, \mathrm{x}(t) = 1.82574187591285053]$$

Benutzen Sie den Befehl `subs`, um einen bestimmten Wert aus der Liste von Gleichungen auszuwählen.

```
> subs( sol(1), x(t) );
```

$$2.$$

Sie können auch ein geordnetes Paar erzeugen.

```
> subs( sol(0), [t, x(t)] );
```

$$[0, 1.82574187591285053]$$

Das Paket `plots` enthält einen Befehl, `odeplot`, zum Zeichnen des Resultats von `dsolve( ..., type=numeric)`.

```
> with(plots):
```

```
> odeplot( sol, [t, x(t)], -1..2 );
```

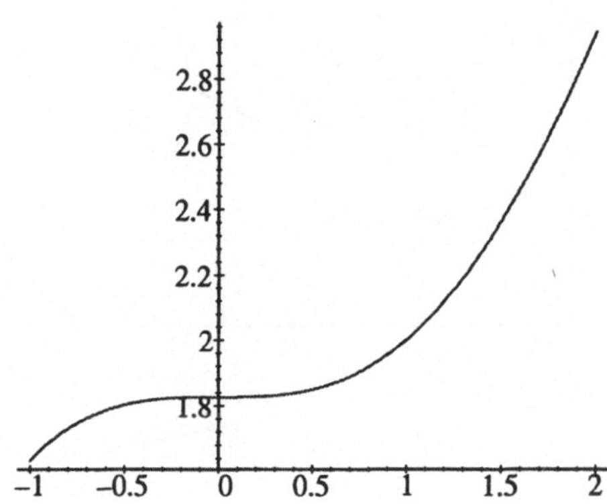

Siehe `?plots,odeplot` für die Syntax von `odeplot`.

Hier ist ein System von zwei gewöhnlichen Differentialgleichungen.

```
> eq1 := diff(x(t),t) = y(t);
```

$$eq1 := \frac{\partial}{\partial t}\,\mathrm{x}(t) = \mathrm{y}(t)$$

```
> eq2 := diff(y(t),t) = x(t)+y(t);
```

$$eq2 := \frac{\partial}{\partial t}\,\mathrm{y}(t) = \mathrm{x}(t) + \mathrm{y}(t)$$

```
> ini := x(0)=2, y(0)=1;
```

$$ini := \mathrm{x}(0) = 2, \mathrm{y}(0) = 1$$

Dieses Mal liefert die Lösungsprozedur eine Liste von drei Gleichungen.

```
> sol1 := dsolve( {eq1, eq2, ini}, {x(t),y(t)},
>     type=numeric );
```

$$sol1 := \mathbf{proc}(rkf45\_x)\ \ldots\ \mathbf{end}$$

```
> sol1(0);
```

$$[t = 0, \mathrm{x}(t) = 2., \mathrm{y}(t) = 1.]$$

```
> sol1(1);
```

$$[t = 1, \mathrm{x}(t) = 5.58216868924484366,$$
$$\mathrm{y}(t) = 7.82689113711079365]$$

Der Befehl `odeplot` kann nun `y(t)` über `x(t)` auftragen

```
> odeplot( sol1, [x(t), y(t)], -3..1, labels=[x,y] );
```

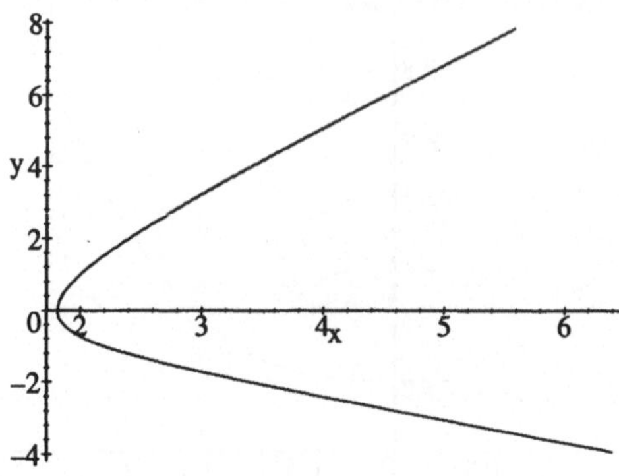

oder x(t) und y(t) über t,

```
> odeplot( sol1, [t, x(t), y(t)], -3..1,
>    labels=[t,x,y], axes=boxed );
```

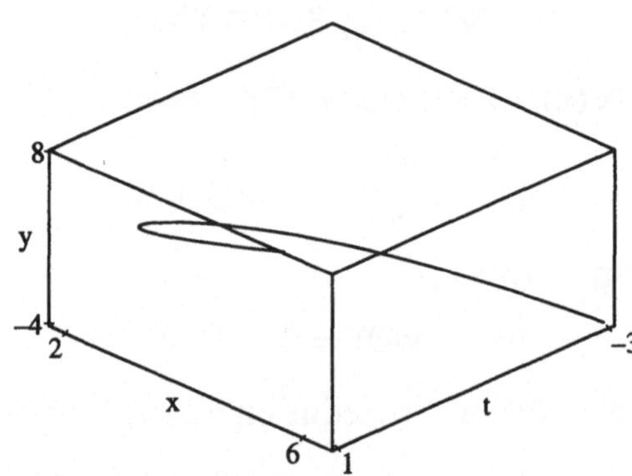

oder irgend eine andere Kombination.

Seien Sie immer vorsichtig bei numerischen Verfahren. Betrachten Sie die Gleichung

```
> eq := diff(y(x), x) = 1 - 2*x*y(x);
```

$$eq := \frac{\partial}{\partial x}\,\mathrm{y}(x) = 1 - 2\,x\,\mathrm{y}(x)$$

```
> ini := y(0) = 0;
```

$$ini := \mathrm{y}(0) = 0$$

Diese Differentialgleichung kann exakt gelöst werden.

```
> exact := dsolve( {eq, ini}, {y(x)} );
```

$$exact := y(x) = -\frac{1}{2}\, i\, e^{(-x^2)}\, \mathrm{erf}(i\, x)\, \sqrt{\pi}$$

```
> plot( rhs(exact), x=-5..5, title='Exact Solution' );
```

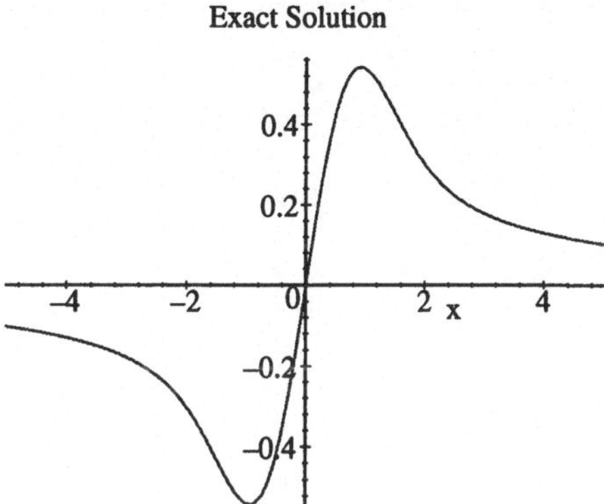

Wenn Sie jedoch die Option `type=numeric` benutzen, ergibt sich ein ganz anderer Graph.

```
> approx := dsolve( {eq, ini}, {y(x)}, type=numeric );
```

$$approx := \mathbf{proc}(rkf45\_x)\ \ldots\ \mathbf{end}$$

```
> with(plots):
> odeplot( approx, [x,y(x)], -5..5, view=[-5..5, -0.6..0.6],
>     title='Numeric Solution' );
```

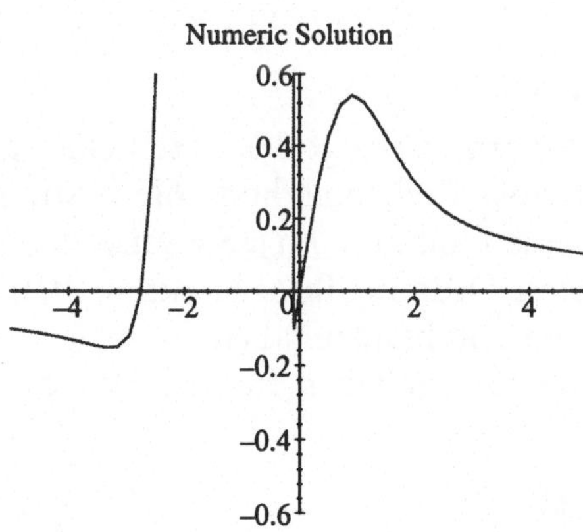

Fehler können sich in Gleitkommarechungen fortpflanzen. Es gibt keine allgemeingültige Regeln, wie dieser Effekt verhindert werden kann. Daher kann kein Softwarepaket alle Möglichkeiten vorhersehen. Hier ist die Lösung, die Option `startinit` zu benutzen, damit `dsolve` (oder genauer gesagt die Prozedur, die dsolve zurückgibt) jedesmal bei dem Anfangswert beginnt, wenn Sie einen Punkt $(x, y(x))$ berechnen.

```
> approx2 := dsolve( {eq, ini}, {y(x)},
>    type=numeric, startinit=true );
```

$$approx2 := \mathbf{proc}(rkf45\_x) \ldots \mathbf{end}$$

```
> odeplot( approx2, [x,y(x)], -5..5,
>    title='With startinit=true' );
```

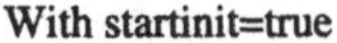

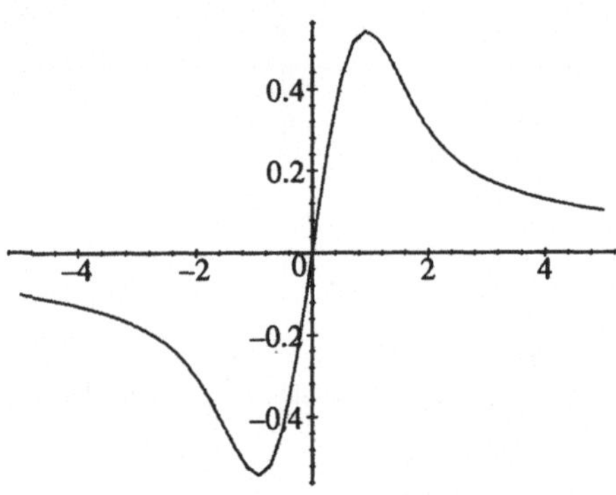

Der Preis ist, daß approx2 langsamer ist als approx.

Sie können auch angeben, welchen Algorithmus dsolve(..., type=numeric) beim Lösen Ihrer Differentialgleichung benutzen soll; siehe ?dsolve,numeric.

Beispiel: Taylor-Reihen

In seiner allgemeinen Form verlangt das Lösen einer gewöhnlichen Differentialgleichung mit einer Reihenmethode die Bestimmung einer Taylor-Reihe um $t = 0$ für eine Funktion $f(t)$. Sie müssen also in der Lage sein, die Ableitungen höherer Ordnung Ihrer Funktion, $f'(t)$, $f''(t)$, $f'''(t)$, und so weiter, zu berechnen und handzuhaben.

Sobald Sie die Ableitungen haben, können Sie sie in die Taylor-Reihendarstellung von $f(t)$ einsetzen.

```
> taylor(f(t), t);
```

$$\mathrm{f}(0) + \mathrm{D}(f)(0)\,t + \frac{1}{2}\,D^{(2)}(f)(0)\,t^2 + \frac{1}{6}\,D^{(3)}(f)(0)\,t^3 + \frac{1}{24}\,D^{(4)}(f)(0)\,t^4 + \frac{1}{120}\,D^{(5)}(f)(0)\,t^5 + \mathrm{O}(t^6)$$

Betrachten Sie als ein Beispiel das Newtonsche Abkühlungsgesetz:

$$\frac{d\theta}{dt} = -\frac{1}{10}(\theta - 20), \qquad \theta(0) = 100.$$

Mit dem Operator D können Sie diese Gleichung leicht in Maple eingeben.

```
> eq := D(theta) = -1/10*(theta-20);
```

$$eq := \mathrm{D}(\theta) = -\frac{1}{10}\,\theta + 2$$

```
> ini := theta(0)=100;
```

$$ini := \theta(0) = 100$$

Der erste Schritt besteht darin, die erforderliche Zahl höherer Ableitungen zu bestimmen. Es ist eine gute Idee, diese Zahl mit der Ordnung der Taylor-Reihe, die Sie benutzen wollen, abzustimmen. Wenn Sie den voreingestellten Wert von Order benutzen,

```
> Order;
```

$$6$$

dann müssen Sie die Ableitungen bis zur Ordnung

```
> dev_order := Order - 1;
```

$$dev\_order := 5$$

berechnen.

Sie können jetzt seq benutzen, um eine Folge der Ableitungen höherer Ordnung von theta(t) zu erzeugen.

```
> S := seq( (D@@(dev_order-n))(eq), n=1..dev_order );
```

$$S := D^{(5)}(\theta) = -\frac{1}{10}\,D^{(4)}(\theta),\ D^{(4)}(\theta) = -\frac{1}{10}\,D^{(3)}(\theta),$$
$$D^{(3)}(\theta) = -\frac{1}{10}\,D^{(2)}(\theta),\ D^{(2)}(\theta) = -\frac{1}{10}\,\mathrm{D}(\theta),\ \mathrm{D}(\theta) = -\frac{1}{10}\,\theta + 2$$

Die fünfte Ableitung ist eine Funktion der vierten Ableitung, die vierte eine Funktion der dritten und so weiter. Wenn Sie also die Ersetzungen gemäß S durchführen, können Sie alle Ableitungen als Funktionen von theta ausdrücken. So ist zum Beispiel das dritte Element von S

```
> S[3];
```

$$D^{(3)}(\theta) = -\frac{1}{10}\,D^{(2)}(\theta)$$

Durchführen der Ersetzungen gemäß S auf der rechten Seite ergibt

```
> lhs(") = subs( S, rhs(") );
```

$$D^{(3)}(\theta) = -\frac{1}{1000}\theta + \frac{1}{50}$$

Benutzen Sie den Befehl map, um diese Ersetzung bei allen Ableitungen auf einmal durchzuführen.

```
> L := map( z -> lhs(z) = subs(S, rhs(z)), [S] );
```

$$L := [D^{(5)}(\theta) = -\frac{1}{100000}\theta + \frac{1}{5000},$$
$$D^{(4)}(\theta) = \frac{1}{10000}\theta - \frac{1}{500}, D^{(3)}(\theta) = -\frac{1}{1000}\theta + \frac{1}{50},$$
$$D^{(2)}(\theta) = \frac{1}{100}\theta - \frac{1}{5}, \mathrm{D}(\theta) = -\frac{1}{10}\theta + 2]$$

Sie müssen die Ableitungen für $t = 0$ auswerten.

```
> L(0);
```

$$[D^{(5)}(\theta)(0) = -\frac{1}{100000}\theta(0) + \frac{1}{5000},$$
$$D^{(4)}(\theta)(0) = \frac{1}{10000}\theta(0) - \frac{1}{500}, D^{(3)}(\theta)(0) = -\frac{1}{1000}\theta(0) + \frac{1}{50},$$
$$D^{(2)}(\theta)(0) = \frac{1}{100}\theta(0) - \frac{1}{5}, \mathrm{D}(\theta)(0) = -\frac{1}{10}\theta(0) + 2]$$

Nun erzeugen Sie die Taylor-Reihe.

```
> T := taylor(theta(t), t);
```

$$T := \theta(0) + \mathrm{D}(\theta)(0)\,t + \frac{1}{2}D^{(2)}(\theta)(0)\,t^2 + \frac{1}{6}D^{(3)}(\theta)(0)\,t^3 +$$
$$\frac{1}{24}D^{(4)}(\theta)(0)\,t^4 + \frac{1}{120}D^{(5)}(\theta)(0)\,t^5 + \mathrm{O}(t^6)$$

Setzen Sie die Ableitungen in die Reihe ein.

```
> subs( L(0), T );
```

$$\theta(0) + \left(-\frac{1}{10}\theta(0) + 2\right)t + \left(\frac{1}{200}\theta(0) - \frac{1}{10}\right)t^2 +$$

$$\left(-\frac{1}{6000}\theta(0)+\frac{1}{300}\right)t^3+\left(\frac{1}{240000}\theta(0)-\frac{1}{12000}\right)t^4+$$
$$\left(-\frac{1}{12000000}\theta(0)+\frac{1}{600000}\right)t^5+O(t^6)$$

Jetzt ersetzen Sie in der Anfangsbedingung und wandeln Sie die Reihe in ein Polynom um.

```
> subs( ini, ");
```

$$100-8\,t+\frac{2}{5}t^2-\frac{1}{75}t^3+\frac{1}{3000}t^4-\frac{1}{150000}t^5+O(t^6)$$

```
> p := convert(", polynom);
```

$$p := 100-8\,t+\frac{2}{5}t^2-\frac{1}{75}t^3+\frac{1}{3000}t^4-\frac{1}{150000}t^5$$

Jetzt können Sie die Antwort zeichnen.

```
> plot(p, t=0..30);
```

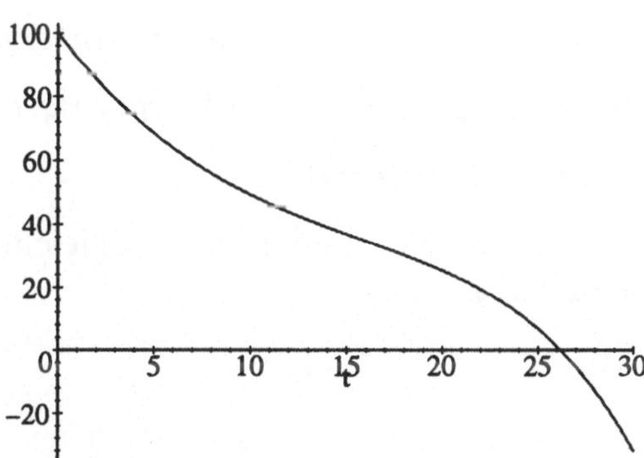

Dieses spezielle Beispiel besitzt die folgende analytische Lösung.

```
> dsolve( {eq(t), ini}, {theta(t)} );
```

$$\theta(t)=20+80\,e^{(-1/10\,t)}$$

```
> q := rhs(");
```

$$q := 20+80\,e^{(-1/10\,t)}$$

Daher können Sie die Reihenlösung mit der tatsächlichen Lösung vergleichen.

```
> plot( [p, q], t=0..30 );
```

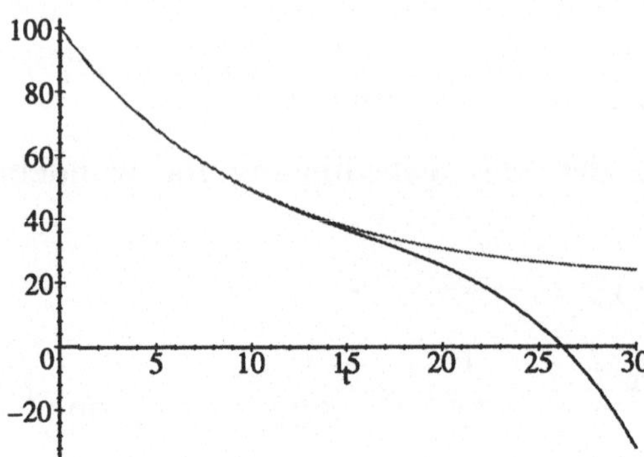

Anstatt die Taylor-Reihe von Hand zu berechnen, können Sie auch den Befehl `powsolve` aus dem Paket `powseries` benutzen.

```
> with(powseries);
```

[*compose*, *evalpow*, *inverse*, *multconst*, *multiply*, *negative*, *powadd*, *powcos*, *powcreate*, *powdiff*, *powexp*, *powint*, *powlog*, *powpoly*, *powsin*, *powsolve*, *powsqrt*, *quotient*, *reversion*, *subtract*, *tpsform*]

Das Paket `powsolve` verlangt, daß die Differentialgleichung mit `diff` geschrieben ist anstelle von `D`.

```
> eqn := convert( eq(t), diff );
```

$$eqn := \frac{\partial}{\partial t}\,\theta(t) = -\frac{1}{10}\,\theta(t) + 2$$

Der Befehl `powsolve` findet eine formale Potenzreihenlösung.

```
> a := powsolve( {eqn, ini} );
```

$$a := \mathbf{proc}(powparm)\ \ldots\ \mathbf{end}$$

`a(n)` ist der Koeffizient von x^n in der Potenzreihenlösung von eq. Das heißt, daß Sie die Lösung bestimmen können durch die Eingabe von

```
> Sum( a(n)*x^n, n=0..infinity );
```

$$\sum_{n=0}^{\infty} \mathrm{a}(n)\, x^n$$

Das konstante Glied ist

```
> a(0);
```

$$100$$

Das allgemeine Glied ist

```
> a(_k);
```

$$-\frac{1}{10}\,\frac{\mathrm{a}(\_k-1)}{\_k}$$

Der Befehl `tpsform` liefert eine abgeschnittene Form einer formalen Potenzreihe.

```
> tpsform(a, x);
```

$$100-8\,t+\frac{2}{5}\,t^2-\frac{1}{75}\,t^3+\frac{1}{3000}\,t^4-\frac{1}{150000}\,t^5+\mathrm{O}(t^6)$$

Wenn Sie keine geschlossene Lösung finden können

In einigen Fällen können Sie die Lösung einer linearen gewöhnlichen Differentialgleichung nicht in geschlossener Form schreiben. Dann gibt `dsolve` mitunter Lösungen zurück, die die Datenstruktur `DESol` enthalten. `DESol` ist ein Platzhalter, der die Lösung einer Differentialgleichung repräsentiert, ohne sie explizit zu berechnen. `DESol` ist also ähnlich zu `RootOf`, das die Nullstellen eines algebraischen Ausdrucks repräsentiert. Dies ermöglicht Ihnen, den erhaltenen Ausdruck symbolisch zu bearbeiten, bevor Sie einen anderen Ansatz versuchen.

```
> de := diff(y(x), x$3) + (2*x+2)*diff(y(x), x$2) + (4*x +
>             4-1/x)*diff(y(x), x) + 2*y(x);
```

$$de := \left(\frac{\partial^3}{\partial x^3}\,\mathrm{y}(x)\right)+(2\,x+2)\left(\frac{\partial^2}{\partial x^2}\,\mathrm{y}(x)\right) + \left(4\,x+4-\frac{1}{x}\right)\left(\frac{\partial}{\partial x}\,\mathrm{y}(x)\right)+2\,\mathrm{y}(x)$$

`dsolve` kann keine geschlossene Lösung von `de` finden.

```
> dsolve( {de}, {y(x)} );
```

$$\mathrm{y}(x)=\_C1\,e^{(-x^2)}+e^{(-x^2)}\int \mathrm{DESol}\Bigg(\Big\{x\left(\frac{\partial^2}{\partial x^2}\,\_\mathrm{Y}(x)\right) + (-4\,x^2+2\,x)\left(\frac{\partial}{\partial x}\,\_\mathrm{Y}(x)\right)+(-4\,x^2-2\,x-1+4\,x^3)\,\_\mathrm{Y}(x)\Big\}, \{\_\mathrm{Y}(x)\}\Bigg)dx$$

Sie können jetzt eine andere Methode an dem Teil der Lösung mit `DESol` ausprobieren. Zuerst müssen Sie diesen Teil herausholen.

```
> select(has, rhs("), DESol);
```

$$e^{(-x^2)} \int \mathrm{DESol}(\{x \left(\frac{\partial^2}{\partial x^2} \_\mathrm{Y}(x)\right) + (-4\,x^2 + 2\,x) \left(\frac{\partial}{\partial x} \_\mathrm{Y}(x)\right) + (-4\,x^2 - 2\,x - 1 + 4\,x^3)\,\_\mathrm{Y}(x)\}, \{\_\mathrm{Y}(x)\})dx$$

Dann konstruieren Sie zum Beispiel eine Reihennäherung.

```
> series(", x);
```

$$\_C2\,x + \left(\frac{1}{2}\,\_C1 + \frac{1}{2}\,\_C2\,\ln(x) - \frac{5}{4}\,\_C2\right) x^2 + \left(-\frac{1}{6}\,\_C1 - \frac{1}{6}\,\_C2\,\ln(x) - \frac{13}{36}\,\_C2\right) x^3 + \left(\frac{109}{192}\,\_C2 - \frac{3}{16}\,\_C2\,\ln(x) - \frac{3}{16}\,\_C1\right) x^4 + \left(\frac{11}{240}\,\_C1 + \frac{11}{240}\,\_C2\,\ln(x) + \frac{2503}{14400}\,\_C2\right) x^5 + \mathrm{O}(x^6)$$

`diff` und `int` können auch auf `DESol` operieren.

Zeichnen gewöhnlicher Differentialgleichungen

Sie können nicht viele Differentialgleichungen analytisch lösen. In solchen Fällen ist es oft von Vorteil, die Differentialgleichung zu zeichnen.

```
> ode1 :=
> diff(y(t), t$2) + sin(t)^2*diff(y(t),t) + y(t) = cos(t)^2;
```

$$ode1 := \left(\frac{\partial^2}{\partial t^2}\,\mathrm{y}(t)\right) + \sin(t)^2 \left(\frac{\partial}{\partial t}\,\mathrm{y}(t)\right) + \mathrm{y}(t) = \cos(t)^2$$

```
> ic1 := y(0) = 1, D(y)(0) = 0;
```

$$ic1 := \mathrm{y}(0) = 1, \mathrm{D}(y)(0) = 0$$

Versuchen Sie zuerst, diese Differentialgleichung mit `dsolve` analytisch zu lösen.

```
> dsolve({ode1, ic1}, {y(t)} );
```

`dsolve` gibt nichts zurück, was anzeigt, daß es keine Lösung finden konnte. Versuchen Sie dann die Laplace-Transformation.

```
> dsolve( {ode1, ic1}, {y(t)}, method=laplace );
```

Wieder findet dsolve keine Lösung. Da dsolve keinen Erfolg hatte, versuchen Sie den Befehl DEplot aus dem Paket DEtools.

```
> with(DEtools);
```

[*DEnormal*, *DEplot*, *DEplot3d*, *Dchangevar*,
PDEchangecoords, *PDEplot*, *autonomous*, *convertAlg*,
convertsys, *dfieldplot*, *indicialeq*, *phaseportrait*,
reduceOrder, *regularsp*, *translate*, *untranslate*, *varparam*]

DEplot ist eine allgemeine Zeichenroutine für gewöhnliche Differentialgleichungen, die Sie mit folgender Syntax einsetzen.

DEplot(*Dgln*, *AbhVar*, *Bereich*, [*AnfangsBedn*])

Hier steht *Dgln* für die Differentialgleichungen, die Sie zeichnen wollen, *AbhVar* ist die abhängige Variable, *Bereich* ist der Bereich der unabhängigen Variablen und *AnfangsBedn* ist eine Liste von Anfangsbedingungen.

Hier ist die Zeichnung der Funktion, die sowohl die Differentialgleichung ode1 als auch obige Anfangsbedingung ic1 erfüllt.

```
> DEplot( ode1, y(t), 0..20, [ [ ic1 ] ] );
```

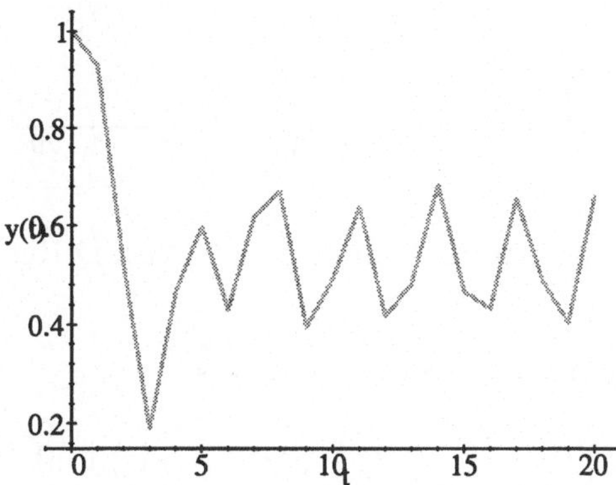

Sie können die Zeichnung verfeinern, indem Sie eine kleinere Schrittweite (stepsize) angeben.

```
> DEplot( ode1, y(t), 0..20, [ [ ic1 ] ], stepsize=0.2 );
```

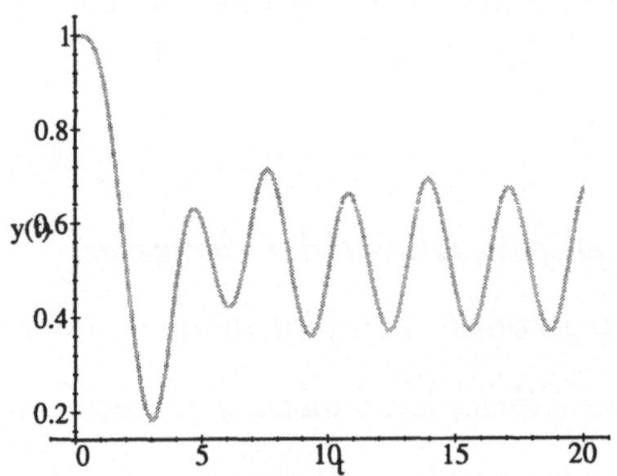

Wenn Sie mehr als eine Liste von Anfangsbedingungen angeben, zeichnet DEplot eine Lösung für jede.

```
> ic2 := y(0)=0, D(y)(0)=1;
```

$$ic2 := y(0) = 0, D(y)(0) = 1$$

```
> DEplot( ode1, y(t), 0..20, [ [ic1], [ic2] ], stepsize=0.2 );
```

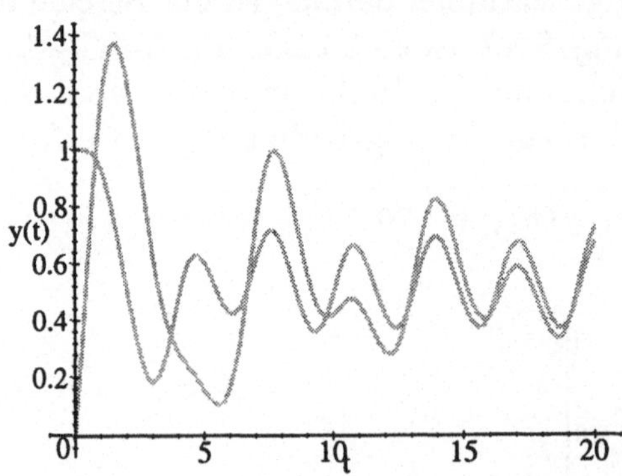

DEplot kann auch Lösungen einer Menge von Differentialgleichungen zeichnen.

```
> eq1 := diff(y(t),t) + y(t) + x(t) = 0;
```

$$eq1 := \left(\frac{\partial}{\partial t}\,y(t)\right) + y(t) + x(t) = 0$$

```
> eq2 := y(t) = diff(x(t), t);
```

$$eq2 := y(t) = \frac{\partial}{\partial t}\,x(t)$$

```
> ini1 := x(0)=0, y(0)=5;
```

$$ini1 := x(0) = 0, y(0) = 5$$

```
> ini2 := x(0)=0, y(0)=-5;
```

$$ini2 := x(0) = 0, y(0) = -5$$

Das System {eq1, eq2} hat zwei abhängige Variablen, x(t) und y(t), deshalb müssen Sie eine Liste von abhängigen Variablen angeben.

```
> DEplot( {eq1, eq2}, [x(t), y(t)], -5..5,
> [ [ini1], [ini2] ] );
```

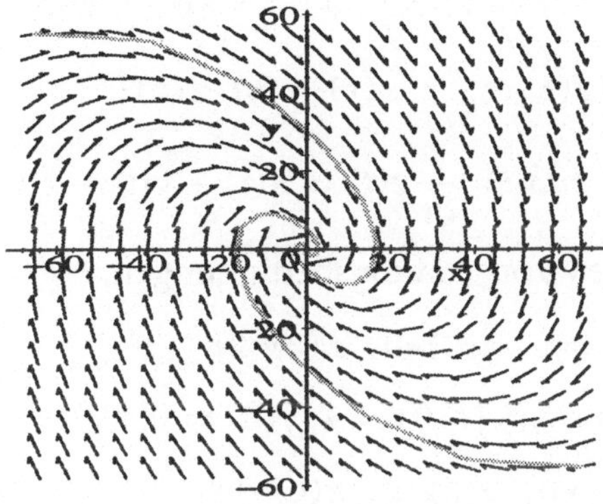

Beachten Sie, daß DEplot auch wie oben ein Richtungsfeld erzeugt, falls es sinnvoll ist. Siehe ?DEtools,DEplot für weitere Einzelheiten über das Zeichnen von Differentialgleichungen.

DEplot3d ist die dreidimensionale Version von DEplot. Die grundlegende Syntax von DEplot3d ist ähnlich zu der von DEplot. Siehe ?DEtools,DEplot3d für Einzelheiten. Hier ist eine dreidimensionale Zeichnung des Systems, das oben in zwei Dimensionen gezeichnet wurde.

```
> DEplot3d( {eq1, eq2}, [x(t), y(t)], -5..5,
> [ [ini1], [ini2] ] );
```

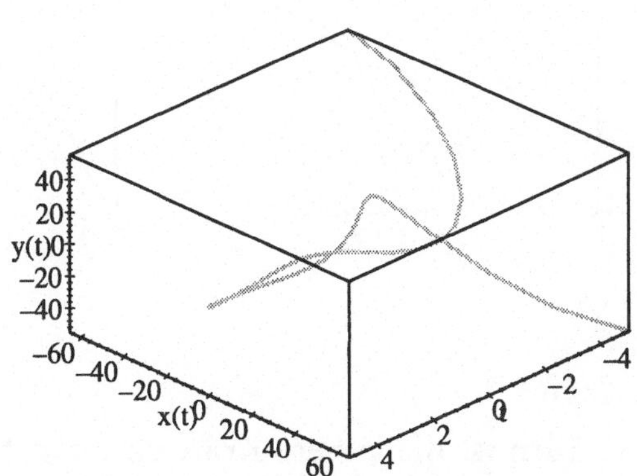

Hier ist ein Beispiel für eine Zeichnung eines Systems von drei Differentialgleichungen.

```
> eq1 := diff(x(t),t) = y(t)+z(t);
```

$$eq1 := \frac{\partial}{\partial t}\,\mathrm{x}(t) = \mathrm{y}(t) + \mathrm{z}(t)$$

```
> eq2 := diff(y(t),t) = -x(t)-y(t);
```

$$eq2 := \frac{\partial}{\partial t}\,\mathrm{y}(t) = -\mathrm{x}(t) - \mathrm{y}(t)$$

```
> eq3 := diff(z(t),t) = x(t)+y(t)-z(t);
```

$$eq3 := \frac{\partial}{\partial t}\,\mathrm{z}(t) = \mathrm{x}(t) + \mathrm{y}(t) - \mathrm{z}(t)$$

Dies sind zwei Listen von Anfangsbedingungen.

```
> ini1 := [x(0)=1, y(0)=0, z(0)=2];
```

$$ini1 := [\mathrm{x}(0) = 1, \mathrm{y}(0) = 0, \mathrm{z}(0) = 2]$$

```
> ini2 := [x(0)=0, y(0)=2, z(0)=-1];
```

$$ini2 := [\mathrm{x}(0) = 0, \mathrm{y}(0) = 2, \mathrm{z}(0) = -1]$$

Der Befehl `DEplot3d` zeichnet zwei Lösungen für das System von Differentialgleichungen `{eq1, eq2, eq3}`, eine für jede Liste von Anfangswerten.

```
> DEplot3d( {eq1, eq2, eq3}, [x(t), y(t), z(t)], t=0..10,
>     [ini1, ini2], stepsize=0.1, orientation=[-171, 58] );
```

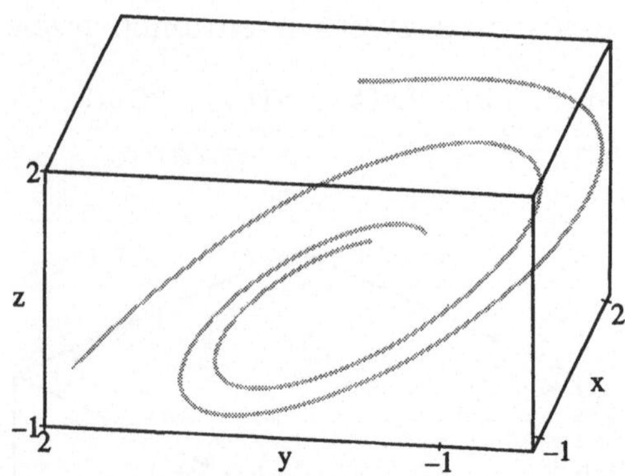

Unstetige äußere Kraft

In vielen konkreten Fällen ist die äußere Kraft unstetig. Maple stellt eine Reihe von Möglichkeiten zur Verfügung, wie Sie ein System durch gewöhnliche

Differentialgleichungen beschreiben können. Dies umfaßt auch sinnvolle Möglichkeiten zum Beschreiben unstetiger Kräfte.

Die Heaviside-Stufenfunktion Die Heaviside-Funktion ermöglicht es Ihnen, verzögerte und abschnittsweise definierte Kräfte zu beschreiben. Sie können `Heaviside` mit `dsolve` einsetzen, um sowohl symbolische als auch numerische Lösungen zu finden.

```
> eq := diff(y(t),t) = -y(t)*Heaviside(t-1);
```

$$eq := \frac{\partial}{\partial t}\,y(t) = -y(t)\,\mathrm{Heaviside}(t-1)$$

```
> ini := y(0) = 3;
```

$$ini := y(0) = 3$$

```
> dsolve({eq, ini}, {y(t)});
```

$$y(t) = 3\,e^{(-\mathrm{Heaviside}(t-1)\,(t-1))}$$

Verwandeln Sie die Lösung in eine Funktion, die Sie zeichnen können.

```
> subs( ", y(t) );
```

$$3\,e^{(-\mathrm{Heaviside}(t-1)\,(t-1))}$$

```
> unapply(", t);
```

$$t \to 3\,e^{(-\mathrm{Heaviside}(t-1)\,(t-1))}$$

```
> f := ";
```

$$f := t \to 3\,e^{(-\mathrm{Heaviside}(t-1)\,(t-1))}$$

```
> plot(f, 0..4);
```

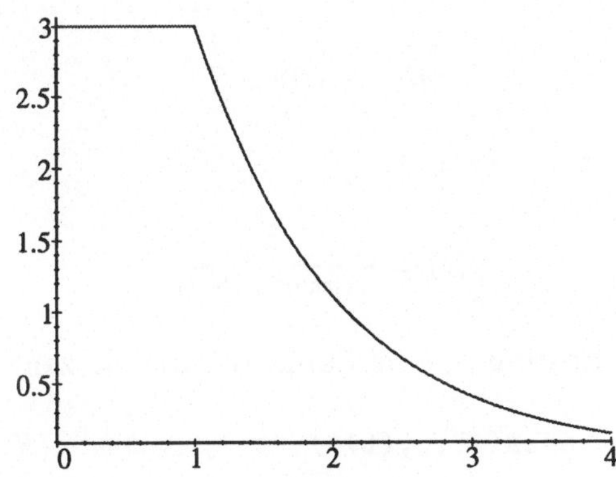

Lösen Sie dieselbe Gleichung numerisch.

```
> sol1 := dsolve({eq, ini}, {y(t)}, type=numeric);
```

$$sol1 := \text{proc}(rkf45\_x) \ldots \textbf{end}$$

Sie können den Befehl `odeplot` aus dem Paket `plots` benutzen, um die Lösung zu zeichnen.

```
> with(plots):
> odeplot( sol1, [t, y(t)], 0..4 );
```

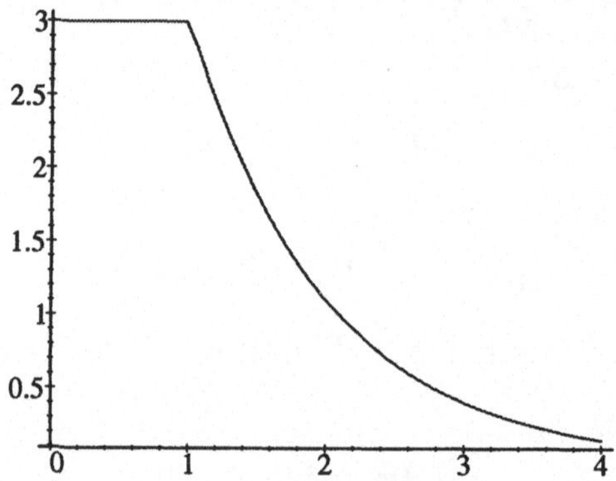

Die Dirac-Deltafunktion Sie können die Dirac-Deltafunktion in einer ähnlichen Weise verwenden, um impulsartige Kräfte zu erzeugen.

```
> eq := diff(y(t),t) = -y(t)*Dirac(t-1);
```

$$eq := \frac{\partial}{\partial t}\,\mathrm{y}(t) = -\mathrm{y}(t)\,\mathrm{Dirac}(t-1)$$

```
> ini := y(0) = 3;
```

$$ini := \mathrm{y}(0) = 3$$

```
> dsolve({eq, ini}, {y(t)});
```

$$\mathrm{y}(t) = \frac{3}{e^{\mathrm{Heaviside}(t-1)}}$$

Verwandeln Sie die Lösung in eine Funktion, die Sie zeichnen können.

```
> f := unapply( subs( ", y(t) ), t );
```

$$f := t \rightarrow \frac{3}{e^{\mathrm{Heaviside}(t-1)}}$$

```
> plot( f, 0..4 );
```

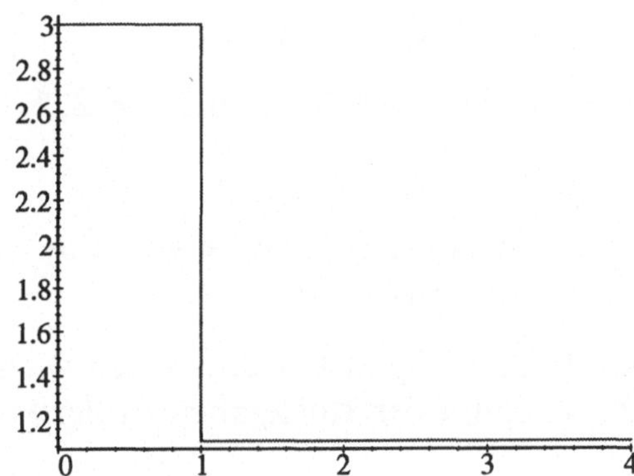

Die numerische Lösung sieht jedoch nicht den von Null verschiedenen Wert von `Dirac(0)`.

```
> sol2 := dsolve({eq, ini}, {y(t)}, type=numeric);
```

$$sol2 := \mathbf{proc}(rkf45\_x)\ \ldots\ \mathbf{end}$$

Benutzen Sie wieder `odeplot` aus `plots`, um die numerische Lösung zu zeichnen.

```
> with(plots, odeplot);
```

$$[odeplot]$$

```
> odeplot( sol2, [t,y(t)], 0..4 );
```

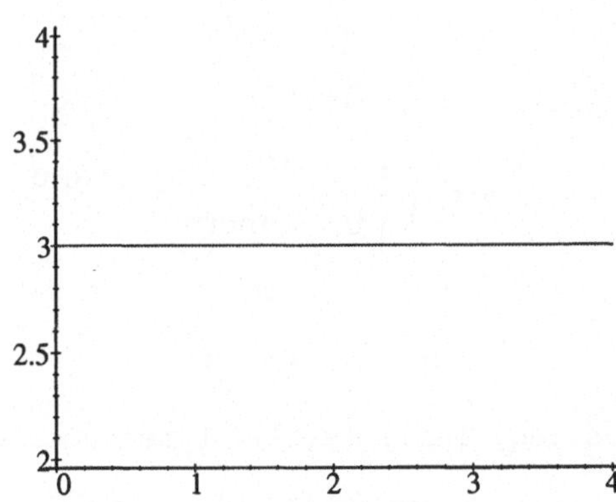

Abschnittsweise definierte Funktionen Der Befehl `piecewise` erlaubt es Ihnen, komplizierte äußere Kräfte zu definieren, indem Sie Abschnitte durch analytische Funktionen annähern und dann die Näherungen zusammen als

Repräsentation der ganzen Funktion ansehen. Betrachten Sie zunächst das Verhalten von piecewise.

```
> f:= x -> piecewise(1<=x and x<2, 1, 0);
```

$$f := x \to \text{piecewise}(1 \leq x \textbf{ and } x < 2, 1, 0)$$

```
> f(x);
```

$$\begin{cases} 1, & \text{if}\ , 1 - x \leq 0 \text{ and } x - 2 < 0; \\ 0, & \text{otherwise.} \end{cases}$$

Beachten Sie, daß die Reihenfolge der Bedingungen wichtig ist. Die erste, die true zurückgibt, bestimmt den Rückgabewert der Funktion.

```
> plot(f, 0..3);
```

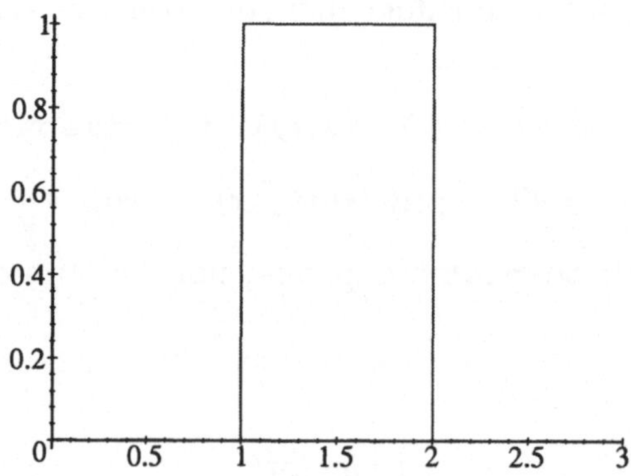

Sie können nun diese abschnittsweise definierte Funktion als äußere Kraft benutzen.

```
> eq := diff(y(t),t) = 1-y(t)*f(t);
```

$$eq := \frac{\partial}{\partial t} \mathrm{y}(t) = 1 - \mathrm{y}(t) \left(\begin{cases} 1, & \text{if } 1 - t \leq 0 \text{ and } t - 2 < 0; \\ 0, & \text{otherwise.} \end{cases} \right)$$

```
> ini := y(0)=3;
```

$$ini := \mathrm{y}(0) = 3$$

```
> sol3 := dsolve({eq, ini}, {y(t)}, type=numeric);
```

$$sol3 := \textbf{proc}(rkf45\_x) \ldots \textbf{end}$$

Benutzen Sie wieder den Befehl odeplot aus dem Paket plots, um das Ergebnis zu zeichnen.

```
> with(plots, odeplot):
```

```
> odeplot( sol3, [t, y(t)], 0..4 );
```

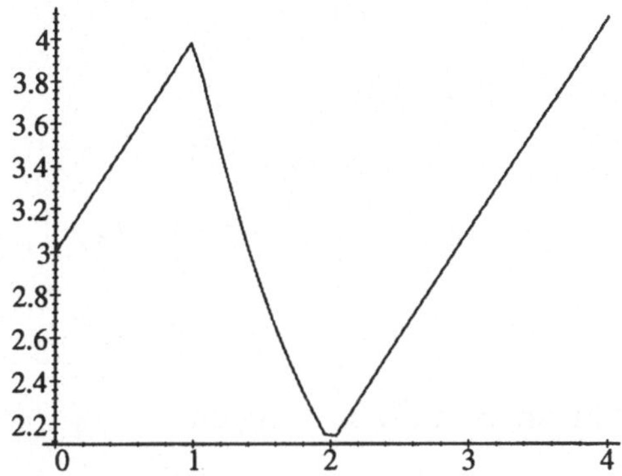

Das Paket `DEtools` enthält Befehle, die Ihnen helfen können, Differentialgleichungen zu untersuchen, zu manipulieren, zu zeichnen und zu lösen. Siehe `?DEtools` für Details.

6.3 Partielle Differentialgleichungen

Partielle Differentialgleichungen sind im allgemeinen sehr schwer zu lösen. Maple enthält eine Reihe von Befehlen zum Lösen, Handhaben und Zeichnen von partiellen Differentialgleichungen.

Der Befehl `pdesolve`

Der Befehl `pdesolve` kann viele partielle Differentialgleichungen lösen. Hier ist die grundlegende Syntax.

```
pdesolve( Dgl, Var )
```

Hier ist *Dgl* die partielle Differentialgleichung und *Var* die Variable, für die Maple lösen soll.

Das Folgende ist die eindimensionale Wellengleichung.

```
> wave := diff(u(x,t), t,t) - c^2 * diff(u(x,t), x,x);
```

$$wave := \left(\frac{\partial^2}{\partial t^2}\,\mathrm{u}(x,t)\right) - c^2\left(\frac{\partial^2}{\partial x^2}\,\mathrm{u}(x,t)\right)$$

Sie wollen sie für `u(x,t)` lösen.

```
> sol := pdesolve( wave, u(x,t) );
```

$$sol := \mathrm{u}(x,t) = \_F1(t\,c + x) + \_F2(t\,c - x)$$

Beachten Sie, daß die Lösung von zwei beliebigen Funktionen, _F1 und _F2, abhängt. Um die Lösung zu zeichnen, müssen Sie Werte für diese Funktionen auswählen.

```
> f1 := xi -> exp(-xi^2);
```

$$f1 := \xi \to e^{(-\xi^2)}$$

```
> f2 := xi -> piecewise(-1/2<xi and xi<1/2, 1, 0);
```

$$f2 := \xi \to \text{piecewise}\left(\frac{-1}{2} < \xi \text{ and } \xi < \frac{1}{2}, 1, 0\right)$$

Setzen Sie diese Funktionen in die Lösung ein.

```
> subs( _F1=f1, _F2=f2, c=1, sol );
```

$$\mathrm{u}(x, t) = \mathrm{f1}(t + x) + \mathrm{f2}(t - x)$$

Sie können den Befehl subs benutzen, um die Lösung herauszuholen.

```
> subs(", u(x,t));
```

$$e^{(-(t+x)^2)} + \left(\begin{cases} 1, & \text{if } -\frac{1}{2} - t + x < 0 \text{ and } t - x - \frac{1}{2} < 0; \\ 0, & \text{otherwise.} \end{cases}\right)$$

unapply wandelt den Ausdruck in eine Funktion um.

```
> f := unapply(", x,t);
```

$$f := (x, t) \to$$
$$e^{(-(t+x)^2)} + \text{piecewise}\left(-\frac{1}{2} - t + x < 0 \text{ and } t - x - \frac{1}{2} < 0, 1, 0\right)$$

Jetzt können Sie die Lösung zeichnen.

```
> plot3d( f, -8..8, 0..5, grid=[40,40] );
```

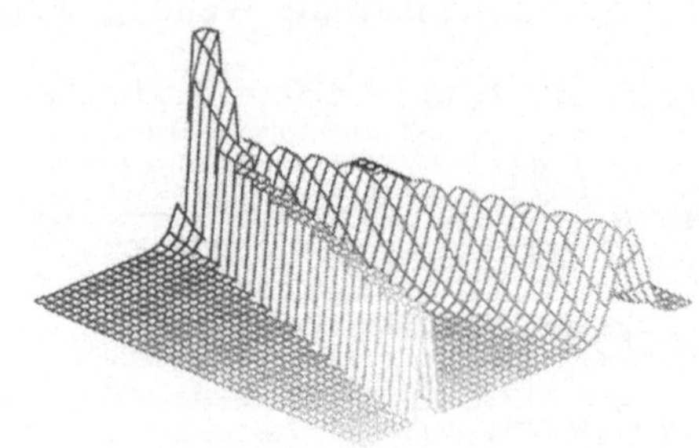

Transformation der abhängigen Variablen in einer partiellen Differentialgleichung

Hier ist die eindimensionale Wärmeleitungsgleichung.

```
> heat := diff(u(x,t),t) - k*diff(u(x,t), x,x) = 0;
```

$$heat := \left(\frac{\partial}{\partial t}\mathrm{u}(x,t)\right) - k\left(\frac{\partial^2}{\partial x^2}\mathrm{u}(x,t)\right) = 0$$

Der Befehl pdesolve kann diese Gleichung nicht lösen.

```
> pdesolve( heat, u(x,t));
```

$$\mathrm{pdesolve}\left(\left(\frac{\partial}{\partial t}\mathrm{u}(x,t)\right) - k\left(\frac{\partial^2}{\partial x^2}\mathrm{u}(x,t)\right) = 0, \mathrm{u}(x,t)\right)$$

Versuchen Sie, eine Lösung der Form $u(x,t) = X(x)T(t)$ zu finden.

```
> eq := subs( u(x,t) = X(x)*T(t), heat );
```

$$eq := \left(\frac{\partial}{\partial t}\mathrm{X}(x)\,\mathrm{T}(t)\right) - k\left(\frac{\partial^2}{\partial x^2}\mathrm{X}(x)\,\mathrm{T}(t)\right) = 0$$

Sie können diese Gleichung separieren, so daß alle von x abhängigen Terme auf der einen und alle von t abhängigen auf der anderen Seite stehen. Dividieren Sie zuerst durch $X(x)$ und durch $T(t)$.

```
> eq / X(x) / T(t);
```

$$\frac{\mathrm{X}(x)\,\left(\frac{\partial}{\partial t}\mathrm{T}(t)\right) - k\left(\frac{\partial^2}{\partial x^2}\mathrm{X}(x)\right)\mathrm{T}(t)}{\mathrm{X}(x)\,\mathrm{T}(t)} = 0$$

```
> expand(");
```

$$\frac{\frac{\partial}{\partial t}\mathrm{T}(t)}{\mathrm{T}(t)} - \frac{k\left(\frac{\partial^2}{\partial x^2}\mathrm{X}(x)\right)}{\mathrm{X}(x)} = 0$$

Jetzt ziehen Sie einen der beiden Terme von beiden Seiten der Gleichung ab.

```
> sep := (") +
>     ( k*diff(X(x),x,x)/X(x) = k*diff(X(x),x,x)/X(x) );
```

$$sep := \frac{\frac{\partial}{\partial t}\mathrm{T}(t)}{\mathrm{T}(t)} = \frac{k\left(\frac{\partial^2}{\partial x^2}\mathrm{X}(x)\right)}{\mathrm{X}(x)}$$

Da die linke Seite von sep nur von t abhängt, muß sie eine Konstante sein.

```
> lhs(sep) = C;
```

$$\frac{\frac{\partial}{\partial t}\mathrm{T}(t)}{\mathrm{T}(t)} = C$$

Jetzt lösen Sie diese Differentialgleichung.

```
> T_sol := dsolve(", T(t));
```

$$T\_sol := \mathrm{T}(t) = e^{(C\,t)}\,\_C1$$

Die rechte Seite von sep muß natürlich dieselbe Konstante sein.

```
> rhs(sep) = C;
```

$$\frac{k\left(\frac{\partial^2}{\partial x^2}\mathrm{X}(x)\right)}{\mathrm{X}(x)} = C$$

Lösen Sie die Gleichung für X.

```
> X_sol := dsolve(", X(x), explicit=true);
```

$$X\_sol := \mathrm{X}(x) = -\frac{1}{2}\,\frac{\_C1\,k^2 - \left(e^{\left(-\frac{\sqrt{k\,C}\,(x+\_C2)}{k}\right)}\right)^2}{e^{\left(-\frac{\sqrt{k\,C}\,(x+\_C2)}{k}\right)}\sqrt{k\,C}},$$

$$\mathrm{X}(x) = -\frac{1}{2}\,\frac{\_C1\,k^2 - \left(e^{\left(\frac{\sqrt{k\,C}\,(x+\_C2)}{k}\right)}\right)^2}{e^{\left(\frac{\sqrt{k\,C}\,(x+\_C2)}{k}\right)}\sqrt{k\,C}}$$

Jetzt multiplizieren Sie die Lösung für X mit der für T.

```
> map( subs, {X_sol}, T_sol, X(x)*T(t) );
```

$$\left\{-\frac{1}{2}\,\frac{\left(\_C1\,k^2 - \left(e^{\left(-\frac{\sqrt{k\,C}\,(x+\_C2)}{k}\right)}\right)^2\right)e^{(C\,t)}\,\_C1}{e^{\left(-\frac{\sqrt{k\,C}\,(x+\_C2)}{k}\right)}\sqrt{k\,C}},\right.$$

$$\left.-\frac{1}{2}\,\frac{\left(\_C1\,k^2 - \left(e^{\left(\frac{\sqrt{k\,C}\,(x+\_C2)}{k}\right)}\right)^2\right)e^{(C\,t)}\,\_C1}{e^{\left(\frac{\sqrt{k\,C}\,(x+\_C2)}{k}\right)}\sqrt{k\,C}}\right\}$$

Maple kann die Lösungsmenge noch etwas vereinfachen.

```
> sol := simplify(");
```

$$sol := \{\frac{1}{2}\left(-\_C1\,k^2 + e^{\left(-2\,\frac{\sqrt{k\,C}\,(x+\_C2)}{k}\right)}\right) e^{\left(\frac{x\,\sqrt{k\,C}+\_C2\,\sqrt{k\,C}+C\,t\,k}{k}\right)}$$
$$\_C1 \,/ \sqrt{k\,C},\; -\frac{1}{2}\left(\_C1\,k^2 - e^{\left(2\,\frac{\sqrt{k\,C}\,(x+\_C2)}{k}\right)}\right)$$
$$e^{\left(\frac{-x\,\sqrt{k\,C}-\_C2\,\sqrt{k\,C}+C\,t\,k}{k}\right)}\,\_C1 \,/ \sqrt{k\,C}\}$$

Setzen Sie Werte für die Konstanten ein.

```
> subs( C=-k, k=1, _C1=1, _C2=1, sol);
```

$$\{\frac{1}{2}\,i\,(1 - e^{(2\,i\,(x+1))})\,e^{(-i\,x-i-t)},$$
$$-\frac{1}{2}\,i\,(-1 + e^{(-2\,i\,(x+1))})\,e^{(i\,x+i-t)}\}$$

Die Lösung kann auch durch trigonometrischen Funktionen ausgedrückt werden.

```
> convert(", trig);
```

$$\{-\frac{1}{2}i\,(-1 + \cos(2\,x+2) - i\,\sin(2\,x+2))\,(\cosh(t) - \sinh(t))$$
$$(\cos(x+1) + i\,\sin(x+1)),\; \frac{1}{2}i$$
$$(1 - \cos(2\,x+2) - i\,\sin(2\,x+2))\,(\cosh(t) - \sinh(t))$$
$$(\cos(x+1) - i\,\sin(x+1))\}$$

Sie können die Lösungsmenge kompakter schreiben, indem Sie die trigonometrischen Terme zusammenfassen.

```
> S := combine(");
```

$$S := \{\cosh(t)\,\sin(x+1) - \sinh(t)\,\sin(x+1),$$
$$-\cosh(t)\,\sin(x+1) + \sinh(t)\,\sin(x+1)\}$$

Sie können die zweite Lösung zeichnen.

```
> plot3d( S[2], x=-5..5, t=0..5 );
```

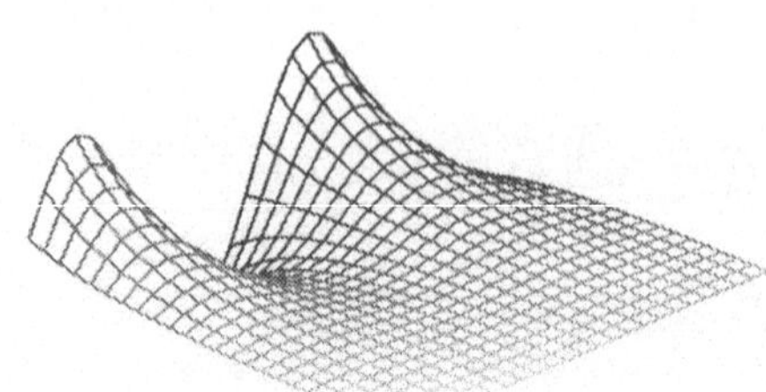

Überprüfen der Lösung durch Einsetzen in die Ausgangsgleichung ist eine gute Idee.

```
> subs( u(x,t)=sol[2], heat );
```

$$\Big(\frac{\partial}{\partial t}\Big(-\frac{1}{2}\left(\_C1\,k^2 - e^{\left(2\,\frac{\sqrt{k\,C}\,(x+\_C2)}{k}\right)}\right)\,e^{\left(\frac{-x\,\sqrt{k\,C}-\_C2\,\sqrt{k\,C}+C\,t\,k}{k}\right)}$$

$$\_C1\,/\sqrt{k\,C}\Big)\Big) - k\Big(\frac{\partial^2}{\partial x^2}\Big(-\frac{1}{2}\left(\_C1\,k^2 - e^{\left(2\,\frac{\sqrt{k\,C}\,(x+\_C2)}{k}\right)}\right)$$

$$e^{\left(\frac{-x\,\sqrt{k\,C}-\_C2\,\sqrt{k\,C}+C\,t\,k}{k}\right)}\,\_C1\,/\sqrt{k\,C}\Big)\Big) = 0$$

```
> simplify(");
```

$$0 = 0$$

Das Zeichnen partieller Differentialgleichungen

Die Lösungen vieler partieller Differentialgleichungen können mit dem Befehl `PDEplot` aus dem Paket `DEtools` gezeichnet werden.

```
> with(DEtools):
```

Sie benutzen `PDEplot` mit folgender Syntax.

`PDEplot(` *Dgl*, *Var*, *Anfang*, *s=Bereich* `)`

Hier ist *Dgl* die partielle Differentialgleichung, *Var* ist die abhängige Variable, *Anfang* ist eine parametrische Kurve im dreidimensionalen Raum mit dem Parameter *s* und *Bereich* ist der Definitionsbereich von *s*.

Betrachten Sie diese partiellen Differentialgleichungen.

```
> pde := diff(u(x,y), x) + cos(2*x) * diff(u(x,y), y) = -sin(y);
```

$$pde := \left(\frac{\partial}{\partial x}\,\mathrm{u}(x, y)\right) + \cos(2\,x)\,\left(\frac{\partial}{\partial y}\,\mathrm{u}(x, y)\right) = -\sin(y)$$

Benutzen Sie die durch $z = 1 + y^2$ gegebene Kurve als Anfangsbedingung, daß heißt $x = 0$, $y = s$ und $z = 1 + s^2$.

```
> ini := [0, s, 1+s^2];
```

$$ini := [0, s, 1 + s^2]$$

`PDEplot` zeichnet die Kurve der Anfangsbedingungen (obwohl das in diesem Buch schwer zu sehen ist) und die Lösungsfläche.

```
> PDEplot( pde, u(x,y), ini, s=-2..2 );
```

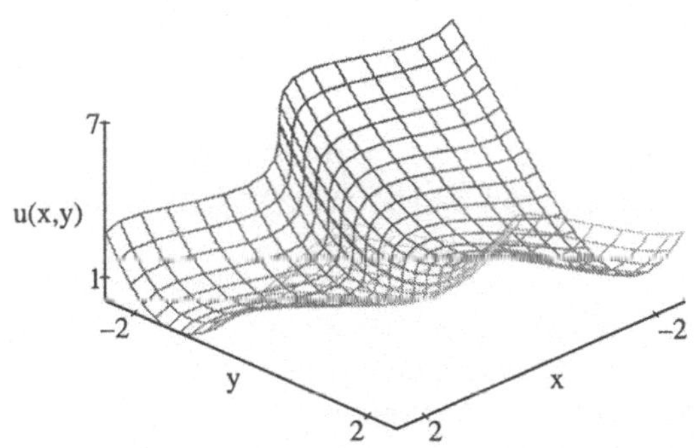

Um die Fläche zu zeichnen, berechnet Maple die Basischarakteristiken. Die Kurve der Anfangsbedingungen ist hier leichter zu sehen als in obiger Zeichnung.

```
> PDEplot( pde, u(x,y), ini, s=-2..2, basechar=only );
```

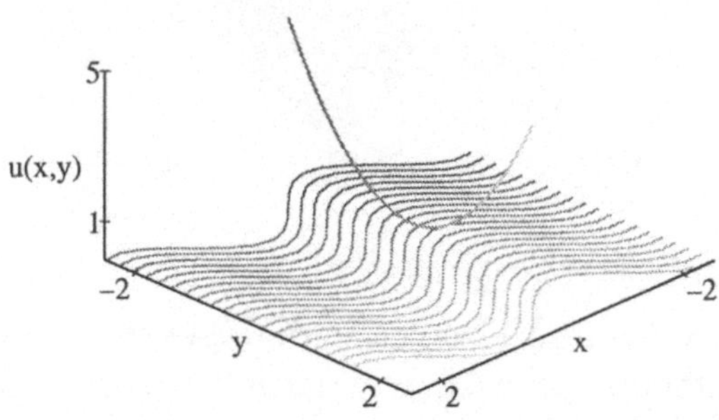

Die Option basechar=true weist PDEplot an, sowohl die Basischarakteristiken und die Fläche als auch die Kurve der Anfangsbedingungen, die immer da ist, zu zeichnen.

```
> PDEplot( pde, u(x,y), ini, s=-2..2, basechar=true );
```

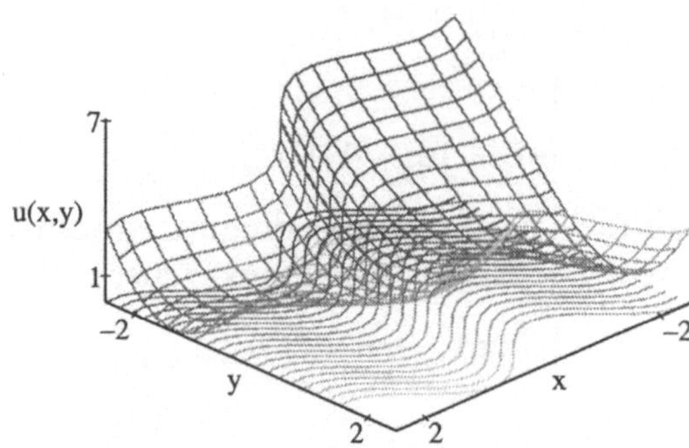

Viele der üblichen Optionen von plot3d sind auch verfügbar; siehe ?plot3d,options. Die Option initcolor bestimmt die Farbe der Kurve der Anfangswerte.

```
> PDEplot( pde, u(x,y), ini, s=-2..2,
>    basechar=true, initcolor=white,
>    style=patchcontour, contours=20,
>    orientation=[-43,45] );
```

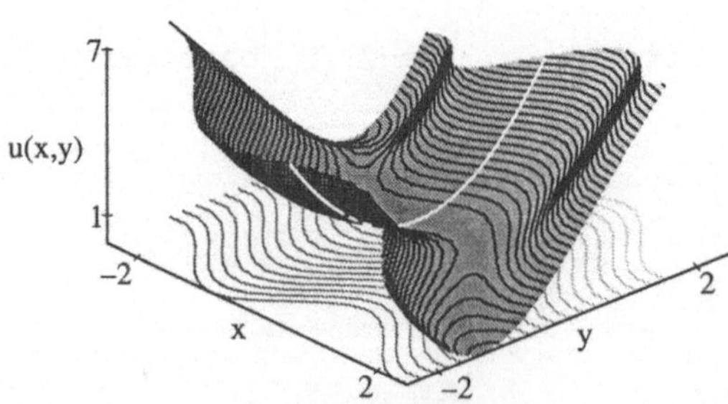

Die Pakete difforms und liesymm enthalten weitere Routinen für die fortgeschrittene mathematische Analyse partieller Differentialgleichungen. Siehe ?difforms und ?liesymm.

6.4 Zusammenfassung

Dieses Kapitel hat gezeigt, wie nützlich Maple ist, wenn Sie Probleme aus der Analysis untersuchen und lösen wollen. Sie haben gesehen, wie Maple Konzepte, wie die Ableitung oder das Riemann-Integral, darstellen kann; wie Maple Ihnen hilft bei der sorgfältigen Analyse des Fehlerglieds einer Taylorreihe; und Sie sahen die großen Möglichkeiten von Maple beim Lösen und Manipulieren gewöhnlicher und partieller Differentialgleichungen, sowohl numerisch wie symbolisch.

KAPITEL

Eingabe und Ausgabe

Sie können einen Großteil Ihrer Arbeit direkt in Maples Arbeitsblätter erledigen. Sie können Berechnungen anfordern, Funktionen zeichnen und die Ergebnisse dokumentieren. Manchmal müssen Sie jedoch Daten importieren oder Ergebnisse in eine Datei exportieren, um mit einer anderen Person oder Software zu interagieren. Die Daten könnten Meßergebnisse von wissenschaftlichen Experimenten oder durch andere Programme generierte Zahlen sein. Sobald Sie die Daten in Maple importieren, können Sie Maples Möglichkeiten zum Zeichnen zur Visualisierung der Ergebnisse und seine algebraischen Fähigkeiten zur Konstruktion oder Untersuchung eines zugehörigen mathematischen Modells nutzen.

Maple stellt mehrere geeignete Methoden zum Importieren und Exportieren roher numerischer Daten und Graphiken zur Verfügung. Es präsentiert individuelle algebraische und numerische Ergebnisse in Formaten, die zum Einsatz in FORTRAN, C oder selbst in mathematischen Schriftsatzsystemen wie LaTeX geeignet sind. Sie können auch das gesamte Arbeitsblatt als eine Textdatei (zur Einbindung in elektronischer Post) oder als ein LaTeX-Dokument exportieren. Ergebnisse können Sie ausschneiden und einfügen und einzelne Ausdrücke oder ganze Arbeitsblätter exportieren.

Dieses Kapitel führt Sie in die allgemeinen Aspekte des Exportierens und Importierens von Informationen in und aus Dateien ein. Es erläutert, wie Maple mit dem Dateisystem ihres Rechners zusammenarbeitet und mit anderer Software interagieren kann.

7.1 Lesen von Dateien

Die zwei gebräuchlichsten Operationen zum Lesen von Informationen aus Dateien sind Lesen von Daten aus einer Textdatei und Lesen von in Textdateien gespeicherten Maple-Befehlen.

Der erste Fall betrifft oftmals aus einem Experiment generierte Daten. Sie können durch Leerzeichen und Zeilenumbrüche getrennte Zahlen in einer Textdatei speichern und sie danach zur Untersuchung in Maple einlesen. Diese Operation können Sie sehr einfach mit Maples Befehl `readdata` ausführen.

Der zweite Fall ist das Lesen von Befehlen aus einer Textdatei. Vielleicht erhalten Sie ein Arbeitsblatt im Textformat oder Sie schreiben eine Maple-Prozedur mit Ihrem bevorzugten Texteditor und speichern sie in einer Textdatei, bevor Sie sie ausführen. Befehle können Sie in Maple entweder durch Auswahl von `Import Text` aus dem `File`-Menü einlesen oder mit dem Befehl `read`. Der Abschnitt *Lesen von Befehlen aus einer Datei* auf Seite 258 behandelt diese zwei Optionen.

Lesen von Zahlenspalten aus einer Datei

Maple ist in der Manipulation von Daten sehr stark, aber wenn Sie diese Daten außerhalb von Maple generieren, müssen sie in Maple eingelesen werden, bevor Sie sie manipulieren können. Häufig befinden sich diese externen Daten in Form von Zahlenspalten in einer Textdatei. Die folgende Datei `data.txt` ist solch ein Beispiel.

```
0 1 0
1 .540302 .841470
2 -.416146 .909297
3 -.989992 .141120
4 -.653643 -.756802
5 .283662 -.958924
6 .960170 -.279415
```

Der Befehl `readdata` liest solche Zahlenspalten. Verwenden Sie `readdata` wie folgt:

```
readdata( 'Dateiname', n )
```

Hier ist *Dateiname* der Name der von `readdata` zu lesenden Datei und *n* die Anzahl der Spalten. Falls *n* gleich 1 ist, liefert `readdata` eine Liste von Zahlen. Ansonsten liefert `readdata` eine Liste von Listen, wobei jede Teilliste einer Zeile in der Datei entspricht.

Die Datei `data.txt` hat drei Spalten.

```
> L := readdata( 'data.txt', 3 );
```

$$L := [[0, 1., 0], [1., .540302, .841470], [2., -.416146, .909297], [3., -.989992, .141120], [4., -.653643, -.756802], [5., .283662, -.958924], [6., .960170, -.279415]]$$

Sie können nun zum Beispiel die dritte Spalte in Abhängigkeit der ersten zeichnen. Verwenden Sie den Befehl `map`, um den ersten und dritten Eintrag in jeder Teilliste auszuwählen.

```
> map( u -> [ u[1], u[3] ], L );
```

$$[[0, 0], [1., .841470], [2., .909297], [3., .141120], [4., -.756802], [5., -.958924], [6., -.279415]]$$

Der Befehl `plot` kann Listen wie diese direkt zeichnen.

```
> plot(");
```

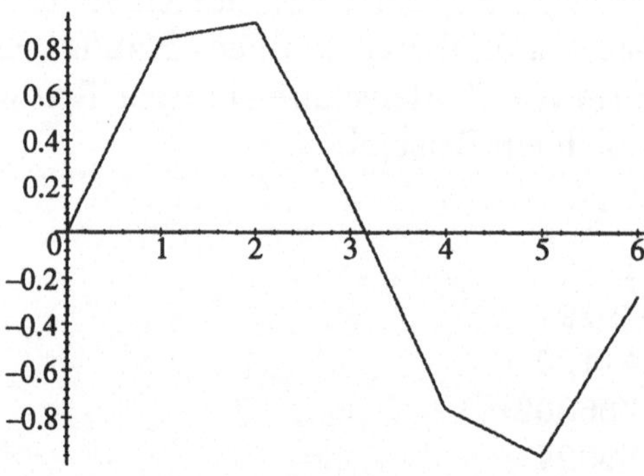

Sie können außerdem Ihre Daten mit Hilfe der Befehle aus dem Paket `stats` statistisch analysieren.

```
> with(stats);
```

[*anova*, *describe*, *fit*, *importdata*, *random*, *statevalf*, *statplots*, *transform*]

Angenommen Sie wollen den Durchschnitt der zweiten Spalte bestimmen. Das Unterpaket `describe` des Pakets `stats` definiert dazu den Befehl `mean`.

```
> with(describe);
```

$$[coefficientofvariation, count, countmissing, covariance, decile, geometricmean, harmonicmean, kurtosis, linearcorrelation, mean, meandeviation, median, mode, moment, percentile, quadraticmean, quantile, quartile, range, skewness, standarddeviation, sumdata, variance]$$

Sie können den Befehl `map` wie zuvor verwenden, um die zweite Spalte von Zahlen auszuwählen. Alternativ können Sie die Tatsache ausnutzen, daß `L[5,2]` die zweite Zahl in der fünften Teilliste ist.

```
> L[5,2];
```

$$-.653643$$

So ist folgendes die benötigte Liste:

```
> L[ 1..nops(L), 2 ];
```

$$[1., .540302, -.416146, -.989992, -.653643, .283662, .960170]$$

```
> mean(") ;
```

$$.1034790000$$

Wenn Ihre importierten Daten eine Matrix darstellen, möchten Sie vielleicht eine Liste von Listen, wie zum Beispiel `L`, in ein Feld konvertieren.

```
> A := convert(L, array);
```

$$A := \begin{bmatrix} 0 & 1. & 0 \\ 1. & .540302 & .841470 \\ 2. & -.416146 & .909297 \\ 3. & -.989992 & .141120 \\ 4. & -.653643 & -.756802 \\ 5. & .283662 & -.958924 \\ 6. & .960170 & -.279415 \end{bmatrix}$$

Nun können Sie Matrixoperationen auf Ihre Daten anwenden. Der Befehl `evalm` wertet einen Matrixausdruck aus.

```
> transpose(A) &* A;
```

$$\text{transpose}(A) \mathbin{\&*} A$$

```
> evalm(");
```

$$\begin{bmatrix} 91. & 1.302792 & -6.414894 \\ 1.302792 & 3.874827634 & -.1090779271 \\ -6.414894 & -.1090779271 & 3.125164896 \end{bmatrix}$$

`readdata` liest standardmäßig Werte als Gleitkommazahlen, aber es kann Werte auch als ganze Zahlen einlesen. Die folgende Datei `integers.txt` besteht aus zwei ganzzahligen Spalten.

```
1 1
2 4
3 9
4 16
5 25
```

Das Schlüsselwort `integer` weist `readdata` an, die Werte als ganze Zahlen anstatt als Gleitkommazahlen zu lesen.

```
> readdata( 'integers.txt', integer, 2 );
```

$$[[1, 1], [2, 4], [3, 9], [4, 16], [5, 25]]$$

Sie können ganze Zahlen und Gleitkommazahlen auch mischen. Angenommen die erste Spalte besteht aus ganzen Zahlen und die zweite Spalte aus Gleitkommazahlen. Wenn Sie die Formate in einer Liste spezifizieren, müssen Sie die Anzahl der Spalten nicht angeben.

```
> readdata( 'integers.txt', [integer, float] );
```

$$[[1, 1.], [2, 4.], [3, 9.], [4, 16.], [5, 25.]]$$

Verwenden Sie das Schlüsselwort `integer` nicht, es sei denn, die Zahlen der entsprechenden Spalten sind tatsächlich ganze Zahlen.

Lesen von Befehlen aus einer Datei

Einige Benutzer von Maple ziehen es vor, Maple-Programme mit ihrem bevorzugten Texteditor in eine Textdatei zu schreiben und danach die Datei in Maple zu importieren. Sie können entweder die Anweisungen aus der Textdatei in Ihr Arbeitsblatt einsetzen oder Sie können den Befehl `read` benutzen.

Wenn Sie eine Datei mit dem Befehl `read` lesen, behandelt Maple jede Zeile der Datei als einen Befehl. Maple führt die Befehle aus und zeigt die Ergebnisse in Ihrem Arbeitsblatt an, aber es plaziert *nicht* standardmäßig die Befehle aus der Datei in Ihr Arbeitsblatt. Verwenden Sie den Befehl `read` mit folgender Syntax:

```
read 'Dateiname';
```

Hier ist die Datei `ks.tst` mit Maple-Befehlen.

```
S := n -> sum( binomial(n, beta)
    * ( (2*beta)!/2^beta - beta!*beta ), beta=1..n );
S( 19 );
```

Wenn Sie die Datei einlesen, zeigt Maple die Ergebnisse an, aber nicht die Befehle.

```
> read 'ks.tst';
```

$$S := n \to \sum_{\beta=1}^{n} \mathrm{binomial}(n, \beta) \left(\frac{(2\,\beta)!}{2^{\beta}} - \beta!\,\beta \right)$$

$$1024937361666644598071114328769317982974$$

Wenn Sie die Schnittstellenvariable `echo` auf 2 setzen, fügt Maple die Befehle aus der Datei in Ihr Arbeitsblatt ein.

```
> interface( echo=2 );
> read 'ks.tst';

> S := n -> sum( binomial(n, beta)
>     * ( (2*beta)!/2^beta - beta!*beta ), beta=1..n );
```

$$S := n \to \sum_{\beta=1}^{n} \mathrm{binomial}(n, \beta) \left(\frac{(2\,\beta)!}{2^{\beta}} - \beta!\,\beta \right)$$

```
> S( 19 );
```

$$1024937361666644598071114328769317982974$$

Der Befehl `read` kann Dateien auch in Maples internem Format lesen; siehe *Speichern von Ausdrücken in Maples internem Format* auf Seite 262.

7.2 Schreiben von Daten in eine Datei

Nachdem Sie mit Maple eine Berechnung durchgeführt haben, möchten Sie das Ergebnis vielleicht in einer Datei speichern. Sie können es dann später entweder mit Maple oder mit einem anderen Programm bearbeiten.

Schreiben von Spalten numerischer Daten in eine Datei

Wenn das Ergebnis einer Maple-Berechnung eine lange Liste oder ein großes Feld von Zahlen ist, möchten Sie diese Zahlen vielleicht in strukturierter

Form in eine Datei schreiben. Der Befehl `writedata` speichert Spalten numerischer Daten und ermöglicht Ihnen, die Daten in ein anderes Programm zu importieren. Sie können den Befehl `writedata` mit folgender Syntax verwenden:

```
writedata( 'Dateiname', Daten )
```

Hier ist *Dateiname* der Name der Datei, in die `writedata` die Daten schreiben soll, und *Daten* eine Liste, Vektor, Liste von Listen oder Matrix. Falls *Dateiname* der spezielle Name `terminal` ist, schreibt `writedata` die Daten auf Ihren Bildschirm. Beachten Sie, daß `writedata` *Dateiname* überschreibt, falls sie existiert. Sie können jedoch folgende Syntax verwenden, um Daten an eine existierende Datei anzuhängen:

```
writedata[APPEND]( 'Dateiname', Daten )
```

Wenn die Daten ein Vektor oder eine Liste von Zahlen sind, schreibt `writedata` eine Zahl pro Zeile.

```
> L := [ 3, 3.1415, -65, 0 ];
```

$$L := [3, 3.1415, -65, 0]$$

```
> writedata( 'terminal', L );

3
3.1415
-65
0
```

Wenn die Daten eine Matrix oder eine Liste von Zahlenlisten sind, schreibt `writedata` durch Tabulatoren getrennte Datenspalten.

```
> A := [ [1,2,3], [-1.45, 0, 3/2] ];
```

$$A := \left[[1, 2, 3], \left[-1.45, 0, \frac{3}{2}\right]\right]$$

```
> writedata( 'terminal', A );
1       2       3
-1.45   0       1.5
```

`writedata` erwartet, daß die Daten numerisch sind. Sie müssen Konstanten wie π und e^9 vor Aufruf von `writedata` zu Gleitkommazahlen auswerten.

```
> L := [ Pi, exp(9) ];
```

$$L := [\pi, e^9]$$

```
> Lf := evalf(L);
```

$$Lf := [3.141592654, 8103.083928]$$

```
> writedata( `terminal`, Lf );
```

```
3.141592
8103.083928
```

`writedata` schreibt standardmäßig Gleitkommazahlen. Das Schlüsselwort `integer` weist `writedata` an, die Zahlen zu ganzen Zahlen abzuschneiden.

```
> L := [ 3.7, 3.1, -2.2, -1.9 ];
```

$$L := [3.7, 3.1, -2.2, -1.9]$$

```
> writedata( `terminal`, L, integer );
```

```
3
3
-2
-1
```

Also schneidet `writedata(...,integer)` auf ähnliche Weise ab wie der Befehl `trunc`.

```
> map( trunc, L );
```

$$[3, 3, -2, -1]$$

Wenn Sie Gleitkommazahlen auf andere Weise in ganze Zahlen konvertieren wollen, zum Beispiel mit Hilfe von `round`, müssen Sie sowohl den Konvertierungsbefehl als auch das Schlüsselwort `integer` angeben.

```
> writedata( `terminal`, map(round, L), integer );
```

```
4
3
-2
-2
```

Ganze Zahlen und Gleitkommazahlen können Sie auch mischen. Nachfolgend schreibt der Befehl `writedata` die erste und dritte Spalte als Gleitkommazahlen und die zweite Spalte als ganze Zahlen.

```
> writedata( `terminal`, A,
>     [float, integer, float] );
```

```
1           2         3
-1.45           0          1.5
```

Sie können `writedata` erweitern, so daß es kompliziertere Daten wie komplexe Zahlen oder symbolische Ausdrücke schreiben kann. `?writedata` gibt hierzu weitere Informationen.

Speichern von Ausdrücken in Maples internem Format

Wenn Sie einen komplizierten Ausdruck oder eine Prozedur erstellen, möchten Sie sie vielleicht für künftige Anwendungen in Maple speichern. Falls Sie den Ausdruck oder die Prozedur in Maples internem Format speichern, kann sie Maple effizient zurückladen. Dies können Sie erreichen, indem Sie den Befehl `save` zum Schreiben des Ausdrucks in eine Datei, deren Name mit den Buchstaben „.m" endet, verwenden. Rufen Sie den Befehl `save` mit folgender Syntax auf:

```
save NamenFolge, 'Dateiname.m';
```

Hier ist *NamenFolge* eine Folge von Namen; Sie können nur mit Namen versehene Objekte speichern. Der Befehl `save` speichert die Objekte in *Dateiname*`.m`. „`.m`" weist darauf hin, daß `save` die Datei in Maples internem Format abspeichert.

Hier sind einige Ausdrücke:

```
> qbinomial := (n,k) -> product(1-q^i, i=n-k+1..n) /
>                       product(1-q^i, i=1..k );
```

$$qbinomial := (n, k) \to \frac{\prod_{i=n-k+1}^{n} (1 - q^i)}{\prod_{i=1}^{k} (1 - q^i)}$$

```
> expr := qbinomial(10, 4);
```

$$expr := \frac{(1 - q^7)(1 - q^8)(1 - q^9)(1 - q^{10})}{(1 - q)(1 - q^2)(1 - q^3)(1 - q^4)}$$

```
> nexpr := normal( expr );
```

$$nexpr := (q^6 + q^5 + q^4 + q^3 + q^2 + q + 1)(q^4 + 1)(q^6 + q^3 + 1)$$
$$(q^8 + q^6 + q^4 + q^2 + 1)$$

Sie können nun diese Ausdrücke in die Datei `qbinom.m` speichern.

```
> save qbinomial, expr, nexpr, 'qbinom.m';
```

Der Befehl `restart` löscht die drei Ausdrücke aus dem Speicher. So wird nachfolgend `expr` zu seinem eigenen Namen ausgewertet.

```
> restart;
> expr;
```

$$expr$$

Verwenden Sie den Befehl `read` zum Rückladen der Ausdrücke, die Sie in `qbinom.m` gespeichert haben.

```
> read 'qbinom.m';
```

Nun hat expr wieder seinen Wert.

```
> expr;
```

$$\frac{(1-q^7)(1-q^8)(1-q^9)(1-q^{10})}{(1-q)(1-q^2)(1-q^3)(1-q^4)}$$

Siehe *Lesen von Befehlen aus einer Datei* auf Seite 258 für Details zum Befehl read.

Konvertieren in das LaTeX-Format

TeX ist ein Programm zum Setzen mathematischer Ausdrücke und LaTeX ist ein Makro-Paket für TeX. Der Befehl latex konvertiert Maple-Ausdrücke in das LaTeX-Format. So können Sie Maple zur Lösung eines Problems verwenden, danach das Ergebnis in LaTeX-Code konvertieren, das Sie dann in ein LaTeX-Dokument einbinden können. Verwenden Sie den Befehl latex auf folgende Weise:

```
latex( Ausdruck, 'Dateiname' )
```

Der Befehl latex schreibt den zu *Ausdruck* zugehörigen LaTeX-Code in die Datei *Dateiname*. Falls *Dateiname* existiert, wird sie von latex überschrieben. Vielleicht bevorzugen Sie es, *Dateiname* wegzulassen; in diesem Fall gibt latex den LaTeX-Code auf den Bildschirm aus, und Sie können ihn ausschneiden und in Ihr LaTeX-Dokument einfügen.

```
> latex( a/b );
{\frac {a}{b}}
> latex( Limit( int(f(x), x=-n..n), n=infinity ) );
\lim _{n\rightarrow \infty }\int _{-n}^{n}\!f(
x){dx}
```

Der Befehl latex liefert weder die benötigten Befehle, um LaTeX anzuweisen, den Code im Mathemodus zu setzen, noch nimmt es Zeilenumbrüche oder Ausrichtung vor.

Der Abschnitt *Exportieren als LaTeX* auf Seite 265 beschreibt, wie Sie ein ganzes Arbeitsblatt im LaTeX-Format speichern können.

7.3 Exportieren ganzer Arbeitsblätter

Sie können Ihr Arbeitsblatt selbstverständlich über das File-Menü speichern. Sie können aber ein Arbeitsblatt noch in drei anderen Formaten exportieren: reiner Text, Maple-Text und LaTeX. Dies ermöglicht Ihnen, ein Arbeitsblatt außerhalb von Maple zu bearbeiten.

Maple-Text

Maple-Text is besonders gekennzeichneter Text, der die Unterscheidung der Arbeitsblätter in Text, Maple-Eingabe und Maple-Ausgabe beibehält. Sie können also ein Arbeitsblatt als Maple-Text exportieren, die Textdatei mit elektronischer Post verschicken und der Empfänger kann den Maple-Text in eine Maple-Sitzung importieren und den größten Teil der Struktur Ihres ursprünglichen Arbeitsblatts wiederherstellen. Wenn Maple-Text eingelesen oder eingesetzt wird, behandelt Maple jede Zeile, die mit dem Maple-Eingabezeichen und einem Leerzeichen (>) beginnt, als Maple-Eingabe, jede Zeile, die mit einem Gatter und einem Leerzeichen (`# `) beginnt, als Text und ignoriert alle anderen Zeilen.

Sie können ein ganzes Arbeitsblatt als Maple-Text exportieren, indem sie `Export as` aus dem Menü `File` und dann `Maple Text` aus dem erscheinenden Untermenü auswählen. Das Folgende stellt ein als Maple-Text exportiertes Arbeitsblatt dar.

```
# Ein unbestimmtes Integral
# von Jane Maplefan
# Berechnung
# Nehmen Sie das Integral Int(x^2 * sin(x-a), x).
# Beachten Sie, dass der Integrand, x^2*sin(x-a), von dem
# Parameter a abhaengt. Geben Sie dem Integral einen Namen,
# damit Sie sich spaeter darauf beziehen koennen.
> expr := Int(x^2 * sin(x-a), x);
                           /
                          |   2
             expr :=      |  x  sin(x - a) dx
                          |
                         /
#
# Der Wert des Integrals ist eine Stammfunktion
# des Integranden.
> answer := value(expr);
                   2
answer := -(x - a)  cos(x - a) + 2 cos(x - a)
     + 2 (x - a) sin(x - a)
     + 2 a (sin(x - a) - (x - a) cos(x - a))
        2
     - a  cos(x - a)
```

```
# Wie Sie sehen koennen, haengt die Antwort von dem
# Parameter ab.
# Visualisierung
# Um zu sehen, wie der Parameter das Ergebnis beeinflusst,
# koennen Sie es als eine Flaeche zeichnen.
> plot3d(answer, x=-Pi..Pi, a=0..1);
# Wenn der Parameter die Zeit darstellt, erhalten Sie die
# nachfolgende Animation.
> with(plots):
> animate(answer, x=-Pi..Pi, a=0..1);
```

Um so ein Arbeitsblatt im Maple-Textformat zu öffnen, wählen Sie `Open` aus dem Menü `File`. In dem erscheinenden Dialogfenster wählen Sie `Maple Text` aus der List der Dateitypen.

Sie können Maple-Text auch mittels des Menüs `Edit` kopieren und einsetzen. Wenn sie einen Teil Ihres Arbeitsblatts als Maple-Text kopieren und in eine andere Anwendung einsetzen, erscheint der Text als Maple-Text. Wenn Sie mittels `Paste Maple Text` aus dem Menü `Edit` Maple-Text in Ihr Arbeitsblatt einsetzen, erhält Maple die Struktur des Maple-Texts. Wenn Sie dagegen das normale Einsetzen benutzen, erhält Maple keine Struktur: wenn Sie in einen Eingabebereich einsetzen, interpretiert Maple den gesamten Text als Eingabe, und wenn Sie in einen Textbereich einsetzen, interpretiert Maple den gesamten Text als reinen Text.

Exportieren als LaTeX

Sie können ein Maple-Arbeitsblatt in LaTeX-Format durch Auswahl von `Export as` aus dem `File`-Menü und `LaTeX` aus dem erscheinenden Untermenü exportieren. Die durch Maple generierte `.tex`-Datei kann dann mit LaTeX bearbeitet werden. Allen Versionen von Maple liegen die nötigen Stildateien bei.

Wenn Sie `Export as LaTeX` auswählen, fragt ein Dialogfenster nach der Breite Ihres Dokumentes. Maple verwendet diese Spezifikation, um Ausdrücke auszurichten, die über mehrere Zeilen angezeigt werden. Falls Ihr Arbeitsblatt eingebettete Graphiken enthält, generiert Maple den Graphiken entsprechende Postscript-Dateien sowie LaTeX-Code zur Einbindung dieser Postscript-Dateien in Ihr LaTeX-Dokument.

Nachfolgend ist ein als LaTeX exportiertes Maple-Arbeitsblatt.

```
%% Created by Maple V Release 4 (IBM INTEL NT)
%% Source Worksheet: WKSHT4.MWS
%% Generated: Tue Jan 23 14:06:32 1996
\documentclass{article}
\usepackage{maple2e}
```

```
\DefineParaStyle{Author}
\DefineParaStyle{Heading 1}
\DefineParaStyle{Maple Output}
\DefineParaStyle{Maple Plot}
\DefineParaStyle{Title}
\DefineCharStyle{Hyperlink}
\begin{document}
\begin{Title}
Ein unbestimmtes Integral
\end{Title}
\begin{Author}
von Jane Maplefan
\end{Author}
\section{Calculation}
Nehmen Sie das Integral
\mapleinline{inert}{2d}{Int(x^2 * sin(x-a), x)}{%
$\int x^{2}\,{\rm sin}(x - a)\,dx$%
}. Beachten Sie, dass der Integrand,
\mapleinline{inert}{2d}{x^2*sin(x-a)}{%
$x^{2}\,{\rm sin}(x - a)$%
}, von dem Parameter
\mapleinline{inert}{2d}{a}{%
$a$%
} abhaengt.
Geben Sie dem Integral einen Namen,
damit Sie sich spaeter darauf beziehen koennen.
\begin{maplegroup}
\begin{mapleinput}
\mapleinline{active}{1d}{%
expr := Int(x^2 * sin(x-a), x);}{}
\end{mapleinput}
\mapleresult
\begin{maplelatex}
\[
{\it expr} := { \int } x^{2}\,
\sin (x - a)\,dx
\]
\end{maplelatex}
\end{maplegroup}
\begin{maplegroup}
Der Wert des Integrals ist \QTR{Hyperlink}{eine
Stammfunktion} des Integranden.
\end{maplegroup}
```

```
\begin{maplegroup}
\begin{mapleinput}
\mapleinline{active}{1d}{answer := value(expr);}{%
}
\end{mapleinput}
\mapleresult
\begin{maplelatex}
\begin{eqnarray*}
\lefteqn{{\it answer} := - (x - a)^{2}\,
\cos (x - a) + 2\,\cos (x - a) + 2\,
(x - a)\,\sin (x - a)} \\
 & & \mbox{} + 2\,a\,(\sin (x - a) - (x - a)\,
\cos (x - a)) - a^{2}\,\cos (x - a)
\mbox{\hspace{62pt}}
\end{eqnarray*}
\end{maplelatex}
\end{maplegroup}
\begin{maplegroup}
Wie Sie sehen koennen, haengt die Antwort von dem
Parameter ab.
\end{maplegroup}
\section{Visualisierung}
Um zu sehen, wie der Parameter das Ergebnis beeinflusst,
koennen Sie es als eine Flaeche zeichnen.
\begin{maplegroup}
\begin{mapleinput}
\mapleinline{active}{1d}{%
plot3d(answer, x=-Pi..Pi, a=0..1);}{}
\end{mapleinput}
\mapleresult
\begin{center}
\mapleplot{WRKSHE01.eps}
\end{center}
\end{maplegroup}
\begin{maplegroup}
Wenn der Parameter die Zeit darstellt, erhalten Sie die
nachfolgende Animation.
\end{maplegroup}
\begin{maplegroup}
\begin{mapleinput}
\mapleinline{active}{1d}{with(plots):}{%
}
\end{mapleinput}
```

```
\end{maplegroup}
\begin{maplegroup}
\begin{mapleinput}
\mapleinline{active}{1d}{%
animate(answer, x=-Pi..Pi, a=0..1);}{}
\end{mapleinput}
\mapleresult
\begin{center}
\end{center}
\end{maplegroup}
\end{document}
%% End of Maple V Output
```

Die LaTeX-Stildateien setzen voraus, daß Sie die `.tex`-Datei mit dem Druckertreiber `dvips` ausgeben. Sie können diese Voreinstellung ändern, indem Sie eine Option zu dem LaTeX-Befehl `\usepackage` in der Einleitung Ihrer `.tex`-Datei angeben.

Der Abschnitt *Ausgeben von Graphiken* auf Seite 268 beschreibt das direkte Speichern von Graphiken. Sie können solche Graphikdateien mit Hilfe des LaTeX-Befehls `\mapleplot` in Ihr LaTeX-Dokument einbinden.

7.4 Ausgeben von Graphiken

Die einfachste Möglichkeit, Graphiken auszugeben, ist die Verwendung des Menüs. Sie können aber auch den Befehl `plotsetup` verwenden, um Graphiken in eine Datei Ihrer Wahl umzuleiten. Rufen Sie den Befehl `plotsetup` mit folgender Syntax auf:

> `plotsetup(` *Gerätetyp*`, plotoutput='`*Dateiname*`',`
> `plotoption='`*Optionen*`' )`

Hier ist *Gerätetyp* das von Maple zu benutzende Graphikgerät, *Dateiname* der Name der Ausgabedatei und *Optionen* eine Zeichenkette von Optionen, die der Graphiktreiber kennt.

Der folgende Befehl weist Maple an, Graphiken in PostScript-Format in die Datei `myplot.ps` zu senden.

```
> plotsetup( postscript, plotoutput='myplot.ps' );
```

Die Zeichnung, die der Befehl `plot` nachfolgend generiert, erscheint nicht auf dem Bildschirm, sondern geht stattdessen in die Datei `myplot.ps`.

```
> plot( sin(x^2), x=-4..4 );
```

Maple kann auch Graphiken in eine für einen HP Laserdrucker geeigneten Form generieren. Maple sendet den Graphen, den der Befehl `plot3d` nachfolgend generiert, in die Datei `myplot.hp`.

```
> plotsetup( hpgl, plotoutput='myplot.hp',
>            plotoptions='laserjet' );
> plot3d( tan(x*sin(y)), x=-Pi/3..Pi/3, y=-Pi..Pi);
```

Wenn Sie mehr als eine Zeichnung drucken wollen, müssen Sie zwischen jeder Zeichnung die Option `plotoutput` ändern; ansonsten überschreibt die neue Zeichnung die alte.

```
> plotsetup( plotoutput='myplot2.hp' );
> plot( exp@sin, 0..10 );
```

Wenn Sie das Exportieren von Graphiken beendet haben, müssen Sie Maple mitteilen, künftige Graphiken wieder auf Ihrem Bildschirm auszugeben.

```
> plotsetup( default );
```

Siehe `?plot,device` für eine Beschreibung der für Maple bekannten Zeichengeräte.

7.5 Zusammenfassung

In diesem Kapitel haben Sie eine Vielzahl von Maples elementaren Ein-/Ausgabemöglichkeiten gesehen: wie man Graphiken druckt, wie man einzelne Maple-Ausdrücke speichert und lädt, wie man numerische Daten liest und schreibt und wie man ein Maple-Arbeitsblatt als LaTeX-Dokument exportiert.

Maple hat zusätzlich viele primitive Ein-/Ausgabebefehle wie `fprintf`, `fscanf`, `writeline`, `readbytes`, `fopen` und `fclose`. Siehe die Hilfeseiten für weitere Details.

Die Hilfeseiten bilden Maples interaktives Referenzhandbuch. Sie sind stets bei Ihren Fingerspitzen, wenn Sie Maple einsetzen. Benutzen Sie sie wie ein traditionelles Referenzhandbuch, indem Sie den Inhalt studieren oder Sie in ihnen suchen. Im einzelnen stellt die Möglichkeit der Volltextsuche eine Methode zur Informationssuche zur Verfügung, die einem traditionellen Index überlegen ist. Zusätzlich machen es Ihnen Hyperlinks leichter, andere verwandte Themen nachzulesen.

Die Absicht dieses Buches ist es, Sie mit gutem Basiswissen zu versehen, mit dem Sie Maple entdecken können. In dieser Rolle konzentriert es sich auf den interaktiven Einsatz von Maple. Selbstverständlich ist Maple eine vollständige Sprache und stellt sämtliche Möglichkeiten zum Programmieren zur Verfügung. Tatsächlich ist die Mehrzahl der Befehle in der Sprache von Maple geschrieben, da diese höhere, mathematisch orientierte Sprache den traditionellen Programmiersprachen für solche Aufgaben weit überlegen ist. Entsprechend dieses Buches führt Sie das Buch *Programmieren mit Maple V* in die Programmierung mit Maple ein.

Index